〔美〕格温德琳•赖特 著　王旭 等 译

2015年·北京

Gwendolyn Wright

BUILDING THE DREAM

A Social History of Housing in America

（中文版经作者授权，根据麻省理工学院出版社 1983 年平装本译出）

中文版序

当前,中国正处于世界罕见的住宅建设鼎盛阶段,其建设速度之迅猛,几乎令人无暇顾及这些新的建筑会对社会产生何种影响。目前,中国建筑的普遍模式多半与以往美国相类似,郊区别墅、公寓塔楼、高层住宅,政府出资为城市中低收入者建造的保障性住房等,都是如此。中国住房建设的总体环境与美国其实差异很大,但对美国郊区景观的模仿却是显而易见的,其部分原因在于郊区昭示着可能发生的社会变革。这些趋势尽管都是近年产生的,但中国读者仍可从美国19世纪田园牧歌式的别墅和工人住房中看到某些似曾相识的特征。本书旨在探讨这些建筑模式在美国如何出现,又怎样流行开来,其意义何在,发生了什么变化,如何影响着人们的日常生活。

大体而言,每一个国家的住房建设都会带动土地使用模式的改变,影响经济和环境,进而影响人类生活本身。同时,民居建筑也强化了社会规范,改变了人们对某些事情的预期。关于舒适便利的理性标准肯定有一定作用,但是社会地位、家庭生活,甚至政治信念等象征性的概念也会产生影响。这并不是说某种特定的模式在中美两国有相同的内涵,实际上,两国之间既有惊人的一致,也有重大区别,但流行模式的影响和创新性的突破在这两个国家都比乍看上去的复杂得多。

由于简单照搬现象比较普遍,中国人对他们采纳的美国模式知其然不知其所以然,这就放大了上述影响。在这里我并不想简单批评那些模仿美国或欧陆建筑风格的设计师们,有些模仿或复制是不可避免的,特别是大规模建筑。我在意的是,中国和美国都存在着忽视主流住房模式的深远影响,在近几十年来中国新的私人市场繁盛的情况下尤其如此,这种倾向很令人担忧。与美国相似，中国对房地产开发商几乎没有什么限制，这种自由为住房建设提供了便利，但也加剧了全国普遍存在的社会、经济和环境风险，甚至对个人家庭也是如此。美国城市和郊区出现的危机部分源于住房政策和历史的选择，中国能否避免重蹈这些曾使美国城市和郊区陷于灾难的覆辙，是个值得思考的问题。

本书所讨论的住房模式在五个方面有连带关系，这在美国是业已发生的事情，而在当今的中国，可能是将要发生的事情。第一点是19世纪70年代在美国突然出现，而后成为一种文化力量的所谓“集体迷思”(collective myth)。绝大多数美国人都把他们的寓所看成自身属性或其追求的最充分表达，而不仅仅是他们特质的个人化表达，甚至也不是情感和社会失序的矫正方法。他们多半会以同样的方式评判他人，这就产生了极端的偏见和区划限制，歧视某种住房和其居民，并且排斥他们。

今天中国房地产开发商与美国的同行一样，也试图促成个性化、家庭和睦和一体化社区等愿景。广告鼓动人们为理想的住房投资，作为保证成功和家庭生活幸福的法宝，特别是保护掌上明珠般的独生子女。对未来的担忧促使人们在住房上投资过度，花费了更多的钱。结果，他们往往承受了本不该承受的负担，例如长距离通勤、以邻为壑的恐怖院墙和保安系统，以至于每个人都成了被保护对象，这是一种集体性的“权力审美”(power aesthetics)。中国与美国的郊区存在着同样的问题，如果能意识到这一点，就会使我们在住房设计的决策方面更深思熟虑。

第二点是传统和现代之间人为的对立。现代化的模式可以使我们的生活更加方便，但发明本身的影响更多流于表面。传统在某些时候可以把我们与人类的核心价值以及可持续的区域环境联系在一起，但两种形式都没有必然的保证。对于每一种情况而言，我们需要灵活性，而不是简单的敬畏。王澍[1]令人瞩目的建筑成就启示我们，优秀的现代主义者可以从传统中汲取精华，而不是把它视为落后的或小地方的而遗弃。一般

---

① 当代中国著名建筑师，曾获得建筑设计最高荣誉普利兹克奖。——译者注

的住宅建筑也同样反映这一点。20 世纪初年美国进步运动中的妇女想从某些繁重的家务劳动中解脱出来;70 年代的郊区女性则钟情于有配套的公共设施、为绿色环抱的聚落式住宅(cluster housing)。社会的变迁促成了先进设计与我们熟悉的舒适之家相结合的住房风格,推动了这种转变的顺利进行。

第三点是公共部门和私人开发之间的紧张关系。在美国,无论是地方政府还是国家,总是给予开发商相当大——甚至是过分的——自由,中国政府看来也在重蹈覆辙。在讨论应该建造何种住房、采用何种发明、使用何种标准和限定时,没有人会在意公共利益。官员们经常不能充分履行其职责,只管些鸡毛蒜皮的琐事,对重大问题视而不见,却宣称市场可以满足人们的需要,不必人为地做些什么。这是愚蠢至极的托辞。利益是开发商追求的根本,因此没有太多的选择。20 世纪三四十年代美国实施的新政对此提供了一个明显的比照。当时为了应对大萧条,联邦政府开始对住房市场进行管理和指导。随之而来的是,成立了很多机构,鼓励新的方法和多样化,寻求分散化的结构来应对不同群体和区域的需求。美国应该强化这些公共部门的干预,这样可以照顾到各类群体,而不只是精英阶层,即使那样有助于经济发展。中国是否能够做同样的事,未雨绸缪,为了国家的利益,对其崛起的私营经济进行管理?

第四点,住房建设可以加重社会不平等,也可以对社会不平等进行调控。《筑梦》描述了各类适应工人需要的住房类型,最先探讨的是 19 世纪早期农村的工厂城和奴隶小屋。19 世纪晚期其他国家的穷苦移民大量涌入美国城市时,绝大多数蜗居聚集在少数民族“飞地”,包括唐人街,在那里建筑商建造大量租屋。尽管环境恶劣,但很多家庭还是设法使其子女走向成功。这当然不能为恶劣的居住条件开脱。关键因素是家庭有能力在其拥挤的小空间里开拓出一片小天地,同时在很多少数民族群体中存在着强有力的文化纽带。

在罗斯福新政期间和二战后,新一波的美国穷人移民浪潮出现,这次是从农村到城市,农民们千方百计在城市寻找工作(这与今天中国的情况极其相似,部分原因为新的土地开发迫使数以千计的农民离开自己的家园)。美国政府实施一些项目,专门为这些家庭提供资助,建造第一批公共住房。尽管后来有些工程规模过大,设计沉闷,施工质量低劣,但这项工作总体看来还是有成效的。不过后来公共住房往往和高密度的贫困、吸食毒品以及犯罪联系在一起,其本身被看成是问题,而不是解决问题的出路。此外,官员们积极推进"城市更新",用高层写字楼和豪华住宅取代衰退的邻里社区。这些政策既摧毁了传统的社会联系,也破坏了城市的历史肌理,恰如最近中国那些消失的胡同和里弄的命运。

幸运的是,从历史到今天,尽管数量有限,但美国政府为其贫困阶层建造住房也有积极的模式。一个多世纪以来,美国城市政府和私人非营利组织建造了一批有财政补贴的住房,外观上有吸引力,可持续发展,对居民和邻里而言都是如此。好的小区规划提供了一种网络化连接,居民可以接受各种辅助性服务,包括户外空间的分享、教育设施的分享、就业方便等——这种模式与中国传统的单位系统非常相似。这些模式今天还可行吗,抑或只是普遍遵循的模式以外的小插曲。中国的"十二五规划"对建筑行业和社会都提出了挑战,这种挑战在贫富差距日益加大的现状下更为突出。中国已在减少贫困人口方面做出了骄人的业绩,现在必须把住房建设看成是授权城市工人为真正市民以及消费者的过程。

环境主义是第五点也是包含范围最广的问题。中美两种文化都很看重自然景致,况且他们也认为这是天之所赐、理所当然存在的。在美国这种想法普遍存在,因为美国人痴迷于独立住宅和草坪。按美国的标准,中国的郊区住宅密度太高了,而且大都是在技术层面营造"绿色家居"或分享自然景观,从根本上忽视了可持续的设计和开发。郊区生活的诱惑使人们忽略集体利益,而把个人利益放在第一位。随着郊区的扩展,农田大量消失,这已成为中国面临的一个大问题。中国向郊区的拓展几乎完全依赖高速公路和私人小汽车,与美国灾难性的经历何其相似乃尔。其实美国的情况并非一开始就如此,二战前美国所有的郊区都通过公共交通连接居住地和工作地点。

从文化角度看高层住宅,高密度和便捷的公共交通都是可持续发展之基本。近年来,有少数中国和美国的建筑师采用某种方法,把区域传统和先进技术结合起来,和创造性的规划布局结合起来。借鉴其他亚洲国家已有的成功模式,为这些漂亮的试验提供了空气自然流通、多层花园以及节约能源的方法。富有的郊区居民看重可持续生活,部分原因是,他们认为这是时尚的标志,然而普通消费者对舒适生活的期待也在悄然改变:一种选择是依赖某些先进工具如空调改善生活舒适度,这在两个国家都已经证实对环境产生了有害的影响;另一种选择是从一开始就重视好的规划设计。

本序言总结了《筑梦》30年前首次出版以来有关美国住宅建筑的各种观点,强调导致新住房模式产生的社会动因、社会组织和冲突,在本书的几个章节中也同样强调了这几点。有三个现象值得注意。第一,收入不平等明显增长。自1980年以来,美国1%人口的财富翻了三番,而其他99%人口的财富几乎没有增长,贫困现象近年来令人不安地在加剧。第二,在人口统计方面,全国单身人口数量在增加,占全国总人口的一半以上,而大量增加的移民却选择以大家庭自居或者与其他人合住。第三,90年代"唯我十年"孕育了一种普遍的奢侈放纵、享受奢靡之风,因为信用消费非常方便,这就使所有美国人沉迷于梦幻之中,提前预支、透支消费,远远超出他们的偿还能力。

众所周知,美国郊区的住房建设和买卖在20世纪90年代已凸显泡沫风险,最终于2008年全国房地产市场崩盘。对于这个问题,绝大多数分析都集中在金融房贷政策上,但是,文化取向和社会动因同样重要。美国最富庶的1%人口雇用建筑设计师建造奢华的豪宅,往往要拆毁原有的两到三套住宅,合并成一个庞大的地块。巨型住宅建设公司疯狂扩张,其产品从规模到数量都在暴涨,他们动辄使用速成式方法,建造数以千计的"定制设计"的住房。新的住房买主大多是移民或少数民族家庭,他们急切地想实现自己的"美国梦",认定拥有一套住房就可以保证其在经济和社会上的成功。住房设计自然要迎合这种需求和其他期望。住房外观呈现出华丽风格的混搭，混合了新古典怀旧情绪与异国情调的旅游感受。室内装饰把亮点集中在豪华楼梯和令人惊叹的“豪华厅”，家人可以在此聚在一起。批评者质疑批量生产的“巨无霸豪宅”(McMansions)不健康，但对购买者还是有很大的吸引力。

次贷危机迫使美国人更严肃地思考郊区梦的负面问题。新城市主义大会（The Congress for New Urbanism)于1993年开始促成这一思想的转变。这次会议的主题就是寻求把传统美国住房设计与紧凑、混合性开放以及公共交通和环境可持续等原则结合起来的方法。新城市主义的主张尽管有些死板，但它是立据于对美国城市和郊区历史的精心研究基础上，其价值是毋庸置疑的，对此本书也有讨论。

无论在中国还是美国，绝大多数开发商仅仅注意到新城市主义的设计理念，忽略了其在社会和环境方面改革的呼吁。改革已势在必行，只就曾被奉为经典的美国郊区最近几十年来受到冷落、不再是一种可行的模式这一个原因，就值得改革。无论从种族、民族上，还是经济、家庭构成上看，现在郊区已经和城市一样，多样化了。其居民需要、也想要多样化的居住选择，包括居住地和工作地点，但是开发商仍受过时区划的框定。原来的社会环境已不存在，最明显的就是大量购物中心的关闭。金融和环境方面的问题都要求公共交通的复兴。很多郊区不敢轻言改变，但是郊区已膨胀过度，在全国形成比例失调的危机，他们必须重新打造郊区的地理景观，这不是一个以零敲碎打就可以完成的工作，要做到这一点绝非易事。

城市的公寓建筑近30年来也在发生变化。租屋一度热卖，以满足高收入群体。共管式公寓建设和改造减少了对穷人和工人阶级出租房的供应。新的建筑外观从圆滑的现代玻璃墙体或人造阁楼式到20世纪初代表性的布杂艺术(Beaux-Arts)和装饰艺术(Art Deco)的石材墙面，展现的风格与以往迥然不同。随着单身居民成为住房市场的主顾，建筑商及时进行广告宣传，推出多种精当的服务，如健身馆、桑拿房、游泳池及聚会场所等，一切皆为身体的健康和容颜的美丽。在老年人集中的居住区，会有更专业化的设施投资,因为老年人既要积极参与社会化的生活,又要能够享受室内的保健。几乎每一个人都意识到,住房的功能远不止于居住。

美国人一直试图解决这些明显的缺陷,缓解对公共住房普遍存在的愤懑情绪。1978 年停止建造公共住房,促成了另一种公私伙伴关系模式,或称"统包工程"(turnkey,意为交钥匙,表明工程已完,可以交付顾客使用)。最初是在华盛顿特区,联邦政府事先支付给低成本私人开发商部分建设资金,在项目完工后,把这些房子出租给有需要的居民,政府提供部分补贴。这个模式不久就转向把公有土地直接出售给私人开发商。1993 年出台的 HOPE VI 项目,是把建设不同收入阶层混居的公共住房与拆毁现代"破败的"的公共住房塔楼结合起来,源于这些建筑导致严重的社会问题。结果,设计质量提高了,尽管仍有怀旧特征,但都是成批具有田园牧歌式的联体别墅,有着亮丽的外表和斜坡式房顶。政府官员和新城市主义者均宣称这种模式能够"解决"公共住房问题,然而具体数字却不容乐观。HOPE VI 工程建成的住房数量仅仅是拆毁单元的一半,而且其中仅有三分之一是为那些极其需要住房的穷人建的公共住房。换句话说,联邦政府在做的实际上是在资助市场化的住房,有利于中产阶级的住房和社区观念的完善。事实上,无论新想法如何悦耳动听,至少(公共住房建设)60 多年来都是这样的局面和结局。

在美国,私人市场的局限现在已非常清楚,可谓清者自清,浊者自浊。次贷危机仅仅是今日诸多危机中的一部分。房租疯长,失业和贫困率直线飙升。数以百万计的工人家庭和单身人士如今要把其收入的三分之一用于住房,有时甚至是二分之一,而且有很多人压根儿就找不到合适的住所。无家可归者在增加,其种族构成也呈现多样化。这些挑战推动政府住房机构和非营利组织在提供经济适用房方面下大力气。如果说帮助是向弱者施舍的话,那么很不幸,有太多美国人需要施舍了。这一事实正在改变着美国社会。

20 世纪 80 年代早期的经济适用房工程是向传统的回归,这仿佛能使邻里得以释然,不再警觉地宣称"别在我家后院"(NIMBY, Not in My

kyard)。新近的努力包括某些杰出的现代设计,建筑设计师把独创性与关注业主的人文需要以及个性化选择相平衡。社会空间是鲜活的、原生的环境,利于人们的交往。可持续发展的设计同样重要,但这类经济适用房项目不足所需的0.5%,犹如杯水车薪,不过这些飞地毕竟形成了宜居的理想环境。新闻媒体对此欣赏有加,全国相关的社区也持支持态度。我们正在开创美国住房社会史的一个新篇章。

本序言从今天的角度观照《筑梦》出版以来的新变化。中国历史悠久,有着深深的历史烙印,但这并不是怀旧,而是敬畏历史、尊重历史,以提升学习和感悟的能力。历史提示我们,对于某些不经意间发生的变革,需要认真思考。无论在哪个问题上,只要我们回顾历史或观照其他国家,所有复杂的进程皆会化繁为简,易于理解。出版本书中文版的部分目的,在于提醒人们,对于美国住宅建筑的模式,应取其精华,去其糟粕,防止重蹈美国的覆辙。中国将在其传统基础上建设住房,致力于对平等价值的追求,为21世纪提供一个理想的试验。毫无疑问,这是一个挑战。

格温德琳·赖特

2012年8月

目　录

第四部分 现代生活的曙光

第五部分 美国家庭住房的官方标准

插图说明

鸣　谢

在撰写本书的过程中，很多学者给我以鼓励，提供好的建议，使我受益匪浅。其中有三个人值得单独提及，他们是：Herbert G. Gutman，Dolores Hayden，Robert N. Bellh。他们给我的支持，既有学术上的，又有个人的；他们各自令人瞩目的论著，都是我尽力仿效的榜样。

还有很多人阅读了本书稿的部分初稿，在其特定的方面贡献了他们的远见卓识，这些人有：James Deetz，David Gebhard，J. Brian Horrigan，J. B. Jackson，Kenneth T. Jackson，Michel Laguerre，Lawrence Levince，Leon Litwack，Roy Lubove，Roger Montgomery，Leland M. Roth，William Simmons，Kathryn Kish Sklar，William M. Sullivan，Sally Woodbridge。

我也要感谢下列图书馆的工作人员为我提供的帮助：国会图书馆、纽约公共图书馆、纽约历史协会、波士顿公共图书馆、雷德科利夫学院的施莱辛格图书馆、芝加哥历史协会、芝加哥大学雷根斯坦图书馆、钮波利图书馆、西雅图-金县历史协会、洛杉矶县自然史博物馆、洛杉矶公共图书馆、加利福尼亚历史协会以及伯克利加利福尼亚大学图书馆。特别要感谢哥伦比亚大学埃弗里图书馆的 Janet Parks，国会图书馆彩印照片处的 Mary Ison，纽约市博物馆的 Esther Bromberg，伯克利加利福尼亚大学环境设计图书馆的 Arthur Waugh。另外，Marta Gutman 和 Ann Merrill 不厌其烦地帮助我，对我的研究而言，能想到的，他们都尽力去做。

福特基金会的慷慨资助，使我有一年时间写作和外出查找资料。该基金会管理人员提出的很多问题对我后来的著述导向产生很大影响。

有很多人在我撰写本书的全过程，帮助我把上述努力物化为出乎意料的喜人成果，这些人是潘瑟恩出版社的工作人员，他们是本书完成过程中重要的一环。说到这里,我要特别感谢 Nan Graham 和 Susan Gyarmati。

我的丈夫 Paul Rabinow 给予我特别的支持,当我情绪低落时鼓励我重振精神,当我被工作压得喘不过气时帮我舒缓。他对本书提出了很多中肯的意见,急我所急,想我所想,富有成效。比这一切都重要的是,正是从他那里,我懂得了,“家”对人是重要的,但有比家更重要的东西。

序　　言

数百年来，美国人一直把住房看成是维系家庭和社会生活的一种方式。各色人等都认定，私有建筑具有某种明显的公共性质，居家环境会强化某些人性特点，促成家庭的稳定，保证社会有序和谐发展。那些寻求新的社会秩序的人，不论是激进的演讲者还是雄心勃勃的企业家，都认为美国文化可塑性极强，部分原因是前几代人所处的自然环境比其他国家的优越。他们认为，新的住房建筑模式，将为一个伟大的民族提供理想的环境，其重要性远超过对工厂或机构建筑的建设与改造。其他寻求渐进性变化或同化的人也把住房建筑看成是自身文化传统的表征，是在构建私家生活的独立王国，与偌大的社会保持一定距离，力求独善其身。这样一来，美国人对于他们住在哪里以及其亲朋好友住在何处都非常在意。

在这些认识的基础上，我试图把 13 种不同的住房建筑从其出现伊始到逐渐被接受的过程中所产生的争议进行梳理，归纳其主要特征。我并不是仅限于对某一历史时期的住房建筑进行学术探讨，而是针对美国普遍的住房模式提出某些问题，进行系统解读，并尝试着把我国五花八门的建筑和思维模式联系起来讨论。不管在历史上的哪一时期，但凡美国人不得不为某一特定群体考虑住所问题时，他们一致认为不是仅仅限于考虑建筑本身，而是涉及对家庭稳定的期盼或担忧、对社区的态度以及对社会和经济平等的信念等。这些问题都会对建筑设计产生影响。

虽然我强调某些主旨思想，但无意追求某种笼而统之的结论。对住房和家庭而言，可能有数种模式共存，是否和谐一致当然另当别论。美国住房的主要类型是在乡村或郊区为“中位之家”建造的独户住宅。但是也总会有几种为那些不适合这种类型的人建造的特殊住房。这样一些少数群体包括城市居民,其中既有贫穷者也有富庶的人,还有择群而居的各类群体,他们共享服务,有时连土地都公共持有。有些生活受控于他人的人也会有其相配的环境。企业经理和专业规划师设计的工业城镇有各种不同的类型,这反映了控制工人和改善工人境遇的想法。在南部也有奴隶住房的悠久传统,其中有些至今仍存在,特别是在乡村。这两种建筑传统被视为工人和资本家、黑人和白人关系的派生物,是否可作为早期历史建筑予以保护,衍生争议。人们往往产生这样的疑问:我们应该保留哪一种记忆?

城市中的联排别墅、工厂城甚至是居住性郊区,通常都规划有方,排列有序,特征明显。这些规划好的社区构成美国住房史上持续至今的主题,从17世纪新英格兰的镇区到近来的叠加别墅建设,均如此。以相似度很高的住房社区为基础的住房模式和个性化自给自足式住房模式之间长期以来存在龃龉。如果全国都趋向于重视住房建筑的个性特征和社会内涵,那么这两种模式就要既承载社会价值,又要具有美学特色,做到两者兼顾。在本书的四个历史时期中,我对每一个时期的社区规划都与个体化住房模式加以比对。在美国,规划支配着每一种住房,这种支配方式是本书的中心议题。住房所有权问题也是议题之一,它与独立住宅如影随形,有着密切的联系。

本书探讨的是普通住房——并非所有住房,只是美国人大量建造的那些"典型住房",那些在整个美国历史上受到追捧的样板住房。虽说它是住房建筑的历史,但还够不上专业建筑的历史。从这样的思路看来,住房机构的官员、大众杂志、土地开发商投机商、改革派和实业家都是其中非常重要的角色。本书也讨论了居住在这些建筑里的不同人群,从17世纪新英格兰的家庭到芝加哥塔楼式公共住房里的老妪,再到叠加别墅里的年轻夫妇。他们自己能适应什么样的地点,能给他们提供的建议是什么?他们在此如何生活,他们的曾经的期望值是什么?

住房不可避免地涉及居民和各类专家之间的妥协。建筑物的外观和生活在其中的人们当然不应被框进由建筑师、社会科学工作者或广告公司支配的某种套路里。特定的家庭不可能恰好适应某种建筑模式或跟着某些刊物的宣传走。大多数美国人都对其住房、社区和他们的家有独特的想法,这些想法是有形的,看得见摸得着的。种族和阶级存在明显的差异,这都能从住房中反映出来,区域和个体的差异也是如此。

然而,要给家赋予意义并非易事。奴隶制和种族主义、工业剥削、阶级分离及女性地位的限制等都在美国住房建筑模式上寻求表达。长期以来,全国存在一种趋向,即把家看成是自我意志的表达,这一方面鼓励了对社会同质性的坚决保护,另一方面刺激了对个性化装饰的推崇。但是在个性化建筑与住宅类别和特征的划分方面没有必然的互相关联。在很多情况下,随着广告鼓吹促进家庭和睦、社会声望和自我表达,家装方面的消费主义观念已经约定俗成,广为人接受。全力获得私人住房也鼓励了家庭自我满足、同时防范他人僭越的虚妄的意义。在郊区住房和合作式公寓里,经常发生的情况是,社区意味着排斥那些与已有别的人。这些反应也是一种历史。

美国人对家的珍爱使住房史别有寓意,远不止于对古建筑的欣赏保护。每一次关于住房的争议都要穿越阶级的界限,虽然有些社会群体比其他别的群体更有能力实施他们的意志。拥有一套"像样的住房"的权利是基本权利,维护这种权利是美国生活方式之必需准则。但是,如何为"像样的住房"定义引发了一系列问题:家庭的适当作用是什么?如何保持家庭隐私和社区生活之间的平衡,或保持个人选择权的自由和政府控制之间的平衡?郊区的独门独户住房是像样的住房的唯一可接受的表达方式吗?核心家庭是最好的居住单元吗?民主平等是简单地意味着栖身之所的权利,或尊严的权利,选择的权利,还是被他人接受的权利?

今天,住房问题是全国大多数利益群体的重要议题。租金控制、种族隔离、少数民族邻里、区划的争议、老年人的需求、能源优先以及物美价廉住房的短缺等都是各类社区组织和左右两派特定利益游说群体关注的焦点。有大量书籍和会议分析、讨论家庭的未来和现在住房危机的影响范围。例如,当一直到近来仍被看成是典型的家庭生活方式——母亲和孩子留在家中,父亲出外工作——现在仅占美国总人口的10%的时候,住房危机意味着什么?很多开发商为社会和人口统计的变化所困扰,但为了抢占潜在的市场,他们的设计必须根据变化的生活方式而改变。

现在对住房危机的关心,与承认美国社会的多样性一样,已经是过时的话题。然而,这两种态度已经导致认识上的误差。直到现在,人们的生活似乎是稳定的、充实的、均衡的,问题相对较少,但严重的能源危机,飙升的物价,社会冲突的交叉影响让很多美国人沮丧,他们谈论"美国梦的末日"。美国人往往把这个梦与某种住房联系起来,尤其是郊区的独立住房;与某种信念联系起来,即那些住房曾经是任何人都可以得到的,只要他努力工作。但如今的这个危机并非首次出现,也并非到了一塌糊涂,无法挽回的地步。以往,美国人在面对社会、经济和技术问题时曾多次不得不面对新住房的取舍。这并不意味着低估当前问题的严重性,只是需要把它们放在历史的进程中进行思考,看看以往是什么样的政策、何种态度促成当前的住房危机,这些政策和态度包括如何看待自然资源保护、妇女角色、种族差异或城市生活等。

应对问题的方式也有必要予以探讨。住房危机的爆发令人猝不及防,以往的政策不敷应对,需要强有力的解决方案,因为这类情况在一而再、再而三地发生。在这种意义上,住房问题与其他领域的问题毫无二致。人们参与社区或政治活动以应对社会问题,他们也多半否认问题的复杂性和受影响的人群的多样性。这样一来,实施的对策往往是短命的。

建筑结构不可能完满地修正不平等或修正错误、解决问题。但住房和居住社区确实极大地凸显了社会价值,无论以往还是今天皆是如此。住房这个议题引发了争议和社会行动。美国住房的历史展示出美国人如何试图在住房建筑上体现社会问题,同时也展现了他们如何试图使用这个表象来规避社会现实,而这个社会现实恰恰总是比这个表象更复杂、更具多样化。

第一部分　社会秩序的基础

第一章　清教式生活

天上有座房子，

装潢富丽堂皇，

建者乃吾万能之主。

尘世之屋灰飞烟灭，

天堂之房却将永存，

万事已然设定。

——安妮·布雷兹特里特[①]:《1666年7月10日寒舍在熊熊大火中》（“Some Verses upon the Burning of Our House July 10th, 1666”）

17世纪定居在新英格兰的清教徒们建立了一种自觉意识非常强烈的生活方式，这种生活方式扩展到了他们生活的方方面面，其中包括家庭、教堂、政治、工作、环境和寓所。当然，这并非说在这些年代里，从建筑模式到生活理念，他们所创造的一切都与当时英国的传统毫无瓜葛。这些定居者将英国的文化遗产带到了殖民地，这种连续性在他们的著述、法律和建筑上都有明显的表现。不过，这些移民也有同伊丽莎白时代的标准迥然有别的特殊宗教和社会生活准则。他们想要创建一种社会、创建一种环境，来反映他们虔诚的“清洁”思想。在新英格兰，清教徒在许多方面改变了他们所传承的英国文化遗产，因此，殖民地生活能够更准确地

---

① Anne Dudley Bradstreet，1612—1672，北美殖民时期第一位正式发表诗作的女诗人。1666年7月10日，她的家在一场大火中被焚毁。——译者注

反映他们的特定价值观念。

清教徒们很快发现建筑和社区规划是向人们灌输上述理念行之有效的工具。他们的住所和城镇都具有开创性,表达了他们不同于欧洲的信念与敬畏感。对清教徒而言,建筑结构是上帝宇宙观的缩影,它不断地提醒人们要遵循上帝所指引的生活之道。这是一个早期的例子,它展现了一个延续至今的主题:一种试图明确表达自身价值观的强烈诉求,这一方面是为了表白自己的自信与自豪,另一方面则来源于对不能实践自己理想的不安。在新世界中,主宰清教徒们一切行为的目标都是"为实现精神追求而驾驭物质生活。"①

诚然,并非当时每个北美人都有英国加尔文宗清教背景,这些住房也并未突破他们建立城镇的那片狭小区域。但是,清教伦理道德确实使得广泛意义上的北美文化在很多方面都变得更加丰富。财富当然不一定是受到上帝恩宠眷顾的标志,但多数神职人员还是相信上帝会用世俗的功名来奖赏他的选民,也因此而激励他们。辛勤劳动和勤劳致富,是努力工作的一个标志,已经成为了民族美德。殖民地宗教复兴时期的房子带有明显的思乡气息,而公寓住房(通常含有假的半木料装饰物)之间则往往辟有颇为古雅的"新英格兰村镇广场"。它们都直接建立在17世纪常见的城镇公共生活的生动影像之上。清教领袖们建立了一个体系,它将日常生活的大多数方面都与更为抽象的宗教情感问题、社会秩序和家庭关系连接起来。在此过程中,他们开启了一种精心设计的具有象征意义的房屋式样传统,这一传统也通过许多别的北美房屋样式得以传承下来。因此,上述北美早期的住房实践可以看作是美国住房史的起点。

定居在新世界的英国人中绝大多数都是清教徒,而且英国人也是众多殖民北美的欧洲人中最大的一支。尽管他们的殖民城镇的样板是按照"印地法"(the Laws of the Indies,一译"印地亚群岛法律",是西班牙处理

---

① 伯纳德·贝林(Bernard Baileyn):《17世纪的新英格兰商人》(*The New England Merchants in the Seventeenth Century*),马萨诸塞州剑桥市:哈佛大学出版社,1955年版,第22页。

其美洲殖民地问题的一系列法律，对后世美国城市规划发展产生了一定影响。——译者注）所兴建的，但是不列颠的主要对手西班牙人更感兴趣的却是建立传教机构和军事"要塞"（*presidios*），而非为移民建立"定居点"（*pueblos*）。这些英国的男男女女们迁徙来此的理由五花八门。他们中的有些人是牧民或无地农民，或是嫡长子以下无土地继承权的男子，或是近年来在圈地运动中失去财产的男子。他们中有许多人是虔诚的"分离宗"教徒，主张通过创建一个宗教共同体来净化英国教会，这个宗教共同体尊重《圣经》的诫命，而且抵制安立甘教会的放纵行为。由于对英国社会感到不满，"分离主义"教徒在祖国受到迫害，结果，不计其数的派别都誓言要去殖民地，到那里去创建他们认为上帝庇护的各种宗教社区，用他们自己的信仰在那里教养子孙。

由于重大的宗教分歧而分离出来了一个教派，即清教派。在1628年至1634年间，有上万名清教徒定居在马萨诸塞湾殖民地（Massachusetts Bay Colony），他们的尚方宝剑是一份准许他们建立一个神圣共同体的特许状。这些人中有从事贸易的商人，也有艺术家、农夫、牧民和仆人，甚至还有士绅显贵。结果，他们的殖民活动在资金方面比其他殖民地更为充裕。所以，马萨诸塞湾殖民地迅速成为北美面积最大、政治上最有优势的殖民地。

进一步而言，这些清教徒相信他们中存在的等级制度是神圣不可更改的。他们相信，上帝早已根据一项神圣的计划命定一批特定的人富有或贫穷、做主人或做仆人。从逻辑上来讲，从教会到家庭，清教徒生活在一个高度建构的且严格遵从的等级制度中。不过，每个人都有选择的自由，他们可以选择遵从，或者如果必要也可以选择不遵从，因为上帝给予了人类心智理性之能力。这样，一方面是选择的自由，而另一方面却是严格的法令与责任，在两者间选择的纠结便产生了一系列自相矛盾的难题。

清教徒们一直处于自我怀疑中，他们怀疑自己的意识和情感，用看得见的宗教戒律和想象中上帝对世界模样的期望来提醒自己。他们精心地打造了一种环境，在这种环境中房屋和城镇反映了他们的一些观念，即家庭关系的结构和社会生活的秩序都是天定的。

清教徒们非常高兴能有机会创建这样一个新世界。1630 年,爱德华·约翰逊(Edward Johnson)等人扬帆驶往北美,他坦言他们"离开了一块物产富饶的土地,雄伟的建筑,美好的家园"。在新英格兰,"唯一的动力是通过勤劳的双手披荆斩棘,在这个狂风呼啸的不毛之地,不懈地为自己建起房屋,为牲畜盖起圈舍"。然而,艰辛的付出是值得的。定居者们"工作得非常开心,因为他们可以用自己的质朴和纯洁来敬奉上帝并遵从他的训诫"。[①]

当时的新英格兰确实是草莽未辟。尽管马萨诸塞湾殖民地凭借其丰厚的资金、充足的粮草和较高的地位,得以在英王的权威之外保持着极大的独立性。但是,在他们的"荒原使命"中仍有数不胜数的困难在等着他们。这些都将对他们以后的社会生活和建筑风格产生影响。在开拓任一个新定居点的头几个冬天里,几乎每个人都遭受着困苦的折磨。他们最早的住所不过是洞穴、棚屋和用弯树条搭建茅草覆顶的窝棚,仅能为他们提供最低限度的保护。一位早期居民观察到:"他们在一些土丘旁的空地上挖洞来做最初的栖身之所……然而他们却在这些简陋的屋棚里唱圣歌、做祷告和赞美上帝,直到新房建好为止。"[②]这几类房子都在一定程度上效仿了印第安人的居住方式,同样也采用了当地材料来建造。同时也很明显地承袭了约克郡(Yorkshire)、萨福克(Suffolk)或兰开夏(Lancashire)贫穷的英国佃农所居住的原始而无窗的单间窝棚,或是用篱笆做支架(将细枝条编在一起)且涂有涂料的"小木屋"(涂上一种泥灰混合物,泥灰中有时还会掺进头发或稻草)。

在"1630 年大迁徙"(the Great Migration of 1630)以来的数年内,随着清教徒人口稳定增长,牧师、总督和有名气的商人建起了更耐用的木结构

① 爱德华·约翰逊原著,富兰克林·詹姆森(J. Franklin Jameson)主编:《约翰逊在普罗维登斯创造的奇迹(1628—1651)》(*Johnson's Wonder-Working Providence, 1628-1651*),纽约:查尔斯·斯克里布纳之子公司,1910 年版,第 21—22 页。

② 同上,第 113—114 页。

房屋。从某种意义上讲,他们是在搭建“公司村镇”,这既是一种投资观念,也是社会等级的一种象征性表达。私家建筑和公共城镇规划作为一个建筑单元共同反映了清教徒的信仰和他们的所思所想。到1636年,“安妮·哈钦森(Anne Hutchinson)式反正统”异端观点争辩说,是个人启示而非牧师所传达的公共信息更接近上帝原意。此时的马萨诸塞湾殖民地,大规模的房屋建设运动中随处可见对清教思想的主流解释。

图1—1　马萨诸塞州索格斯市(Saugus)的一幢别墅,名叫阿普尔顿-泰勒-曼菲尔德别墅,又称铁件别墅。这幢别墅是马萨诸塞湾殖民地中一位富裕的制造商于1680年建造的。他的家人和学徒们一起在那里居住和工作。

这些思想是什么呢?根据清教理论,每个人都不得不直面自己的原罪天性,并且希望上帝用超凡的慈爱之心给予救赎。他们相信,在上帝那里这是独断的做法,是在每个人出生之前就已经决定好了的。一个社区如果接受了这种令人感到恐惧的假定关系,那么他们将会选择订立一项契约,这项契约要求他们服从教会和牧师。契约是一个复杂的组织结构,是清教教义和信教体验的核心之一。起先是上帝和亚伯拉罕之间订立了皈依契约,在契约中,上帝让人类信仰他,并承诺救赎他的选民。上帝虽然只拯救个人,但他并不想让人们彼此生活得太孤立。教会契约就恰好是在牧师的指导下,让那些皈依者和受洗者相聚在一起。这些信徒都是社区的精英,在 1691 年之前只有他们有投票权(在 1691 年,财产取代了信徒身份成为公民权的基础)。然而在这些宗教社区中,社会契约后来也扩展到未受洗者。这就是上帝确立的治者与被治者之间,在政治上和社会上紧密结合在一起的一种关系。

因此,个体只存在于一种社会背景之下,存在于一种关系网中。不允许有人孤立地存在。单身汉、寡妇或鳏夫被作为仆人或搭伙者,和其他家庭安置在一起(不过,由于妇女人数较少,寡妇通常很快就会再婚)。每个人都必须是社会契约和家庭结构的一分子。在中世纪人们的观念中,社会的广泛联系是:"每个家庭就是一个小的共同体,而每个共同体也是一个大家庭。"①

清教徒们的生活建立在一份革新的社会契约之上。一套精心设计的逻辑体系匀称地支配着每种关系。清教神学家和学者主要的文本是彼得勒斯·雷默斯(Petrus Ramus)的《辩证法》(*Dialecticae*)(1556),它描述了宇宙中一切事物的内部结构都是建立在等级结构秩序之内的一系列二分法基础之上的。上帝早已制定好了框架,而牧师们的任务则是使之显现出来。在这一秩序之内是丈夫和妻子、父母和孩子、主人和仆人以及治者和被治者,每组"相关者"彼此依赖,他们在上帝的世界之内各安其分。正如被阐明的那样,这个体系排斥对其进行民主调整。一旦有人选择了配偶,或者有团体选定它的牧师或管理者,除非被选定者越权,他们都有义务服从那个人。1645 年总督约翰·温思罗普(John Winthrop)被控告,

① 引自佩里·米勒(Perry Miller):《17 世纪的新英格兰精神》(*The New England Mind: The Seventeenth Century*),马萨诸塞州坎布里奇市:哈佛大学出版社,1939 年版,1954 年重印,第 416 页。

在答复审问的公开演讲中他宣称，公民自由只有在服从权威的前提下才能得到保障。当然，反对之声也不绝于耳，温思罗普最终还是受到了审判。

这些由教会、国家和家庭所组成的城镇秩序井然，但它们并非专门设计用来说服上帝拯救任何人的。谁将得到救赎是上帝早已经决定好了的事情。事实上，人是否能受到救赎必须由上帝来明示，这一点在焦虑的清教徒看来是很值得怀疑的。这种想法有些庸人自扰之的成分，或者根本就是魔鬼的诡计。日记、诗歌和文学作品无不表现出对每个思想和行为持续不断的自省自察。然而，尽管具有良好的社会行为并不能证明必定是选民，但它却是一个人身处选民之列的迹象，是必要条件。只有"神性可见之人"才可以荣享救赎。圣洁是一种荣耀的品格，体现在每个姿势、每句话和每个行为之中。外在表现和行为举止因而总是被视为受到上帝密切关注的象征。

清教徒在上帝眼中具有特殊的地位，这种意识在清教徒们心中根深蒂固。在1630年乘坐"亚贝拉"(Arbella)号帆船穿越大西洋时，温思罗普总督写下了一篇名为《基督教仁爱之典范》("Modell of Christian Charity")的布道词，文章坚信他们的探险活动具有神圣性，他说："因为我们必须相信，我们将成为山巅之城，全人类都在注视着我们。"[①]温思罗普心目中的城市首先是一种宗教符号。他和他的追随者将自己即将开辟的家园视为原初基督教的遗产，是"新以色列"(the New Israel)。

在马萨诸塞殖民地，这个神圣的共同体需要一个明确的表现形式，一种"看得见的东西"。清教徒的宗教目标使得他们有必要制定一个明确的秩序来规范混乱的行为。只有在牧师和总督的权威之下，在城市和村镇建设完善且纪律严明的团体中，明确的秩序才有可能会出现。在新英格兰，清教村镇规划比较明显的一个来源是被称为《城镇条例》("The Or-

---

① 引自佩里·米勒：《荒原使命》(*Errand into the Wilderness*)，马萨诸塞州剑桥市：哈佛大学出版社贝尔纳普出版分社，1956年版，第11页。

dering of Towns")的一份匿名文件,这个范本勾画了在一个边长6英里的平面内、由六个同心圆组成一个城镇的景象。设在这个城镇中心的镇民议会决定了城镇的规模大小,不允许有人居住在离镇中心超过1.5英里的距离之外,以保证其能经常参加会议。城镇档案中记录着最初几代人中有很多被要求搬到靠近城镇中心的地方居住。甚至私人财产在理论上也受公共秩序制约。样板城镇被设计成有一个紧凑核心的农业定居点。宅基地与镇民议事厅一起处在村落的中心位置。每个家庭的可耕地、放牧用的草场和伐木林,还有公共用地、排水池和垃圾场都围绕在这个核心建筑群的四周。

建立新城镇的权力可以追溯到马萨诸塞湾殖民地议会,而新城镇的规划必须严格遵守文件规定。分配所依据的是这个家庭在社区中的位置和财富,这样土地分配和房屋规模可以因情而异。有些条款还禁止土地投机,每个新城镇要求购买者在规定时间内建起房屋并圈起一定数量的耕地,以便获得私人产权。最终,这种规划样板和在此基础上建立的实际城镇都成为封闭的系统。一旦分配给镇区的土地被售光,新来者必须得找一位牧师,另起炉灶建立新的城镇。

在定居下来的头几年,对城镇的精心建造也表现在对建筑物的精心打造上。聚会的场所总是最先被建立起来的重要建筑,而且在所有定居点中,样式都保持一致。与安立甘教会的尖顶、优雅的巴洛克装饰风格有所不同,这些聚会场所是一个并不怎么铺张、招摇的建筑,因为清教徒认为人类无权献祭建筑。教堂只是个集会之所而已,不应当是清教徒们崇拜的对象。从诸多方面而言,聚会场所更像是一间大房子。宗教已经渗透到了生活的方方面面,清教徒并不认为教会建筑具有什么神圣性,除了宗教礼拜之外,它还是许多其他公共聚会的场所,还常被用作学校。

紧邻议会厅的是牧师和其他名流之家。农夫和艺术家也在所分的宅地上比邻而居。殖民地早期房子的外观千差万别,反映了主人出身于英国本土各地,以及他们在殖民地的不同地位。考古学家们已经发现了有几种房子的类型可以追溯到1630年代。它们包括16—20平方英尺面积的单间小屋，屋内常常有一个石头或砖砌的壁炉；有的在房子后面搭建一个单坡檐屋作为厨房，造型看起来很像常见的盐盒；还有一种10英尺高40英尺长内分两间的“长房子”。在那些石头和石灰泥浆丰富的地方（尤其在康涅狄格与罗德岛的部分地区），通常会建起带有石头尖顶的房子和一些石头房。其他带有原始的“插杆洞”或弯木头做的“曲木”的建筑也零星分布，它们的原型可以追溯到英国本土的村舍和谷仓。（然而，由于通常都被直接固定在地上或非常薄的石头上，这些底木经常会腐朽掉）尽管建房子的工作量较大，需要许多人手，但是随着时间的推移，越来越多的家庭能够建造木制结构的房子，这强化了社会等级制度。最早的清教移民首先建起了单间或双间茅屋顶的小房子，到1630年代开始用实木建造更结实的“舒适的房子”。[①] 第一个有文字记载的是为工匠建造的房子，是1640年为罗德岛的一位织工建造的一层半高的简易房子。

在新英格兰殖民地城镇，最常见的房子是一种两居室或“起居室加会客厅”式的。马萨诸塞州戴德姆市（Dedham）的“费氏庄园”（the Fairbanks house，新大陆现存最古老的木结构建筑，建于1636年），是这种建筑很典型的一个例子。进门首先看到的是一间小小的客厅，有楼梯通往阁楼上的卧室。一个大烟囱（常见的有7英尺宽）支配着整个空间，正如它支配着家庭生活一样；这里是仅有的光源、热源以及做饭之处。传统的建筑规划思想很明显。中央客厅两边主要房间的面积几乎相同，一般每个约16平方英尺或一“架间”（指的是建筑物两支柱之间的间隔。——译者注）大小。门和窗户也有些不对称。同样，因时因需而附设的紧邻的外部建筑，既不处在主建筑的中轴线上，整体结构与主建筑的规模尺寸也不一样。

虽然17世纪早期的房子看起来可能有些粗糙，建造者们更看重建筑的不同风格，对其外观没有太多考虑，但在设计中还是要面临多种选择。

---

① 伊曼纽尔·奥尔瑟姆（Emmanuel Altham），引自约翰·迪莫斯（John Demos）：《一个小共和国：普利茅斯殖民地的家庭生活》（*A Little Commonwealth: Family Life in Playmouth Colony*），纽约：牛津大学出版社，1970年版，第26页。

在新英格兰，每个清教徒定居点的住房之间都有重要的相似点。木匠们的确背离了熟知的英国传统，故意避开了流行中的由伊尼戈·琼斯(Inigo Jones)与克里斯托弗·雷恩爵士(Sir Christopher Wren)所开创的巴洛克风格，选择迁就北美殖民地的气候和材料。此外，他们还遵从着自己深切的宗教情感和社会信条。

清教牧师将好的布道描述为"淳朴风格"。针对他们的安立甘对手，清教牧师们采取一种截然不同的方式。对他们而言，抽象的辩论和渲染的浮夸都是不虔诚的表现。繁复的修饰只是荣耀了布道者，调动了听众的激情，而非启迪了他们的心灵。《圣经》中所使用的"俗世的直喻"被认为是最真实和诚恳的态度。其他艺术方面的例子，经常被用来解释这种态度。理查德·巴克斯特(Richard Baxter)牧师在给美学标准所下的定义中这样说："晦涩难解的布道"就像"窗子上被油漆过的玻璃，只会阻挡阳光"。[①] 神学家们经常借用这种建筑学的隐喻，来帮助聚会者理解上帝复杂的宇宙观。这种观点毫无疑问影响了在北美殖民地这个神圣共同体内建造房屋的工匠们，因为他们很在意自己所建造的房屋模样。在定居北美殖民地的第一年里，弗朗西斯·希金森(Francis Higginson)宣称："我们在塞勒姆(Salem)匆匆建房安家，很快就能拥有一座不错的城镇。"[②] "不错的"暗示了方正和规则，还有好看；他们梦想创建一个既有秩序又吸引人的环境，这种想法深深地影响了这些清教徒们。

到1630年代末，特别是在马萨诸塞、罗德岛和康涅狄格的所有清教徒殖民地，一种新的家居类型开始出现：由于冬季寒风凛冽而木材供应比较丰富，房子外部几乎普遍采用了隔板，隔板通常直垂地面且不上油漆。这些隔板比在英国房屋上偶尔能见到的檐板更薄，而且流行更广泛。尤

---

① 理查德·巴克斯特的布道词，引自佩里·米勒：《17世纪的新英格兰精神》(*The New England Mind: The Seventeenth Century*)，第358页。

② 《新英格兰的种植园(1630)》("New England's Plantation, 1630")，引自西德尼·菲斯克·金博尔(Sidney Fiske Kimball)：《北美殖民地与共和国早期的家居建筑》(*Domestic Architecture of the American Colonies and of the Early Republic*)，纽约：多佛出版公司，1922年版，1966年重印，第10页。

其是经历了早期的几场大火之后,木瓦取代了英国传统的茅草,用来覆盖屋顶。这种"外表平顺的房子"采用厚重的木框做骨架,用镶榫连接起来,在拐角处采用角接来加固。沉重的橡木被用作内部支架,支撑起中央的烟囱和整个房屋的高度。正如塞缪尔·西蒙兹(Samuel Symonds)所写的1638年住房规划方案:"尽管看起来简朴且支撑得挺牢固,但我仍会使用木料以使房子更加结实。"[①]这种建筑明显属于劳动密集型,需要大量劳力,但它在木材丰富的殖民地非常实用。相对而言,英国本土木材匮乏,所以村镇和城市建筑与北美建筑有所区别。

更大些的房子结构——用框架做支撑,有泥巴墙,或在半木的斜纹填充物之间有木砖(或砖石)隔离墙——是采用熟知的英国建筑技术而建立的。在美洲殖民地,房子的填充物通常外面用隔板、内部用石灰膏覆盖,或者在漂亮的房子里用宽的竖杆木板条盖上。在房子高处可见的一些特定部位,框架结构裸露在外,与漆成白色的地方形成对比鲜明。有些房子用颜色来增强对比度:横梁被涂上一层薄薄的黑色,柱顶石和烟囱周围涂成朱红色,或把房柱涂成深绿色。牧师家房子简朴的风格使人联想起了为什么强调内部结构可视性与外部自然裸露的做法在清教木匠和房屋油漆工中被如此广泛采用。

17世纪殖民地外表像要塞模样的房子也与当时英国的房屋迥然不同。门是一个结实的屏障,通常用铁条和铆钉层层加固。在英国从未见过这种笨重的防御性大门。殖民地房屋的窗户少而小。尽管后来引进了英式小窗扉(约一英尺见方),上面往往镶有菱形的方格玻璃,但很多家庭仍然仅用木质的百叶或油纸来防护。向殖民地出口的窗玻璃要征收重税,因而即使是富裕家庭,至多也仅购置得起两三块这种窗玻璃。窗户是固定的,因为晚上的空气被认为不卫生,所以窗户上都安装了玻璃或贴上浸过油的纸。即使那些能够用得起窗扉的家庭,也不会经常使用。大权

---

① 引自西德尼·菲斯克·金博尔(Kimball):《北美殖民地与共和国早期的家居建筑》(*Domestic Architecture of the American Colonies and of the Early Republic*),第12页。

在握的副总督塞缪尔·西蒙兹指令给他在伊普斯维奇(Ipswich)建的房子工人:"至于窗户,不论哪个房间里的都不要太大,尽可能少装些"。[①]这些措施部分是为了防止室内的热气外泄,并且防止潜在的印第安人的骚扰;部分是为了节约建筑资金。同时,这些措施也揭示了对房外世界的一种特别态度,这种态度在接下来的一个世纪里将会发生完全戏剧性的改变。这种特别态度认为,大自然是不友善、不值得讨好的,是应当敬而远之的事物,也不能教人类如何掌握普世价值。房子的墙壁明显是阻挡外面的屏障;那时人们还没有内外和谐一致的观念。

不只是房子的外观,新英格兰房屋的内部也展现了清教徒与众不同的建筑理念。定居在此的家庭都要遵守契约中的各项规定和义务。相互间监督也是必要的。个人要向上帝保证不仅为自己的信仰而好好工作,还要尊崇整体利益,正如约翰·科顿(John Cotton)牧师对他的会众所讲的,每个清教徒都对"我们范围之内的一切"负有责任,"或者通过服从或者通过团结协作"来予以承担。[②]《圣经》中说,如果全体都能遵守上帝的诫命并和谐相处,那么上帝将会保佑他们在世上享有和平与繁荣;否则,上帝会重重地惩罚他们,让他们的世界沦为罪恶之地。

自治的观点每个人当然都要有,但集体进一步使之强化。当时的居住环境普遍比较狭窄,所以想保持沉着镇静与和谐一致尤其困难。绝大多数家庭都是由六人以上构成的,其中至少有一名仆人或学徒。尽管许多儿童都夭折了,但是平均每个家庭仍有九名儿童。[③]家庭成员住在一起被认为是非常重要的,所有人要共享同一空间。除了规规矩矩的生活

---

① 引自西德尼·菲斯克·金博尔(Kimball):《北美殖民地与共和国早期的家居建筑》(*Domestic Architecture of the American Colonies and of the Early Republic*),第11页。

② 约翰·科顿:《生命之源耶稣基督(1651)》("Christ the Fountaine of Life,1651"),引自埃德蒙·摩根(Edmund S. Morgan):《清教家庭:17世纪新英格兰的宗教与家庭关系》(*The Puritan Family: Religion and Domestic Relations in Seventeenth-Century New England*),修订于增补版,纽约:哈珀一罗公司,1966年版,第7页。

③ 引自约翰·迪莫斯(John Demos):《一个小共和国:普利茅斯殖民地的家庭生活》(*A Little Commonwealth: Family Life in Playmouth Colony*),第68页。

之外，最令上帝满意的行为是好好工作和辛勤劳动。每双手应总在忙有用之事。儿童易于懒散嬉戏，因为他们最接近原罪状态（正如一位牧师写道：上帝为他们“在地狱早就准备好了落脚处”[①]）。清教徒父母们意识到，为此孩子们更需要严格管教和辛勤工作，这种思想的强烈程度在“将孩子们赶出家门”的实践中逐渐增强。如果一个男孩表现有超出其父的商业天赋，或者如果父母感觉他们对孩子太过放任了，他们会被鼓励将这个孩子送到另一家庭去，有时会在某个遥远的城镇，有时要过好多年才能看出他是否真能成为一名学徒。

图 1—2 阿普尔顿-泰勒-曼菲尔德别墅的起居室复原图，展示了典型的清教徒住房内巨大的壁炉和纵贯楼下的两个房间的房梁。

---

① 迈克尔·威格尔斯沃思（Michael Wigglesworth）：《末日审判（1662）》（“Day of Doom, 1662”），引自迈克尔·朱克曼（Michael Zuckerman）：《太平王国：18 世纪的新英格兰城镇》（*Peaceable Kingdoms: New England Towns in the Eighteenth Century*），纽约：艾尔弗雷德·克诺夫，1970 年版，第 74 页。

建筑物结构培养了人们新的自控和勤奋精神。在17世纪的殖民地住房设计中，楼下很少有多于两间的房间。客厅或者起居室在白天是全家人活动的中心：做饭和用餐、制作肥皂和蜡烛、讲故事和编土布、缝制鞋子、修理工具、记账以及阅读《圣经》。男人和女人，孩子和仆人，在相互注视的目光下一起工作。甚至在更大的房子里，逐间检验所有家庭产出物清单，焦点一般也集中在客厅。

标准两居室住房的楼下那间是起居室。可以在这里瞻仰逝去的亲人的遗容，接待来访的宾客，也可以骄傲地炫耀这个家庭从英国带来的财宝。根据许多17世纪财产目录的记载，起居室里通常有父母的床。这种特殊的房间实际上是不列颠新近的一项发明，起码在贵族之家以外的那些普通家庭里可以见到。它的出现表明了公域和私域、私密和礼节相互间开始出现区别，而这在当时正开始重塑房屋和家庭的社会生活面貌。对新英格兰第一代殖民者来说，起居室是用于进行某些特定的正式的家庭功能的一个场所。与此同时，人们也考虑到了起居室在晚间成年人隐私生活的需要，白日里在起居室里也难逃避公共生活和工作的影响。纯粹的个人隐私可能只出现在日记中。

在新英格兰清教徒的房子里，用于提供服务和储藏的其他小房间很快也出现了，但它们不是为用于个人静修和社会活动而设计的。地下室只不过是在房子某个位置的地板下面挖出的洞，往往是斜坡和泥地的，用于保存牛奶和土豆，以防冷冻。在英国，很少有人在房子下挖洞，但新英格兰人却很快采用了这一做法，同时还增加了具有别的功能的储藏室。配膳室用来存放牛肉和其他食物，牛奶房用来存放乳制品，甚至在财产目录中还提到了奶酪阁楼和奶酪间，不过大多数储藏物都被一并放到一个宽敞的大厅里。17世纪晚些时候，储藏难题常见的解决办法是建造一间搭连在主房上的单坡檐屋，这种房子经常从后面延伸出房长，呈现一种盐盒式外形。最终，厨房被安在斜檐屋内的中间，客厅变成一个家庭的起居室兼总工作间。

大多数房子的楼上都有房间，常被用作卧室和总储藏区。一居室里有一个上层单间，孩子们和仆人可以通过安在房子入口处和中央烟囱之间极陡的楼梯上去。在他们简陋的床铺旁边，堆积着各种桶、皮囊、成袋的谷物、纱线、纺纱机和“零碎杂物”。

对家庭生活的描述听起来很简朴和节俭，但是清教徒们并不像通常所刻画的那样拘谨和古板。尽管有强制性的规定约束着他们的表现——早期的法律明确禁止购买或制作“开衩的衣服”，禁止购买或制作装饰有金、银、丝、蕾丝花边的外套，或十六七世纪常见的带有宽而硬的轮状皱领的外套，或海狸绒布做的帽子——但在一个仍然努力将自身创建为安全和神圣的公共机构的社区里，这一点是可以理解的。总体来说，这样做不是要自我表现，而是要表现出断绝掉对尘世物品和凡人的“留恋”，[①]转而敬爱上帝。人们应该以敬爱上帝为乐。只要上帝被置于情感的更高位置，甚至在那些未婚者中，激情之爱和世俗情感也是受到鼓励的。约翰·温思罗普和玛格丽特·温思罗普（Margaret Winthrop）两人之间的信件洋溢着美好而强烈的感情。安妮·布雷兹特里特写给她丈夫西蒙的小诗开头是：“如果曾经两人默契如一，那是我和你；如果曾经丈夫被妻子钟爱，那人便是你”，并且在结尾处满怀希望，“在人间，我们坚守真爱；远离尘世，我们也将永生”。[②] 只要精神或肉体的激情受到理智控制，它们也可以引人向善。

建筑物充分反映了谦卑表面之下的乐观精神。甚至在只有隔板遮风挡雨和微小窗口的简陋无比的房子里，也能找到装饰品。早在精致造型和正式规划成为潮流前的乔治时代，殖民地清教徒们就已经开始在房架上雕刻纯装饰性的图案了。到1650年代，人们还雕刻出了精美的曲形托架用来支撑悬挂之物。漂亮的装潢吊饰或者滚圆的吊垂悬挂在房间角落里。牧师们的房屋，比如帕森·卡彭（Parson Capen）在托普斯菲尔德（Topsfield）

---

① 佩里·米勒：《荒原使命》（*Errand into the Wilderness*），第42页。

② 安妮·布雷兹特里特：《致我亲爱的丈夫》（“To My Dear and Loving Husband”），引自佩里·米勒和托马斯·约翰逊（Thomas H. Johnson）主编：《清教徒》（*The Puritans*）第2卷，纽约：哈珀—罗公司，1963年版，第2卷，第576页。

的居所，表明了这种世俗装饰物被认为是完全合适的。这些装潢细节是纯装饰性的，是木匠技艺的展现，也是对房子裸露外观的一种平衡。

图 1—3 1668 年委托画师制作的一幅小艾丽斯·梅森的画像，画中的孩子表情肃穆、外貌老成。她脚下带有方格图案的粗帆布地毯是清教徒房内生动活泼的装饰品的一个很好的例子。

房子里还有更多清教徒乐于炫耀的地方。家具虽少却经常被煞费苦心地雕刻成圆形。在橱子和柜子上用彩漆刷上主人的名字,周围往往还环绕着心形、鲜花和几何图案。甚至连墙壁也被刷成鲜红、鲜绿和深紫色;有时候彩色的斑点被用在海绵上,不过这种浮夸的做法在1700年之后更常见。这些装饰明显来源于英国乡村的传统,然而新英格兰清教徒们仍然非常喜爱。据一位波士顿人记载,在他刚装修完房子后,一位登门造访的朋友"对我们粉刷过的百叶窗非常感兴趣;他兴奋地说以为自己到了天堂"。①

和清教徒们的生活一样,他们的房屋集秩序与消遣、庄重和浮夸于一身,既有精致的细节也有直截了当之处。正如清教徒们创造了一种复杂的"皈依形态学"②一样,这其中上帝的每一步恩典都通过一套符号表现出来,成为看得见摸得着之物。同样地,新英格兰殖民者在他们所建的房子和所规划的城镇里也倾向于一种朴实无华的风格。这些住房形式揭示了上帝的意志,也证明了人类难免会犯错误。清教徒们想让他们的信仰更具体化,这种想法——通过正确的行为举止,通过私家建筑,通过庞大的社区规划——包含有一种对自身行为能力根深蒂固的怀疑,需要有某种形式的反复提示。自信和自我怀疑的混合在建筑环境中得到了体现,而且将会成为后世美国文化中的一个重要方面。

推荐阅读书目

佩里·米勒的书是关于清教主义及其对美国人影响持久的经典文本。尤其是参见:《17世纪的新英格兰精神》(*The New England Mind: The Seventeenth Century*),两卷本,1939年版,马萨诸塞州剑桥市,1954年

---

① 《塞缪尔·休厄尔日记(1674—1729)》("The Diary of Samuel Sewall, 1674—1729"),引自阿博特·洛厄尔·卡明斯(Abbott Lowell Cummings):《马萨诸塞湾的房屋(1625—1725)》(*The Framed House of Massachusetts Bay, 1625-1725*),剑桥:哈佛大学出版社,1979年版,第129页。

② 短语来自埃德蒙·摩根(Edmund S. Morgan):《圣徒:清教思想史》(*Visible Saints: The History of a Puritan Idea*),伊萨卡:康奈尔大学出版社,1963年版,第66页。亦可参见佩里·米勒(Miller)关于清教修辞的《新英格兰精神》(*The New England Mind: The Seventeenth Century*)。

重印;《荒原使命》(*Errand into the Wilderness*),马萨诸塞州剑桥市,1956年版;《自然的国度》(*Nature's Nation*),马萨诸塞州剑桥市,1967年版;《从美国革命到内战的美国思想家》(*The Life of the Mind in America*, *from the Revolution to the Civil War*),三卷合一,纽约,1965年版。罗伯特·贝拉(Robert N. Bellah):《被违背的契约》(*The Broken Covenant*),纽约,1975年版。对当今美国人清教思想的传承所做的阐述颇具争议性。

其他关于清教主义有益的书包括卡伊·埃里克松(Kai T. Erikson):《任性的清教徒:一项异端社会学研究》(*Wayward Puritans*: *A Study in the Sociology of Deviance*),纽约,1966年版;埃德蒙·摩根(Edmund S. Morgan):《圣徒:清教思想史》(*Visible Saints*: *The History of a Puritan Idea*),纽约,1963年版;塞缪尔·莫里森(Samuel Eliot Morrison):《海湾殖民地的创建者》(*Builders of the Bay Colony*),波士顿,1930年版;伯纳德·贝林:《美国社会形成中的教育:学习的需求与机会》(*Education in the Forming of American Society*: *Needs and Opportunities for Study*),查普尔·希尔,1960年版;《17世纪的新英格兰商人》(*The New England Merchants in the Seventeenth Century*),马萨诸塞,剑桥,1955年版;戴维·斯坦纳德(David E. Stannard):《清教式的死亡:宗教、文化和社会转变的一项研究》(*The Puritan Way of Death*: *A Study in Religion*, *Culture*, *and Social Change*),纽约,1977年版。

有关城镇规划的著作,首推萨姆纳·奇尔顿·鲍威尔(Sumner Chilton Powell):《清教村镇:一个新英格兰城镇的形成》(*Puritan Village*: *The Formation of a New England Town*),康涅狄格州,1963年版;卡尔·布里登博(Carl Bridenbaugh):《荒野中的城市:美国城市生活的第一个世纪,1625—1742》(*Cities in the Wilderness*: *The First Century of Urban Life in America*, *1625-1742*),纽约,1938年版。还可参见安东尼·加文(Anthony N. B. Garvan):《康涅狄格殖民地的建筑和城镇规划》(*Architecture and Town Planning in Colonial Connecticut*),纽黑文,1951年版;西尔维娅·道蒂·弗里斯(Sylvia Doughty Fries):《美洲殖民地的城市思想》(*The

Urban Idea in Colonial America),费城,1977 年版;达伦特·拉特曼(Darrett Bruce Rutman):《温思罗普时期的波士顿:一个清教城镇的画像,1630—1649》(*Winthrop's Boston: Portrait of a Puritan Town, 1630-1649*),查普尔·希尔,1965 年版;迈克尔·朱克曼(Michael Zuckerman):《太平王国:18 世纪的新英格兰城镇》(*Peaceable Kingdoms: New England Towns in the Eighteenth Century*),纽约,1970 年版;肯尼思·洛克里奇(Kenneth A. Lockridge):《一个新英格兰城镇:马萨诸塞州戴德姆市头一百年,1636—1736》(*A New England Town: The First Hundred Years, Dedham, Massachusetts, 1636-1736*),纽约,1970 年版;威廉·哈勒(William Haller):《清教边疆:新英格兰殖民发展时期的城镇规划,1630—1660》(*The Puritan Frontier: Town Planning in New England Colonial Development, 1630-1660*),纽约,1951 年版;约翰·阿彻(John Archer):《纽黑文的清教城镇规划》("Puritan Town Planning in New Haven"),《建筑史学家学会杂志》(*Journal of the Society of Architectural Historians*)第 34 卷(1975)。

关于清教建筑参见西德尼·菲斯克·金博尔(Sidney Fiske Kimball):《北美殖民地与共和国早期的家居建筑》(*Domestic Architecture of the American Colonies and of the Early Republic*),纽约,1922 年版,1966 年重印;詹姆斯·迪兹(James J. F. Deetz):《迷失在琐碎之中:早期美国生活考古学》(*In Small Things Forgotten: The Archaeology of Early American Life*),纽约,1977 年版;小威廉·皮尔逊(William H. Pierson, Jr.):《美国建筑和他们的建筑师:殖民地的风格和新古典风格》(*American Buildings and Their Architects: The Colonial and Neo-Classical Styles*),纽约,花园市,1976 年版。一本出色而极其详细的新书是阿博特·卡明斯(Abbott Lowell Cummings):《马萨诸塞湾的房屋,1625—1725》(*The Framed Houses of Massachusetts Bay, 1625-1725*),马萨诸塞州剑桥市,1979 年版。关于普通的文化生活,参见路易斯·赖特(Louis B. Wright):《美洲殖民地的文化生活,1607—1763》(*The Cultural Life of the American Colonies, 1607-*

1763)，纽约，1957 年版；卡尔·布里登博(Carl Bridenbaugh)：《殖民地的工匠》(*The Colonial Craftsman*)，芝加哥，1950 年版。

两本关于新英格兰殖民地家庭方面出色的书，埃德蒙·摩根(Edmund S. Morgan)：《清教家庭》(*The Puritan Family*)，纽约，1944 年第一版，1966 年重印；约翰·迪莫斯(John Demos)：《一个小共和国：普利茅斯殖民地的家庭生活》(*A Little Commonwealth: Family Life in Playmouth Colony*)，纽约，1970 年版。还可参见桑福德·弗莱明(Sandford Fleming)：《孩子与清教主义》(*Children and Puritanism*)，纽黑文，1933 年版；小飞利浦·格莱文(Philip J. Greven, Jr.)：《四代人：马萨诸塞州安多弗殖民地的人口：土地和家庭》(*Four Generations: Population, Land, and Family in Colonial Andover, Massachusetts*)，纽约，伊萨卡，1970 年版；伊丽莎白·德克斯特(Elizabeth Anthony Dexter)：《殖民地妇女们的事》(*Colonial Women of Affairs*)，波士顿，1911 年版；艾丽斯·厄尔(Alice Morse Earle)的学术味儿不是很浓的作品《殖民地时期的家庭生活》(*Home Life in Colonial Days*)，纽约，1898 年第一版，1975 年重印和《殖民地时期的儿童生活》(*Child Life in Colonial Days*)，纽约，1899 年第一版，1967 年重印。

第二部分　美利坚民族建筑风格的形成

随着美利坚合众国的建立，尤其是在 1812 年美英战争之后，对独特的美国式行为方式的探寻似乎扩展到了日常生活的方方面面。这个新生的共和国需要一种民族语言、一种民族艺术、一种美国式的法律体系，以及美国式的儿童教养方式。渴望文化革新的人们将他们的诉求建立在民族自豪感与民族独立之上。他们追求能将三教九流各色人等凝聚在同一个民族体之内的一种美利坚文化。这种文化应当能够体现并巩固本国的政治理想与社会目标。它还可以像关税一样，维护本民族利益，并且激励美利坚人民发扬自给自足精神。自然环境和这种人为缔造的环境能够共同作用，一道向人们传达公平正义、个人主义和社会秩序这些民族信条，并将这些民族信条由抽象变为具体化。

相应地，杰斐逊（Jefferson）政府在 1785 年提出了一种土地分配体制，即"全国勘测方案"（the National Survey）。它以一种方格形为基础，由正方形块区和约 160 英亩见方的地块组成，这种方格形可以复制进而无限扩展，杰斐逊希望这种体制可以随着国土不断向西拓展而无限扩展，能够催生出大量平等、独立的家园。在随后数十年内，有数十万人西迁，他们被绝对自由和完全平等的美好愿景所吸引，同时也受到另一个明显优势的诱惑，即在这种方格形体制下购买土地非常轻松便利。

杰斐逊的勘测计划建立在一种众所熟知的启蒙观念之上，它假定环境确实会对人类产生深刻影响。对他而言，勘测方案具有很大灵活性，这种灵活性能对个人以及更广泛意义上的整个社会产生重大影响。恰当的环境是一种适当条件，它能使人们清醒思考和理性做事；这两点也是一个民主共和国所必不可少的组成部分。

和杰斐逊一样,其他一些美国政府要员也宣称,在一个和谐社会里,某些基本社会自由必不可少,而且也要维护好某些基本机构,以便与个人自治相协调。这其中最重要的机构之一便是家庭,因为家庭被视为公共道德的源泉,也是个人幸福与安定的栖居地。在 1778 年,约翰·亚当斯(John Adams)写道:"民族道德的基础必须建立在个体家庭之上。"[①]在英国人和清教徒的思想观念中,家庭被视为"一个小共同体",而国家则被视为个体家庭的一个总代表,这种观念也是这个新生美利坚民族的一块基石。事实上,如果美国人想创建一个理想的共和国,那么这种观念就必须得到明确体现。

除了要形成一套政治体制之外,新一代美国领导人的另一个任务便是要构建一种模范家庭观,以适应边疆不断扩展和人口大量移动的社会现状。这种模范家庭观应当是一种灵活的框架,它能够让"民族道德之基"扩展到全国各地,穿越西部疆域,进入自由州和蓄奴州,进入农村和工业区,仍保持完好无损。家庭环境被认为可以减少不同团体间潜在的冲突,并且提醒,即便那些定居边疆者也应当担负起公民责任与义务。这种通过家庭来确保公共道德的做法,比以往任何时候都更看重家庭所处的环境。这似乎看起来有些咬文嚼字,然而,诸如像杰斐逊、汉米尔顿(Hamilton)之类的政治家,以及像蒂莫西·德怀特(Timothy Dwight)那样的神学家,还有各个地区的作家、画家和实业家们,都不厌其烦地一再强调住所的潜在重要性,正是这些住房能够让美国公民居有定所,甚至包括奴隶在内。

一位新近的法国移民赫克托·圣·约翰·德·克雷弗克(Hector St. John de Crevecoeur)称赞说,住房的同质性是美国"令人高兴而又体面的

---

① 《亚当斯日记》(*Adams diary*),引自戴维·弗莱厄蒂(David Flaherty):《法律与美国早期的道德强制》("Law and the Enforcement of Morals in Early America"),《透视美国历史》(*Perspectives in American History*)第 5 卷(1971 年),第 247 页。

一致性"[①]的一种表现,这种同质性恰好代表了一套共同认可的价值观。然而,正如大多数热心者所意识到的那样,想要找到一个典型的美国家庭,以及能匹配每户家庭的寓所类型,这种想法从一开始就存在误解。即便是在18世纪末,美国也存在着截然不同的社会阶层和经济阶层,存在着不同的少数民族群体和种族群体,也存在着区域冲突和城乡矛盾。在这个新生的美利坚合众国里,每五个有产者之中,换种说法即在五个成年男性中,两个是奴隶,两个是仆人或穷困潦倒的佃农,一个是从事贸易或制造业的雇工。[②] 一般认为的典型农民及其家人居住的小农舍,实际上只不过是合众国头几十年所确认的四种国民住房类型的最后一种。在独立之后不久,以建筑书籍中的类型为基础的一种简朴统一的联排住房,作为一种城市传统正式成形。到19世纪早期,颇有事业心的工场主们,在靠近水源的地方创建了一些城镇,并为他们的雇工建起了提供膳食的寄宿处和狭窄的小棚屋。城镇规划促进者们认为,尽管这两种住宅类型与农场主在乡下的农舍非常不同,但是他们仍然创造出了"独具美国特色的"环境,并且产生了积极影响。在同一时期,南方的种植园主们也改进了为奴隶们建造住所的具体做法。在意识到宏伟的柱廊式大厦具有象征性意义之前,奴隶主们就已经懂得了他们的奴隶窝棚建筑体系能够保持种植园社会稳定,并且按照他们对奴隶生活的设想为其建造住处。

尽管特色鲜明的住房、家庭及其与之相关联的价值观偶尔也会在某些城市里交叉存在,但是,这其中每种类型都在一个特定地区大行其道。每种类型都被设计用以展现一种特定的家庭观和社区生活观,从总体上讲,它们体现了在模范住房普遍观念上的主要变化。美国人始终在探寻一种更加适合美利坚民族塑造优秀品质的模范住房形式。

---

① 赫克托·圣·约翰·德·克雷弗克:《一位美国农场主的书信集》(*Letters from an American Farmer*),纽约:E. P. 达顿—公司,1782年版,1957年重印,第36页。

② 杰克逊·特纳·梅因(Jackson Turner Main):《美国革命时期的社会结构》(*The Social Structure of Revolutionary America*),普林斯顿:普林斯顿大学出版社,1965年版,第41—47页。

第二章　商业城市中拥挤的建筑

当优雅的艺术品位成为全民族的品位时，它将会同民族语言一样长久存在，不会像英王查理(Charles)和法王路易十四(Louis XIV)所开创的风尚一样仅仅昙花一现。

——本杰明·H. 拉特罗布(Benjamin H. Latrobe)，1811年在美国艺术家协会上的演讲

在美国城市，如同在小城镇和乡下一样，选择什么样的住房建筑风格同样具有重大社会意义。城里人想让他们的寓所体现一种新社会秩序的新审美观。尽管人们普遍认为设计者对先例都十分熟悉，但是仅仅对欧陆风格的效仿仍是不够的。木匠与建筑商们坚持认为，对本土做法和经济节约的强调，应该与古典形式的艺术和优雅之间保持平衡。作家和公共演讲者不断唤起人们对共和价值观象征性表现的需求。但这可不是仅仅以卖玉米和烟草所换来的有限钱财，以及雕刻着一些鲜花、水果的石膏做成的半圆形花窗所能够完全代表得了的。公众的接受是关键所在，设计理念只有面向公众才能切中要害。在詹姆斯·费尼莫尔·库珀(James Fenimore Cooper)所著的《故乡风貌》中的一位人物说："我并非是说公众有合法权力来控制公民的品位，但是，伊芙小姐你肯定也明白，在一个共和政府中，公众的意见会主宰一切。"①

---

① 詹姆斯·费尼莫尔·库珀：《故乡风貌》(*Home as Found*)，纽约：D. 阿普尔顿，1838年版，1907年重印，第23页。

1836年在波士顿应用知识传播协会(Boston's Society for the Diffusion of Useful Knowledge)的一次演讲中,丹尼尔·韦伯斯特(Daniel Webster)试图详细说明共和主义艺术的定义。他批评奢侈的建筑和室内陈设都是不爱国的放纵行为。与之相对的,韦伯斯特宣称,工业化生产的建筑材料和简单的实用物是完全民主的,因为它们能够被民众广泛应用。工业技术、良好的技艺和一种质朴的审美观能够促进美利坚合众国发展,因为:

这些东西具有不容置疑的作用,不仅能够使房产增值,还能够使之均等,能够使之传布,能够将其优点散播开,能够给社会各阶层带来满足、欣喜和激励。①

对韦伯斯特而言,公认的简单而理性的生活方式是民主美德的本质所在,而城市住房应当能够表现出这种自我节制意识。《北美评论》(*North American Review*)的编辑们赞同这种观点,他们主张"所有的建筑商都应当'抛却野心',以一种追求舒适而非炫耀的视角来设计房屋;并且要特别注意比例不能太大,造价也不能太高,更不能让他们的建筑冠以并不光彩的'无用的庞然大物'之恶名。"②

对于什么是共和主义的风格根本不存在公认一致的看法。一篇1790年的文章在开头部分断言,美国政府的宗旨要求每个公民都要为捍卫公众幸福而努力。作者建议,真正的爱国者只会用砖块盖房子,因为这种房屋"虽然花钱不菲,且更加热衷于追求精致的品位",但它能增进大众对土地的热爱,由此也会对房产倍加珍惜。作者继续写道:"一种思想观念产生了,有利于大众","如果一种美好的建筑精神流行起来,那么人

① 《丹尼尔·韦伯斯特著作与演讲集》(*The Writings and Speeches of Daniel Webster*),18卷,波士顿:理特尔-布朗,1903年版,第13卷,第74页。

② 詹姆斯·加利尔(James Gallier)的评论文章:《美国建筑商通用价格手册与估价指南》("The American Builder's General Price Book and Estimator"),《北美评论》(*North American Review*)第43卷(1843年10月),第384页。

们就不会再那么轻易、那么经常地往外迁徙了。”[①]然而,约束性的压力影响了私人房产对装饰的诉求,这种现象至迟持续到1830年代以后。从理论上讲,阶层划分在美国不甚明显,所有的住房都体现着同一原则,因此看起来极为相像。

在住房建筑中一再重复的简朴形式被视为社会平等状况的明显例证。平等是一个目标,它从美国建国起就引起了拘谨感、紧张感和带有象征性的反响。大多数公民并不真的相信绝对平等;他们相信个人自由是有条件的,这些条件在理论上讲容许一种平等化趋势,不能容忍贵族化特权。他们向往一种共同关心公共利益的社会,只要这个社会不过分干预个人自由。作为解决方案之一的“自由结构”(Fabrick of Freedom)诞生了,这是一种看得见的建筑结构,既包含了公共利益又体现了个人成就。[②] 这其中非常重要的一条是建筑环境,它体现了私人财富和大众福利。平静、一致的环境被理解为美国人已经解决了自身一些深刻矛盾的象征。

事实上,至少在美国早期,职员和工匠们的许多住房与不太张扬的那部分商人和职业者阶层的住房从内到外都非常相似。联排住房的设计和美国建筑师查尔斯·布尔芬奇(Charles Bulfinch)的理论,或建筑开发商阿舍·本杰明(Asher Benjamin)的理论,都影响了奉行简约路线风格的一线建筑工匠和木工。纵观整个19世纪前半期,城市住房相对雷同的外观证实了一个普遍流行的看法,即几乎每个美国家庭都能拥有属于自己的

---

① 《关于美国建筑》(“On the Architecture of America”),《美国博物馆》(*American Museum*)第8卷(1790年10月),第176页,引自尼尔·哈里斯(Neil Harris):《美国社会中的艺术家:形成年代,1790—1860》(*The Artist in American Society: The Formative Years, 1790-1860*),纽约:乔治·布里兹乐,1966年版,第44页。

② 短句出自激进学者菲利浦·弗瑞诺(Philip Freneau)。参见埃斯蒙德·赖特(Esmond Wright):《自由结构:1763—1800》(*Fabric of Freedom, 1763—1800*)修订版,“美国世纪”丛书,纽约:希尔与王,1978年版;罗伯特·贝拉(Robert N. Bellah):《被违背的契约》(*The Broken Covenant*),纽约:西伯里出版社,1975年版;以及佩里·米勒:《从美国革命到内战的美国思想家》(*The Life of the Mind in America from the Revolution to the Civil War*),纽约:哈考特,布雷斯—世界,1965年版。

房子。在独立革命十年后,很多工匠实际上都能买得起被没收出售的"效忠派"单块地产。

但是不久后,投资者们便开始获取面积更大的地产,导致住房售价上涨。据一位历史学者估算,在1785年到1815年间,仅曼哈顿一地的地价就上涨了将近7.5倍。[①] 到那时,在全国各大城市中,一半以上的房屋都被出租出去了,绝大多数承租者是工匠和非熟练工家庭。[②] 他们几乎不可能筹集到足够多的现金用以支付分期付款的首付,而且,由于贷款不能按期偿还,他们还要承担抵押到期后失去房产的风险。甚至在1790年代和19世纪初,雇工们就开始组织起来抗议生活成本上升,尤其是居高不下的房价。他们所非议的只不过是让他们无房可住的混乱现实局面,而不是象征平均主义的社会观念,即:希望房子都建得好,简朴而且统一。虽然在建筑中具有平均主义意象,但是美国城市中的现实经济状况开始产生分化。

美国早期的木工和建筑木工将他们的职业看作为美国各阶层公民建造美好美国式住房这一民族使命的一部分。如同他们产生这种使命感的自觉意识一样,他们也意识到了横亘在前方的经济与政治障碍。美国最早的关于建筑与设计方面的指南——著名的欧文·比德尔(Owen

---

① 埃蒙德·威利斯(Edmund Willis):《从美国革命到1815年纽约市的社会起源和政治领导》("Social Origins and Political Leadership in New York City from the Revolution to 1815"),博士学位论文,加州大学,1967年,第113页。

② 小萨姆·巴斯·沃纳(Sam Bass Warner, Jr.):《私有者的城市:费城成长中的三个阶段》(*The Private city: Philadelphia in Three Periods of Its Growth*),费城:宾夕法尼亚大学出版社,1968年版,第9页。贝齐·布莱克默(Betsy Blackmar):《重走步行城:纽约市的住房与房产关系,1780—1840》("Re-Walking the 'Walking City': Housing and Property Relation in New York City, 1780-1840"),《激进历史评论》(*Radical History Review*)第21卷(1979年秋季),第137页。艾伦·库利科夫(Allan Kulikoff):《独立革命时期不平等现象在波士顿的发展》("The Progress of Inequality in Revolutionary Boston"),载于赫伯特·古特曼(Hebert Gutman)与格雷戈里·S. 基利(Gregory S. Kealey)主编:《多重历史:美国社会史读本》(*Many Pasts: Readings in American Social History*),第1卷(1600—1876年),纽约,恩格尔伍德-克里夫斯:普伦蒂斯·霍尔,1973年版,第133—162页。在纽约,财产所有人在所有投票者中占的比重由1795年的29.6%下降到1815年的19.5%,其他城市也大抵如此。

Biddle)的《初级木工助手》和阿舍·本杰明的《美国建筑商指南》,宣称要按照他们的美学观和其所信奉的经济与实用主义进行考量,为美国建筑开创一种崭新的共和式套路。两位作者都考虑到了日常生活中的诸多情况。他们还揭示了英国式建筑风格的规律,并且赋予房门和壁炉台优雅的新古典主义特色。但是风格通常在实际中只是次要考虑因素。本杰明在其设计中就特别注重减少劳动量和耗材量。尽管统一性是美观的精髓所在,但是他却解释道:"居住者的需求和舒适度"应当永远是美国住房设计中的首要考虑因素。①

绝大多数建筑商都是从字面上来理解这些格言的,他们将房子设计得既经济实惠又简便舒适。一直到19世纪,普通的建筑工都在建造木结构的房子,除了在像费城或纽约这样的城市里,在其附近红砂岩和做砖用的泥土非常丰富,因而用起这些材料来并不昂贵。有时候,官员们会坚持要求盖这种结实的房子。比如在首都,联邦官员规定只允许建造砖瓦房。其他城市最终出台了防火法令,禁止在人口稠密的商业区继续建造木结构住房。然而,在美国早期,华盛顿特区跟别处一样,木结构的联排住房占据了多数。住房供不应求,有些工人全家一起生活在这些地区,以便更靠近工作地点,住房供应对他们而言尤其紧张。这样一来,即使有管理新建住房的法规存在,便宜的木结构房仍然在商业区继续存在了数十年。

从18世纪末到19世纪初,城市熟练工的家庭住宅绝大多数只不过是一层或两层的小房。尽管很小且沿着又窄又弯的街道紧密排列开,但这些房子实际上仍然是彼此独立的,因为它们建于不同时期。弗朗西斯·盖伊(Francis Guy)创作了一幅绘画,描绘的是1817年到1820年间布鲁克林的冬日景色,当时他就住在这个独立的城镇,有渡船往来于布鲁克林与曼哈顿之间。盖伊描绘了小酒馆、咖啡屋、屠宰场和商店熙熙攘攘的景象,中间混杂着上述那种小房,所有这些房子都面朝不同方向。在布

① 阿舍·本杰明:《美国建筑商指南》(*The American Builder's Companion*),波士顿:埃瑟里奇与布利斯,1806年版,第67页。

鲁克林的一些街道上，还有规划仔细、风格统一的联排住房，从18世纪中期以来建造商们就开始在一些美国城市建造独立的联排住房，而这里便是其中之一。

到1800年，在普罗维登斯、巴尔的摩、安纳波利斯、费城和其他大多数城市，联排住房成了公认的和最重要的住宅样式。建筑商们多采用标准的联排住房外观与规划，这些设计源于《美国建筑商指南》中的诸多建筑细节。波士顿建房木工协会正式采用了本杰明的《美国建筑商指南》作为行业规范。费城木工公司拥有一个图书馆，其书籍上自18世纪初从英国进口来的，下至美国本土出版的，数量和种类都极为丰富。费城图书馆公司是由本杰明·富兰克林(Benjamin Franklin)所创建的，为其会员提供学习英国和美国各项指南的机会，以及研究他们同行的各种设计方案。

图2—1 1817—1820年纽约布鲁克林的冬日风景，由弗朗西斯·盖伊(Francis Guy)创作。图中展现了各类人群与活动，以及美国早期典型城市街道中的建筑类型。

绝大多数建造者一味地模仿既有的房屋样式，或者仅做轻微改动。职业建筑师批评这种做法，但是建筑商们却依然我行我素。詹姆斯·加利尔批评建筑商往往没有设计图纸就建房子的做法，因而导致单调的景色远观起来索然无味。威廉·罗斯(William Ross)则批评纽约“前街千篇一律的设计风格(或者说根本就没有设计)”。[①] 然而,这种审美设计也受到了一些褒扬,可能部分地是由于它迎合了平均主义的观念。然而对大多数家庭而言,很容易以便宜的价格从建造了大量雷同房子的建筑商手中购买这种房子。建筑商们往往择机将建筑定在五月一日前完工(通常要花一年半的时间),正好赶上大多数城市共同的搬迁日五月一日这一天。建筑商们通常都是为了投机买卖而建房,很少是受特定顾客委托而建,住房个性化理念尚未在中产阶级中流行,而且也尚未被商家推销给中产者。在内战若干年后,当个性化住房为人们所接受时,主要流行在郊区,而城市联排住房也变成以追求里里外外装潢优美为风尚了。

图 2—2 19 世纪初,巴尔的摩市阿莲娜大街上为工匠们所建的两层半高的联排房子。每座房子的屋顶高度、屋顶窗、百叶窗和房门相互雷同。

---

① 《建筑师:詹姆斯·加利尔自传》(*Autobiography of James Gallier, Architect*),纽约:达-卡波出版社,1864 年版,1973 年重印,第 18 页。威廉·罗斯:《纽约市的临街住房》(“Street House of the City of New York”),《建筑杂志》(*The Architectural Magazine*),伦敦,1835 年版。重印在《建筑实录》(*Architectural Record*),第 9 卷,1899 年 7 月,第 53 页。

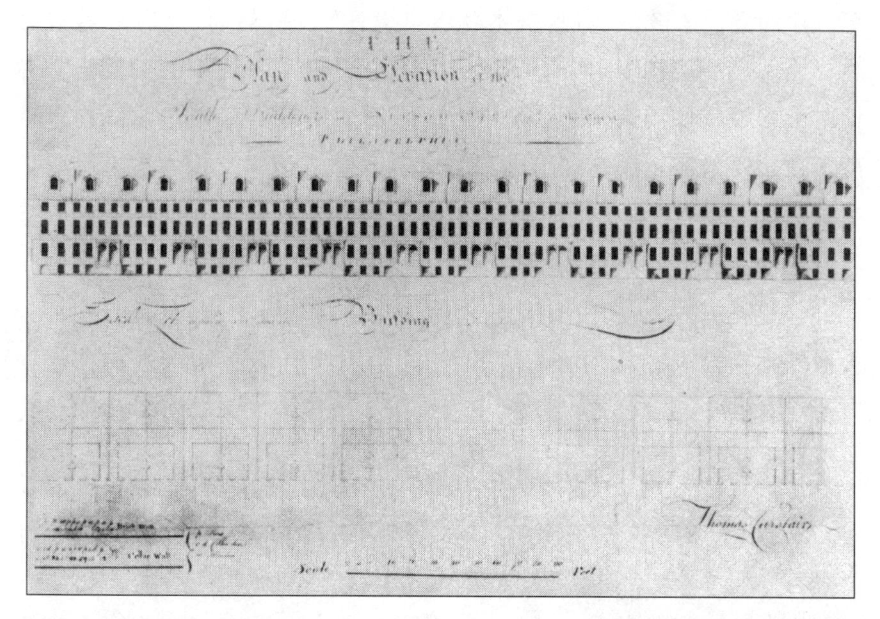

图 2—3 托马斯·卡斯泰尔斯(Thomas Carstairs)笔下的一排中产阶级联排住房的楼层规划和正面图,约1801—1803年建于费城。反映了建房者力求房子保持精确一致性的建筑理念。

在19世纪初的许多城市,房地产投机商经常将几个地块一起卖给一位建房木工,或一位独立的建筑交易商,他们通常是木匠、瓦工或造船木工。通常在一年内他们建起一两座新房子,然后将其出售,以换取资金去从事新的投资。另外,投资者们也会同意付费给一位专业联排住房建筑商,由他去招募一帮人,购置材料来建三四座房子,完工后将其出售。由投资资金、雇工建造的房屋、投机市场共同组成的这种投机方式,在当时每个美国城市都占据着支配地位,这种现象刺激了保守性的建筑技术,并且助长了对新式建筑风格敬而远之的态度。

甚至当不同的建筑商建造整个街区的房屋时,一种追求简朴和统一的风尚开始流行起来。屋脊的高度,在上下层之间上楣和束带层的安置,地下室的高度和通往一楼楼梯或门廊的高度,甚至每个楼层和房子窗户

图 2—4　版画《城里的五朔节》("May Day in the City"),创作于 1850 年前后。图中展示了喧闹的街头生活场景,这与城市联排住房拘谨的正面外貌形成鲜明对比。注意图中显示的最近兴建的住房的铸铁阳台。

的设置,这些都需要始终如一。平坦的墙面,众多的窗口,简单而又恰到好处的装饰物,这些都是北方联邦主义风格的典型特征。这种简朴和统一建立在审美基础之上,而非讲求经济实惠。这需要耗费时间来仔细排列房门和檐口,并且确保窗口大小一致,尤其在改造既有房屋时更是如此。由于木匠们在建造每扇房门和窗户边框时,仍然要遵循这个房屋给定的空间大小,所以也并非总是与常用的房门和窗户的尺寸大小完全一致。由于惨烈的火灾危险,市政法规也规定了建筑使用材质,但是并未规定出口的大小和房屋与街道间的距离。

英国访客们能够清晰地识别出美国城市房屋和街道的特色,也明白潜藏在这些文化套路背后的逻辑。弗朗西斯 · 特罗洛普(France Trollope)抱怨美国建筑固执地坚持守着沉闷乏味的同质性。他批评说:

图 2—5 建于 1810—1811 年的哥伦比亚特区乔治敦安德鲁·罗斯租屋，该楼专门用于出租，比较细致而全面地反映了"联邦时期"建筑（1780—1830 年美国联邦时期出现的一种建筑风格，比之前殖民时期风格更轻快、更雅观，它主要模仿英国乔治时期的新古典主义风格，只是风格更简单、纯粹且少于装饰——译者注）的详细情况。入口处稍有不同的装饰物将之同其他侧门区别开来，弥补了房子刻板的一致性。在这个联排住房中间有个拱门，拱道通往联排住房后面的运送煤块和其他物品的专用服务通道。

"这些房子最大的缺点是完全千篇一律——只要你了解了其中一个,你就了解了全部。"[1]而有些人则赞扬"这种到处流行的规则与匀称"。[2] 甚至连特罗洛普夫人也注意到,美国人对他们的联排住房和笔直的林荫大街引以为豪,尤其是在当时仍为美国政治和文化中心的费城,情况更是如此。独立战争之后,美国的经济和社会差异明显增大,这些美利坚合众国的公民具有"欧洲化"倾向,显而易见的统一环境似乎便是抑制这种趋势的方法之一。

然而,欧洲建筑的宏伟壮丽对许多美国人而言仍然相当具有吸引力。这样,到 19 世纪初,东部海滨的每座城市都出现了一批规模较大的居民建筑,这些建筑仿照伦敦或巴黎大街上的建筑而建,具有一定规模且不失豪华。这些成排的房子并未破坏审美的一致性,但材料的尺寸、装饰和规格显然对绝大多数美国人而言不易推广。这种高大的联排别墅自 1794 年开始蔚然成风,当时建筑师查尔斯·布尔芬奇刚从欧洲学成归来,他说服了波士顿一批富商大贾加入到由他主持的一项被称为"汤鼎氏联合养老保险制"(tontine)的投资活动中来,想要建设一种英国式的住宅区广场。他仅完成了这种椭圆形的"汤鼎氏新月广场"(Tontine Crescent)的一半,在 8 个相同的走廊内建起了由 16 座新古典风格的一组房屋所组成的一个弧形街区。后来这项投资以失败告终。那些赞助商坚持认为,另外一组面朝中央公园的房子应当彼此分离但位于同一直线上。由于布尔芬奇在这项投资中也持有股份,最终他也破产了。

尽管布尔芬奇破产了,类似的宏大工程项目不久后却在美国其他城市又出现了。1815 年罗伯特·米尔斯(Robert Mills)在巴尔的摩建造了颇有名气的"滑铁卢联排别墅"(Waterloo Row),是由 12 个单元房组成的

---

① 弗朗西斯·特罗洛普:《美国人的家庭生活习俗》(*Domestic Manners of the America*),伦敦:弗里欧协会,1832 年版,1974 年重印,第 338 页。

② 1821 年弗朗西斯·赖特(Frances Wright)原著,后由保罗·贝克(Paul R. Baker)主编:《对美国的社会与风俗的看法》(*Views of Society and Manners in Americans*),马萨诸塞,坎布里奇:哈佛大学出版社贝尔纳普出版分社,1963 年版,第 252 页。

一组排屋。纽约人尤其对他们的“柱廊联排别墅”(Colonnade Row)引以为豪,又名“拉法耶特小区”(Lafayette Terrace),这是一组拥有大理石面和廊柱连续排列的四层高的房子,每个单元的售价令人咋舌,高达2.5万—3.2万美元。[①] 实际上这种理念很流行,以至于在其临近的地方也出现了这种豪奢性排房的缩小版,只不过将大理石、砖块或石头替换成了不怎么贵的木头柱廊而已。

如同在更简单的联排住房和独立公寓中一样,在这些柱廊街区里的建筑物同样具有重要的象征意义。希腊柱和山墙出现在1820年到1840年间的各种美国建筑中,从公共建筑到私人住房,无论城市还是乡下,这表达了同古希腊民主城邦的共鸣以及对当代希腊人所处境况感同身受之情。希腊风格被广泛接受也反映了这种视觉表现欲是多么肤浅。具有讽刺意义的是,同样的白色古典门廊被用来证明,东部的社会改革与公民美德,西部的简朴风尚与民主力量,以及南部奴隶制与贵族领导的历史传统。政治差异与社会差异竟然被兼容进了这样一个单一表象中。

尽管联排住房建造商们在每个城市中都遵循相同的程序,但是建筑风格和建造办法还是要考虑当地传统习惯和不同的市场条件。来访者走在大街上就能知道自己身在哪个地方。波士顿的房子一般比纽约的要大些,而费城城内城外的房子却明显地更为狭窄和拥挤。纽约的联排住房在入口处建有一个特别高的门阶(stoop,这个词来源于荷兰语的“stoep”,指的是一段楼梯,在荷兰被用来避免住房经常遭受洪水侵袭——原文注)。典型的纽约住房有个很小的前院和与厨房配套的地下储藏室——通常就对着这个低矮的院落——也与其他城市住宅的正面外观截然不同。在房后的小巷可以用来投递或运送物品,虽然有盖的煤箱经常会一直伸到人行道上,但空间还是绰绰有余。

各地的建筑材料在某种程度上也各有不同。虽然用花岗岩或大理石建造楣梁和地下室更美观,但在纽约耗资不菲,纽约人使用更多的还是当

---

① 《女性指南》(*Ladies' Companion*),第6卷,1836年11月,第1页

地的红砂石，也称褐色砂石。到1830年，波士顿人和费城人开始几乎完全依赖砖块了，那时候盛行一种质量很好的深红色压缩砖。在每个城市，建筑商和建房木工通常都将砖块涂成深红色，或比泥土本色更深的红棕色。有些人则将之涂成一种完全不同的颜色。房屋框架的细部处理甚至更大胆，从蓝色、绿色和黄色，再到耀眼的红色，可用五彩斑斓来形容。房门通常是明亮的白色。一般情况下，屋顶是稍微带有彩霞色的石板瓦，或者将马口铁涂上颜色看上去有点像石板瓦或铜色。阳光透过屋顶上的小顶窗将顶楼照亮，中产之家的仆人们通常住在那里，工人之家则是孩子或寄居者们住在那里。有如此多色彩的建筑物会显得比较活泼，然而，这些街道的总体气氛却相当严肃，呈现出一种整齐划一和修饰过重的拘谨感。

普通的城市联排住房比较窄，通常只有15—20英尺宽，前后长约30—40英尺。房后有空地辟作花园，养上几只鸡和一头猪，打上一口井或挖一个蓄水池用来收集雨水，并且在污水池上直接建厕所。有时会建一条遮顶的步行道连接住房和厕所。在工人住宅区，很快便在后院厕所与胡同之间搭建起了一层或两层的住房，几家共用后院设施。城市变得拥挤不堪，而且房租高昂，穷人们只租得起地下室。尽管中产之家的房子外观仍和工匠们的联排住房一样遵循相同的正式规则，但房间的使用却大不一样。

所有联排住房的平面结构图都很简单且雷同。通常在房间一侧从入口处开始顺着整个房长有条狭窄的长廊。房内偏后部分是一段狭窄的楼梯，楼梯之后是通往宅院或小巷的后门。工人之家的住房通常有两层或两层半，不过每层只有一个房间，客厅通常被省略掉。中产之家居住的是三层或三层半的联排别墅，每层都有两个同样的方形房间。在大多数情况下，厨房占去了地下室的后半间，而三合一的家庭餐厅—起居室—育儿室占去了剩下的前半间，有时候厨房兼洗衣房就在房后外面延伸搭建的棚屋里。1830年代的一位纽约人说，除非宾客来时，全家人基本上都住在地下室。[1] 当宾客来时，他们就搬到一楼正式房间里，在前面的会客厅和像样一点的餐厅里打发时光。

然而，除了上层阶级外，休闲娱乐其实并不那么常见。英国游客们惊讶于美国人对全由男性参加的商务宴会情有独钟，相比之下，女性通常在白天访亲探友。当时有的绘画就描绘了妇女们围坐在客厅桌旁聊天的场景，或是描绘了一大帮男人在一个价格不菲的都市餐馆里觥筹交错的情景。男女共同参加的一般都是非正式的下午茶歇、小型聚餐或舞会。这些并不怎么张扬的联排住房很好地满足了社交活动的需要。正如詹姆斯·费尼莫尔·库珀指出的，纽约的那些房子，朴素的外观"传达了一种恰如其分的理念，即实际上生活相当舒适，并且内部主体空间也都非常整洁"。[2]

简朴的楼层设计划分开了联排住房的居住和活动功能，这种分类有些牵强，但还是存在着。家居卧室一般都在二楼，如果在更大的房子里三楼也会是卧室。在中产之家，学徒工或仆人们住在顶楼。由于很少家庭装有鼓风炉，而且很少有人认为顶楼有安装壁炉必要，所以冬天顶楼便会冷若冰窟一般。很少家庭用得起进口的窗格玻璃（尤其由于商品税是原价三倍之高），所以一般都用百叶窗。百叶窗在某种程度上可以避寒、遮风挡雨，但是在盛夏时节气味和昆虫也能自由进入。妇女们相当一部分活计——纺纱织布，缝纫衣物，制造蜡烛，以及数不清的日常家务——都是在这个宽敞而未分隔的顶楼里做。地下室仅有7英尺高，白天，仆人以及妻子和女儿也在地下室厨房里度过许多时光，但是闷热与封闭会让人很不舒服，所以妇女们会移到邻居家的客厅里去做事。

到1820年代，许多联排住房的主要居住层都选用折叠门或推拉门，并且很快成为普遍现象。把这些门打开，两个房间就可以被并作一个大

---

① 威廉·罗斯：《纽约市的临街住房》（"Street House of the City of New York"），第54页。

② 詹姆斯·费尼莫尔·库珀：《对美国人的看法：一个单身汉游客的体认》（*Notions of the Americans: Pick up by a Travelling Bachelor*），两卷本，纽约：弗雷德里克·昂加尔，1828年版，1963年重印，第1卷，第143页。

图 2—6　亨利·萨金特(Henry Sargent)的作品《晚宴》("The Dinner Party"),1820 年绘于波士顿,很可能描绘的是作者自己的家,图中一时髦的培根·希尔(Beacon Hill)式联排房内生意伙伴们在举行一场宴会。这幅画的尺度有些失真,会产生误导性,因为即使上层名流之家的联排住房中,这种房间大小最为典型的也不过 25×14 英尺。赴宴者其实应该比较有拥挤感才对。

的聚会或舞会空间。在1830年代,是“希腊复古式”(the Greek Revival)的全盛时期,雕梁画栋的石柱和檐壁通常为房门增色不少。许多房屋在安装门扇的墙缝附近设有内置的壁橱或“餐具室”(pantries)。这些设置在总体上增加了储藏空间。在楼上,换衣间、洗漱室和小便池通常建在卧室之间。在地下室,用大石块或砖块砌成入口的地窖可以用来冷藏食品和存放干柴。

到1830年代,为满足城市中产家庭过一种更为高雅和富足的社会生活,一些精巧的变化出现了。雇工及其家庭的生活标准有所下降,而专业人士及其家庭的生活水准却逐步提升。由于地块大小是固定的,因而每座新房的空间利用不得不有所不同,这点在纽约尤为突出,“1811年方案”(the Plan of 1811,是曼哈顿街道最早的规划方案,它所提出的网格平面规划方法奠定了曼哈顿大体格局,影响至今。——译者注)将所有街道都紧密地建成了一种网格状道路网。地下室之上的房屋有三四层高。房屋入口处是一种很漂亮的大门,被安在房子中心,侧面与希腊壁柱相连,上面还有一个镶嵌平板玻璃的楣窗。在尤为精美的住房里,配有天窗和眺台的椭圆形楼梯取代了狭窄的楼梯和拥挤不堪且无家具陈设的侧厅。这些房间造型奇特,构思巧妙,不讲究对称,有些甚至突出了凸窗或椭圆形旋转楼梯。在波士顿,凸窗前部向外延展一度成为时髦,在高档社区争相效仿。房内干杂活的地方,多半是地下厨房、育儿室,或者是顶楼宽敞的空间。在地下室和顶楼之间,则空间开阔、布置优雅,装饰繁复。

浪漫主义形式的设计开始在城市的联排别墅和乡间村舍中蔚然成风。带有游廊或结构复杂的铸铁阳台延伸出正前方的联排别墅在1840年代遍及纽约、宾夕法尼亚和俄亥俄。在南部城市中,特别是在查尔斯顿、萨凡纳、莫比尔和新奥尔良,以及仍然保留着些许法国遗风的圣路易,铸铁件的使用变得更加流行、更加别出心裁。房屋外表所使用的材料也有所变化,这与浪漫主义审美观念是一致的。在纽约,房子前部带有雕刻的深棕色石块,取代了原来普遍使用的砖块和较轻的石头,房子立刻呈现出生动的影像和引人注目的色彩。到1850年代中期,带有这些特点的住房会被加盖高高的阁楼,旋即被“意大利文艺复兴时期的宫殿”(the Italian Renaissance *palazzo*)所采用的沉重托架支撑起来。由于建筑商和城市联排别墅的建筑师们尝试了各种各样更为“天然的”形状、颜色和材料,因而他们打造出了许多更为奢华的住房样式。对小城镇和农村的美国人而言,这些浪漫主义的建筑风格深深地触及了他们心目中核心家庭的理想化图景,但对于城市居民而言,建筑风格与时尚和社会地位的关联才是最需要考虑的。

在这些年代,经济压力非常之大,许多工人家庭居住的房屋,原本设计只住一户人家,此时却被再次分割成几小份提供给几户人家共住,或是给一户人家与寄宿者共住。这种现象也蔓延到了其他阶级中,即便是那些经济宽裕的家庭也如出一辙。到1830年代,在美国城市中,寄宿公寓在富有的男男女女年轻人中已经变得相当流行了。新婚夫妇经常选择放弃自己料理家务,一门心思地找佣人,即使找到称心如意的佣人很难,也无所谓。在中产阶级中,这种趋势最早流行于波士顿所谓“特里蒙特别墅区”,此地从1829年就开始向永久居民发布广告兜售特殊的家居设施。随后,纽约的“阿斯特别墅区”和“富兰克林别墅区”名噪一时。在其他地方,住宅直接使用业主的名字,而这类业主通常是寡妇,她们一般很少拥有住房全部产权,但仍可靠出租赢利。不论年轻还是年长,男性还是女性,白天寄膳宿者们无论是在餐厅吃饭还是在客厅休闲,都和来访者在一起。“时髦的寄宿之家”令许多主妇和外国游客颇感诧异。尽管有人抱怨说这不太得体,纵容了人们在居住选择上的短期行为,也使得人们不愿做家务,但是,寄宿公寓仍然遍布美国城市各个阶层。

没有装饰也不怎么铺张的联排住房和寄宿公寓混合在一起凸显了19世纪初美国城市居民的平等状况。商人和屠夫、律师与木匠、富裕之家同清贫之户都一样住在这些房子里。然而,尽管房子的外观极为相似,房子的位置却传达了主人的社会阶层地位。在1820年后,经济和社会基础的分离越来越清晰,并且扩展到了许多行业和种族群体中。有时候,立法限制少数族裔拥有房产的权力。高昂的土地成本，尤其是在颇有名气的街区，意味着在现实中经济和社会阶层的确是分离的。黑人和极度贫困之人被排挤到特定区域，通常都在城市边缘地带，这些地区被中产阶级视为危险的“邪恶”之地，避之唯恐不及。小别墅和地位稳固的办公室职员、店员和专业技术人员居住的联排住房都坐落在明确界定的地区之内。精英们的住宅——无论豪华住宅、联排别墅，还是时髦的寄宿公寓——无不类以群居。然而，也有关于建筑风格相对比较一致的看法，这种看法明显存在于不同的住房阶级中，而且有一种广泛的共识认为，这种建筑风格是共和价值观的象征，社会的、经济的和环境的不平等的实际状况从一开始就存在，而且变得越发突出。

图 2—7 1840 年代的名为《时髦的寄宿之家场景》（“Scene in a Fashionable Boarding House”）的平版画，刻画了这种住所中能常见到的几类人，从新婚夫妇到一些年轻的公子哥儿，再到一位上了年纪的退休绅士。

早期的居住区分离能够在地理上加以区分只是一种相当晚近的现象。几乎在每个城市街区——除了极时尚的地方和(问题成堆的)赤贫地区——居住、商贸和轻工业的混合使用类型成为早期“步行城市”的主导现象。很多小房子的一层还担负着工厂作坊或店铺的功能。巨大的装有多块方格玻璃的窗户透射进许多阳光,照亮屋内,吸引着路人步入店铺之门。技艺非凡的工匠们让学徒们住进他家顶楼,在一楼或他们自己起居室隔壁打理店铺的生意。然而,工匠们的老婆越来越反对这样做,因为她们感觉失去了家庭隐私。在1820年代以后,许多学徒和旅客开始在出租房或工作地点附近的公寓租单间住。酒馆和咖啡馆遍布在各个城市和各个地区,店铺、市场和街上的小货摊为城市妇女提供了家庭之外的聚会场所。尽管有些丈夫仍然沿袭着18世纪流传下来的为家庭购物的习惯,但是购物越来越成为一种女性活动。这对于没有佣人、亲自打理寄宿公寓或自己家庭的妇女而言尤为如此。由于美国早期的城市居住空间一般都比较局促,所以每个人都将相当一部分时间花在了逛街和购物上。

19世纪初的城市自有其令人不悦之处。在大都市地区,平均每晚都会发生一起火灾。消防防护微不足道。每个街区的角落里,都可看到污泥,露天排水管、臭气熏天的废料和垃圾,伴之以喧闹的嘈杂声,使得每个街区的卫生环境极为恶劣。几乎每个地区都能发现牛棚马厩,粪便随便在后面高高堆放着。因为这时除了费城之外尚无市政服务一说,环境卫生还只是个人的事。街头游荡的流浪猪被人们看作清道夫,但它们只能吃掉很少一部分废物。我们可以从仅有的一些关于美国早期城市的描述刻画中感受到这些现实状况。

南北战争前美国城市和谐而又严谨的住宅建筑的熟悉场景,也正是现今居民们想要实现的愿望。这种描绘虚幻成分居多,与当时的现实之间存在着巨大的鸿沟。现今对联邦风格别墅的浪漫主义幻象忽略了以往种种不愉快经历,让人误以为当前这种建筑从一开始就是这个样子的。事实上,在整齐划一的住房与失控的流行病、贫困、垃圾与过度拥挤等难题之间,存在着一种很深的矛盾。建筑物外表的一致性给人以假象,掩盖了逐渐扩大的经济分离与社会不平等。许多观察者忧心忡忡,担心缺少稳定的家庭将无法对在城市工作和单身生活的无数男青年产生积极影响。尽管美国城镇比欧洲国家的城镇普遍要发达得多,但是公共福利设施和市政服务——公园、公共浴池、学校、文化机构、市政卫生——与飞速增长的城市人口相比,仍显得捉襟见肘。对大多数城市美国人而言,他们住房的实用性和令人愉快的一致性看起来似乎差强人意。这些住房使他们所期盼创建的社会建构成形,并且运行有序。

推荐阅读书目

许多当地的历史从某些细节上都涉及联排别墅,尽管绝大多数的焦点都集中在由建筑师设计的上流阶层的寓所,最为广博的研究是查尔斯·洛克伍德(Charles Lockwood):《砖块与褐色砂石:纽约市的联排别墅(1783—1929)》("Bricks and Brownstones: The New York Row House, 1783-1929"),《建筑与社会史》(*An Architectural and Social History*),纽约,1972 年版。雅克布·兰迪(Jacob Landy):《米纳德·拉菲弗的建筑》(*The Architecture of Minard Lafever*),纽约,1970 年版。该书研究了一位著名建筑师的职业生涯。蒙哥马利·斯凯勒(Montgomery Schuyler):《纽约市的小城市房》("The Small City House in New York"),《建筑实录》(*Architectural Record*,第 8 卷,1899 年),也比较有帮助。

波士顿在班布里奇·邦廷(Bainbridge Bunting)的著作《波士顿后湾的住房:建筑史(1840—1917)》(*Houses of Boston's Back Bay: An Architectural History,1940-1917*),马萨诸塞州,坎布里奇市,1967 年版,受到特别关注。沃尔特·缪尔·怀特希尔(Walter Muir Whitehill):《波士顿:地形测量史》(*Boston: A Topographical History*),纽约,1959 年版;小卡尔·韦恩哈特(Carl J. Weinhardt, Jr.):《培根·希尔的家庭建筑史,1800—1850》("The Domestic Architecture of Beacon Hill,1800-1850"),《波士顿学会会刊》(*Proceedings of the Bostonian Society*)(1958);沃尔特·费伦(Walter Firey):《波士顿中部土地的使用》(*Land Use in Central Boston*),

马萨诸塞州，坎布里奇市，1947年版；哈罗德·柯克（Harold Kirker）和詹姆斯·柯克（James Kirker）合著：《布尔芬奇在世时期的波士顿：1787—1817》（*Bulfinch's Boston, 1787-1817*），纽约，1968年版，以及沃尔特·葛勒姆（Walter Kilham）：《布尔芬奇去世之后的波士顿》（*Boston after Bulfinch*），马萨诸塞州，坎布里奇市，1946年版。

关于费城，参见格兰特·迈尔斯·西蒙（Grant Miles Simon）：《费城的房子和早期生活》（"Houses and Early Life in Philadelphia"），《美国哲学学会会刊》（*Proceedings of the American Philosophical Society*）第43卷（1953年）；玛格丽特·金康姆（Margaret B. Tinkcom）：《索思沃克，临河社区：空间结构与本质》（"Southwark, A River Community: Its Shape and Substance"），《美国哲学学会会刊》（*Proceedings of the American Philosophical Society*）第114卷（1970年）；肯尼思·埃姆斯（Kenneth Ames）：《罗伯特·米尔斯与费城的联排别墅》（"Robert Mills and the Philadelphia Row House"），《建筑史学家协会杂志》（*Journal of the Society of Architectural Historians*）第27卷（1968年）；威廉·约翰·默塔（William John Murtagh）：《费城的联排别墅》（"The Philadelphia Row House"），《建筑史学家协会杂志》（*Journal of the Society of Architectural Historians*）第16卷（1957年）。

有关华盛顿特区的两本有价值的书是康斯坦丝·麦克劳克林·格林（Costance McLaughlin Green）：《从村落到首都，1800—1878：华盛顿特区史（第1卷）》（*Washington*, *vol.* 1, *Village and Capital*, *1800-1878*），普林斯顿，1962年版；丹尼尔·赖夫（Daniel D. Reiff）：《华盛顿特区的建筑，1791—1861：发展中的问题》（*Washington Architecture*, *1791-1861*: *Problems in Development*），华盛顿特区，1971年版。关于巴尔的摩，参见罗伯特·亚历山大（Robert I. Alexander）：《19世纪初巴尔的摩的联排别墅》（"Baltimore Row Houses of the Early Nineteenth Century"），《美国研究》（*American Studies*）第16卷（1975年）；理查德·韦德（Richard C. Wade）的《城市边疆：西部城市的兴起，1790—1830》（*The Urban Frontier*: *The*

Rise of Western Cities,1790-1830),马萨诸塞,坎布里奇,1959 年版;约翰·赖布什(John W. Reps)的《美国西部的城市》(*Cities of the American West*),普林斯顿,1979 年版,该书涵盖了西部很多城市。

戴维·汉德林(David P. Handlin):《纽约的新英格兰建筑师,1820—1840》("New England Architecture in New York,1820-1840"),《美国季刊》(*American Quarterly*),(1967 年)第 19 卷,涉及建筑与社会史。霍华德·罗克(Howard B. Rock):《新生共和国的工匠:杰斐逊时代纽约市的工匠》(*Artisans of the New Republic: The Tradesman of New York City in the Age of Jefferson*),纽约,1979 年版,探讨了当时政治和社会的状况。查尔斯·彼得森(Charles E. Peterson)主编:《缔造早期美国》(*Building Early America*),宾夕法尼亚州,兰德尔,1976 年版,包括建筑方面的许多有用资料。艾伦·高恩斯(Allan Gowans):《美国生活的影像:作为文化表达的四个世纪的建筑与家具》(*Images of American Living: Four Centuries of Architecture and Furniture as Cultural Expression*),费城,1964 年版,该书考虑到了建筑中的形式和文化符号意义。尼尔·哈里斯(Neil Harris)的《美国社会中的艺术家》(*The Artist in American Society*)(纽约,1966 年版)和莉莲·米勒(Lillian B. Miller)的《守护神与爱国主义》(*Patron and Patriotism*,芝加哥,1916 年版)分析了早期共和党人对每种艺术的反应。还可以参见由亚历山大·维科夫(Alexander Wyckoff)主编,威廉·邓拉普(William Dunlap)的著作《美国艺术设计的兴起与发展史(第 3 卷)》(*Histories of the Rise and Progress of the Arts of Design in the United States*),纽约,1834 年版, 1965 年重印。

贝齐·布莱克默(Betsy Blackmar):《重走步行城:纽约市的住房与房产关系,1780—1840》("Re-Walking the 'Walking City': Housing and Property Relation in New York City, 1780-1840"),《激进历史评论》(*Radical History Review*)第 21 卷(1979 年),对城市的住房经济学给予了细致的考察。艾伦·库利科夫(Allan Kulikoff):《独立革命时期不平等现象在波士顿的发展》("The Progress of Inequality in Revolutionary Boston"),由赫伯

特·古特曼(Hebert G. Gutman)和格雷戈里·S.基利(Gregory S. Kealey)主编:《多重历史:美国社会史读本》(*Many Pasts: Readings in American Social History*),新泽西州,恩格尔伍·克里夫斯,1973年版;小詹姆斯·E.万斯(James E. Vance, Jr.):《让工人们居有定所:雇佣关系作为城市结构的一支力量》("Housing the Worker: The Employment Linkage as a Force in Urban Structure"),《经济地理》(*Economic Geography*)第42卷(1966年);小萨姆·巴斯·沃纳(Sam Bass Warner, Jr.):《私有者的城市:费城成长中的三个阶段》(*The Private city: Philadelphia in Three Periods of Its Growth*),费城,1968年版;斯蒂芬·特恩斯特伦(Stephan Thernstrom):《贫困与进步》(*Poverty and Progress*),纽约,1970年版;彼得·R.奈茨(Peter R. Knights):《波士顿的普通人,1830—1860》(*The Plain People of Boston, 1830-1860*),纽约,1973年版;以及艾伦·R.普莱德(Allan R. Pred):《城市工业增长的空间变动,1800—1914》(*Spatial Dynamics of Urban Industrial Growth, 1800-1914*),马萨诸塞州,坎布里奇市,1966年版。

第三章　奴隶主的“大院”和黑奴的小屋

这个世界没有我的家，
这个世界没有我的家，
这个世界是呼啸的原野，
这个世界没有我的家。

——南方黑人灵歌

在美利坚合众国成立以及稍后新农业方法引入之前，处理与奴隶和奴隶小屋相关的事情多半偶然为之。并非所有的大种植园都使用奴隶；即使在使用奴隶的种植园中，奴隶们也可以自主建造住房，大多数小屋源自一种古老的非洲观念，即建成群居的对称性村落（在西印度群岛的前法国和英国殖民地，种植园的建筑也呈现出这样的特征）。在庄稼轮种之前，无论种植园主的房子还是奴隶的小屋，都要赶在地力耗尽前搬到种植园的另一个地方，如此周而复始。许多奴隶从来不建造自己的房子，直接住在粮仓阁楼或者储藏室里。

1793 年，随着轧棉机的发明，种植棉花的利润大大增加，这催生了棉花种植园的快速发展，也促使奴隶主们谋求更大面积的土地和更多的奴隶。“黑人的小屋”开始列为纳税清单上的永久资产。到 19 世纪早期，种植园中的奴隶制已经深深植根于美国南部了。南部奴隶人口在 1810 年超过了 100 万；在黑人带（Black Belt）的某些地区，黑人数量远超过白人，甚至是后者的两倍多。到 1850 年，奴隶人口翻了三番，达到 300 万，截至内战前夕，奴隶数量又增加了100万。[①] 在内战前的数十年中，奴隶主尤其是富有的种植园主开发出了管理奴隶生活的新方法，这种方法更符合建筑法，更具象征性，更适合预先计划。尽管这种控制的程度因为主人财富、教育和道德的不同而有所差异，但仍有某些共性。一种独特的模式形成了，首先表现在奴隶小屋的建筑风格，继而是主人的大院。

即使在下南部（Lower South）的棉花种植繁荣时期，也并非家家户户都使用奴隶。只有大约四分之一的白人家庭拥有奴隶，而超过20个奴隶的家庭仅占12%。到1860年，南部有38.5万奴隶主，其中的十分之一拥有南部奴隶总额的一半；在整个内战以前的时代中，只有3000人曾拥有百人及以上的奴隶，有些人拥有的奴隶甚至超过千人。[②] 这些人控制着美国南部的经济和政治生活，也控制着美国最大多数黑人男子、妇女和儿童的住房模式。

即使是没有奴隶的独立农场主和贫困的白人租佃农场主也支持奴隶制。在来访者的笔下，南部种植园主的家庭和习俗是卑劣的，贫穷的白人农场主自己无力营造这种高雅却虚伪的世界，但这个奴隶建造的文雅、好客和安闲的地区，却让他们有一种自豪感。更重要的是，南方白人担心奴隶叛乱及随之发生的对白人的杀戮，在1791年海地奴隶起义和1831以纳特·特纳叛乱之后，这种忧惧更为强烈。他们相信，黑人从本质上是低等种族。无论他们是不是拥有奴隶，都极力捍卫奴隶制这种“特殊制度”。

捍卫家长式奴隶制度的依据是，黑人有不同于白人的生理特征，因此他们在经受分娩、疾病或鞭打时，不像白人那样感到痛苦。据说，内战前南部白人上流社会所定义的家居生活的乐趣和责任，并不能为黑人所理

---

① 莱斯利·霍华德·欧文斯（Leslie Howard Owens）：《此类特殊财产——老南方的奴隶生活和文化》（*This Species of Property: Slave Life and Culture in the Old South*），纽约：牛津大学出版社，1976年版，第8页。

② 肯尼思·斯坦普（Kenneth M. Stampp）：《特殊制度——内战前美国南方的奴隶制》（*The Peculiar Institution: Slavery in the Ante-Bellum South*），纽约：兰登书屋，1956年版，第29—31页；欧文斯：《此类特殊财产——老南方的奴隶生活和文化》，第7—9页。

解和欣赏。正是根据上述观点，大多数奴隶主相信，奴隶需要严格的监督而不能给予过多的放纵，也不能感情用事，因而对奴隶的工作安排、社会活动以及住房和家庭生活等必须发号施令。许多奴隶主认定奴隶必然是肮脏混乱的，他们的道德情操和社交能力先天不足，对许多疾病有耐受力，教育对他们丝毫不起作用，这就是奴隶主对黑人文化的基本观念，而他们很可能从这一点出发，来论证为何给奴隶建造如此破败的房屋。赞同奴隶制的论点允许，或者说需要接受拥挤破败的奴隶小屋以及奴隶主对小屋的控制。

每个种植园主，尤其是大种植园的所有者，都要仔细考虑其财产的物理消耗。奴隶主自然会严格控制他们的财产：密切注视奴隶的疾病，观察他们是否在偷懒，以便使奴隶们在整体上保持健康，呈现给来访的外国人和北方人一幅温情脉脉的图景。此外，到 18 世纪末，许多受过教育的种植园主将建筑学视为一种“绅士的消遣”而有所涉猎。当岁月的车轮刚刚跨入 19 世纪时，他们对新古典主义的品位便鲜明地体现在奴隶小屋的处理上，甚至在流行廊柱式希腊复古式庄园的 30 年代之前就出现了。当一个年轻人增加土地和奴隶时，他会重建奴隶的小屋，使它们更为合意，至少相对而言更为合意。彰显权威、期望正式的建筑秩序以及企图控制奴隶的生活状况在当时风靡一时，即使是大型种植园中最斯巴达式的奴隶小屋也在所难免。

从总体上看，到 19 世纪早期，小木屋作为最主要的奴隶小屋往往距离奴隶主的大院有一段距离，给人一种若即若离的感觉。奴隶小屋通常在奴隶主住房的后面，并处在下风向，这样就不会挡住奴隶主欣赏美景，气味也不会影响他们。在一个大型种植园中，田间奴隶仍旧按照 18 世纪非洲裔美国人的传统，将小屋围成院落，但奴隶主对靠近大院的奴隶住房的监管是显而易见的。

一排排奴隶小屋整齐划一，每栋住房中居住着不同类型的奴隶，显示着奴隶主控制奴隶的程度。一个前奴隶这样描述他弗吉尼亚种植园中的住房：“我们住的是小木屋，有的有一间房，有些是两间，铺着地板。我们的主人很有钱,他开了家商店,在河边建了一座锯木厂。我们住的房子铺着地板,是用钉子钉上去的,有木制的烟囱,用泥巴糊好……我们的住房有两排,离主人的大院并不远。”[①]19世纪中期,受《纽约时报》之托巡访美国南方的弗雷德里克·劳·奥姆斯特德(Frederick Law Olmsted)曾这样描绘弗吉尼亚州的一个小农场:“在那里,‘奴隶们的小屋’排成一行,就在通往主人庄园的路旁。这些小木屋建筑精良,适宜居住,大约30英尺长、20英尺宽,高约8英尺,屋顶盖着木制的瓦片。每间屋子从中间一分为二,供两家人住。上面是高高的阁楼,屋外两侧有砖砌的烟囱。”[②]两相比较,又何其相似乃尔。内战前,其他对南部奴隶屋的描绘和场地规划也与上述二者相似,一排排的房屋排成直线或弧形,树木均匀地排列在小屋旁的路上,从种植园的入口或者主人的房子里可以直接看到小屋。

19世纪,在大多数种植园中,尽管奴隶小屋的尺寸和类型各有不同,但其规模却是一致的,已不再是早期的奴隶大院。大多数奴隶住房是10英尺见方或稍大一点的矩形,只有少数呈圆锥形。通常这些小木屋只有一个房间,有时会有充当卧室的阁楼。大一些的有两个房间的木屋往往有两家奴隶合住。

在种植园,尤其是大型种植园中,如果奴隶小屋的规模有所不同,是因为主人想达到某种效果。库珀种植园位于佐治亚海岸群岛中的圣西蒙斯岛上,在这里,地处要冲的监工住宅在奴隶小屋中鹤立鸡群,规模大,仅仅是独立的厨房就比整个奴隶小屋还要大。在路易斯安那州华莱士的四季春种植园中,有两排奴隶住房,每排18栋,而且每排中间的两个比其他的略大。完工于1813年的金斯利种植园位于佛罗里达州的圣乔治岛,是一个进口奴隶的贸易站,园中共有奴隶住房16座,排成两个弧形,每个弧

---

① 访贝利·坎宁安(Bailey Cunningham),查尔斯·珀杜(Charles L. Perdue)等编:《小麦中的虫子——与弗吉尼亚州前奴隶的访谈录》(*Weevils in the Wheat: Interviews with Virginia Ex-Slaves*),布鲁明顿:印第安纳大学出版社,1980年版,第82页。

② 弗雷德里克·劳·奥姆斯特德:《走访沿海的蓄奴州——兼评当地经济》(*A Journey in the Seaboard Slave States, with Remarks on the Economy*),1856年,重印版,纽约:尼格罗大学出版社,1968年版,第1页。

图 3—1 图为南卡罗来纳州圣凯瑟琳岛康乐居种植园的一排奴隶住的双户联体小屋 。所有小屋都是用砌墙泥和木板建成,有序排列,显示内战前种植园奴隶小屋的特点。

形首尾两个房子明显大于其他的。上述两个种植园的例子清楚地表明了园主在奴隶小屋的规划中凸显古典秩序,他们或者突出建筑群的中心,或者突出两端,两种模式在整个种植园中都体现出秩序和规范。奴隶小屋中较大的几座也增强了奴隶主的权威,因为它们或者是监工的住宅,或者用来奖励奴隶,有时给有特殊技能的奴隶居住。建筑方面的考虑和人为的社会阶层决定了奴隶小屋的不同。无论上述哪一个实例,都说明奴隶主尽管是建筑外行,尽管是奴隶们的典狱长,但却把他的触角伸到了种植园的每个角落。

奴隶们渴望保留一些非洲文化传统的蛛丝马迹,而奴隶主却总想强化对奴隶的控制,他们之间的紧张关系时时造成正面冲突。也有些奴隶

图 3—2　路易斯安那州华莱士的四季春种植园。如图所示，这里的奴隶小屋几乎从未变化，一如其当年的模样。这些规则有序的布局大概在 1830 年前不久形成，在小屋的前面是排列着橡树的道路。

无所顾忌，径直建造了非洲风格的小屋。一名来自圣西蒙斯岛的前奴隶回忆道，在 19 世纪早期，他的朋友奥克拉（Orka）就曾这样做过，奥克拉建造了一座非洲式的小屋，地面很脏，用的是抹灰篱笆墙，顶上是一个圆锥形的茅草屋顶。他回忆说：“但主人把这间屋子‘推倒了’，主人说他不允许任何奴隶在他的地盘上建房子。”[①]因此，尽管奴隶确乎尝试着把非洲文化因子融入到自己的小屋中，但到 19 世纪，奴隶主们已将此视为一

① 联邦学者计划（Writers' Program），佐治亚州。《鼓声与幻影——对佐治亚州海岸地带黑人残存文化遗迹的研究》（*Drums and Shadows: Survival Studies among the Georgia Coastal Negroes*），佐治亚州雅典市：佐治亚大学出版社，1940 年版，第 1 页，引自约翰·米歇尔·弗拉克（John Michael Vlach）：《装饰艺术中之非洲裔美国人的传统》（*The Afro-American Tradition in Decorative Arts*）；克利夫兰：克利夫兰艺术博物馆，1978 年版，第 136 页。

种危险行径。

在内战前的几十年中，几乎没有非洲裔美国奴隶在自己的住房上展现鲜明的非洲印记。虽然西非的住房往往装饰着图画、雕刻品、碎瓷片，并且精心打点茅草屋顶，但奴隶小屋上几乎什么也没有。奴隶们没有时间没有工具并不是建造这种简陋朴实小木屋的唯一原因。众所周知，黑人工匠和妇女制作乐器、纺织品、船和篮子的工艺精良，在墓碑上的雕刻也很精美，很多东西经过他们雕琢、上色和装饰后，异彩纷呈。奴隶小屋之所以单调乏味，端赖于奴隶主严禁奴隶装饰住宅，以防这些小屋成为黑人文化的阵地，也防止奴隶们在日常生活和艺术表达中意识到更多的自治。

大多数奴隶小屋是用砍下的木桩建造的，再涂上当地的红土或者灰泥，与白人的住宅相比，完全可以称得上原始的。有些房子是用粗制的砖建造的，有的用的是压实的泥土（这项技术来自非洲，被称作砌墙泥）。文字资料和出土实物表明，许多房子的内部经过粉刷或涂上白灰，或许这是每年一次的卫生措施；但也有证据恰恰相反，像前奴隶路易斯·休斯就曾说过，“没人去把小屋弄整洁”。[①] 烟囱用粗制的砖草垒成，要是非常破的房子，也就是黏土和木棍做成的。烟囱、油脂灯或者燃烧的松树枝都可能引发火灾，将狭小的木屋毁于一旦。小屋旁摆着盛满雨水的木桶，用来避免火灾。通常，烟囱看上去像是要倒向房子另一边，这是为了防止烟囱里的火星引燃茅草屋顶而有意为之。

小木屋的通风条件也极为恶劣。呼啸的冷风沿着墙缝肆无忌惮地闯进来，而屋里火炉的浓烟早已让里里外外乌烟瘴气，就像约翰·布朗抱怨的那样，“风雨想来就来，可浓烟却赶也赶不走”。[②] 很多奴隶小屋没有窗户，即便有也很小，而且鲜有窗格，取而代之的是用遮板挡风遮雨。有些

---

① 路易斯·休斯（Louis Hughes）：《为奴三十年》（*Thirty Years a Slave*），1897年，重印版，纽约：尼格罗大学出版社，1969年版，第25页。

② 约翰·布朗（John Brown）：《佐治亚州的奴隶生活》（*Slave Life in George*），伦敦：W. M. 沃茨公司，1855年版，第158页。

房子，只有门口能进新鲜空气。恶劣的居住条件让身处其中的奴隶们争讼不已，他们不得不作出选择，要么打开门呼吸新鲜空气，但是这样可能会有蛇、野兽和入侵者闯入房间；要么就关上门。这种令人不悦而难堪的居住环境反映了白人对黑人的主流态度，尤其是他们对黑人家居生活的态度。生活秩序只能由奴隶主来安排，至少看上去要这样。

奴隶主们不仅在奴隶家庭生活中树立权威，在建筑上亦然如此。他们常常给奴隶重新起名字，禁止使用非洲的名字或黑人的姓氏。在登记时，一个奴隶或许被命名为劳埃德的萨拉，或者只是给他奴隶主的姓氏。虽然许多奴隶经过黑人传教士或白人牧师证婚，但民法中并没有奴隶婚姻的条款，这是因为奴隶只是合法的财产而不是公民。主人有权让他们结婚，也有权中断婚姻，奴隶家庭的成员也经常被买卖，因而家庭常常残缺不全。在有记录的奴隶婚姻中，这种情况占了将近32%。[①] 虽然孩子们可能因为父母过世或被卖掉而丧失双亲，但奴隶更重视母子间的亲缘关系，夫妻关系相比次之。尽管有些奴隶主支持奴隶拥有稳定的家庭生活，但大多数则将其视为一股潜在的破坏力量。正如一位访客所言，“支持和保护奴隶的家，与终结奴隶制无异。”[②]

奴隶们的确找到了反抗奴隶主威权的方法。如果一个奴隶家庭被肢解了，这家的亲戚或好友就会接纳他家的孩子。除此之外，奴隶的孩子还有一种技能，他们会称呼那些与自己既没有血缘又没有婚姻关系的年长奴隶为“阿姨”或者“叔叔”，这两种方法一起，共同创造了一个独特而广泛的亲属结构。根据赫伯特·古特曼（Herbert Gutman）的研究，奴隶们将象征性意义和社会责任置于非亲属关系中，并将其置于整个奴隶社会之中。尽管面临着奴隶主的种种禁区，尽管面临着被迫分离的命运，奴隶

---

① 约翰·布拉辛格姆（John W. Blassingame）：《奴隶社区——内战前南部种植园中的生活》（*The Slave Community: Plantation Life in the Antebellum South*），纽约：牛津大学出版社，1972年版，第91页。

② 尼赫迈亚·亚当斯（Nehemiah Adams）：《站在南方看奴隶制；或，1854年我在南方的三个月》（*A South-Side View of Slavery; or, Three Months at the South in 1854*），波士顿：T. R. 马文和B. B. 马西公司，1854年版，第85页。

们还是一代代地传下了自己的姓氏，只是亲属关系要相对隐秘。

与之类似，奴隶工匠们也不露痕迹地在建筑中展示非洲裔美国人的艺术风格，巧妙地规避了奴隶主对建筑的强硬要求，而不仅仅为奴隶家庭建造简易棚屋来遮风避雨。他们关注的不是住房外表炫目的装潢，而是某些内在的细节，通常这些细节会藏在外墙之内。在大多数种植园中，奴隶们亲手营造他们的家园。尽管主人的大院用了很多钉子，但对奴隶而言，钉子却是奢侈品，而且徒手制钉也很费时，无论在现存的还是发掘出的1840年前的奴隶小屋中，都很少发现钉子。墙面大多是用粗糙的木板或切开的圆木拼成的，丝毫不见西非传统；但这下面却别有洞天，手工拼接的木架和楔进去的石头与西非的传统建筑如出一辙，它们由捆在一起的木杆支撑，抹上黏土或灰泥以加固。地板往往是夯实的土层，但即便如此，也内藏玄机：奴隶们把黏土混上牛血或牛粪一起加热，然后倒在地上铺成坚硬肮脏的地板，就像沥青一样，这也是一项非洲遗产。大萧条期间，奴隶们的叙述经由工程振兴局（WPA）的文人墨客收集整理，对建房技术的自豪感跃然纸上。在奴隶住房中，显示上述这类技术和传统的符号要小心遮掩。这并不意味着，使用非洲裔美国风格的建筑技术等同于一种独立文化的强势觉醒，也不意味着奴隶的房子将变成反抗白人统治的碉堡。在南方，有两种看待黑人的截然不同的观点，家居建筑的确在二者之间居中调停。

即使在他们拥挤简陋的小木屋中，黑人也维持着一种家庭纽带、社区联系和个人隐私的意识。一个奴隶家庭往往有8—10人，男女老少挤在仅有的一个房间中；条件稍好者，楼上有个阁楼，家人分居两层。在这样的家庭中，既有核心家庭成员，也有支脉广远的亲戚。由于奴隶比白人的预期寿命短得多，所以老人相对少些。这样的小屋几乎只能提供蜗居在一起睡觉的空间，其他的空间少之又少。大多数奴隶睡在毯子上，或者睡在地板的草席上，有时会有一张木板拼成的简陋床铺，上面铺些草，奴隶就睡在上面。然而，这种单间的住房却有复杂的功能，吃饭、做饭、娱乐和其他亲密的行为都在这里。

图 3—3　一座残存的奴隶小屋，位于马里兰州克里克岛，属于一个解放了的奴隶所有。该房建于内战后的几年间，若要了解精美的非洲裔美国建筑技术，则此图非常典型。在奴隶们被解放前后，住房都是这个样子，护墙板挡住了下面的木制结构、砍下的圆木和层层木板间的鹅卵石。

当一对男女决定生活在一起,并按照奴隶礼仪成婚后,他们将离开与父母或抚养人共同生活的家,并获得一座小木屋。若是在一个奴隶众多的大型种植园中,在一段时期内,这样的夫妻常常要与另一个家庭共享一个小屋。他们在房中挂起旧衣服或被褥,以便把两家隔开;有些用废木板搭起更像样的隔板。父母也要有自己的性隐私,免得被孩子们打扰。几个前奴隶描述了一种装上轮子的床,这样他们的性生活就不会被打扰;有的人家,孩子们住在阁楼上,爬楼梯上下。在由一排房间构成的"盒式"住房中,一端的房间是成人的卧室,另一端是孩子的卧室,男孩女孩的房间相对而居。即使在单间住房中,家人也是严格按照性别分开居住的。尽管任何形式的隐私都难以维持,但隐私的确是奴隶们在家中的核心问题。

每个小木屋也是全家就餐的地方。大多数种植园都对基本食物实施配给,主要有玉米片、玉米粉、肥肉和腌猪肉。家中的女人们靠这些东西做饭,通常,她们用篝火炖一锅大杂烩,或者做玉米糊,盛在木碗里当晚饭吃;残羹剩饭又冷又硬,人们在次日一早去田间地头的路上边走边当早饭吃。妇女们在家门口种点蔬菜,男人们时常去抓鱼或打点野物,以补充配给食物的不足。大人们设法在林中酿酒来喝,一解乏困。在一些大型种植园中,年老的女性奴隶为所有在田间劳动的奴隶们做饭。但即便是在这种集中化管理的系统中,一家人也会聚在家中,共享晚餐。

奴隶们几乎没办法给自己安全感。一个奴隶往往无时无刻不感到自己无能为力,他们只好求助超自然的办法让自己安心。他们把魔法师的U形物(U形的马蹄式样的东西被认为是吉祥物——译者注)和其他魔物放在门口,相信这可以驱赶魔鬼和恶人;出于同样的目的,有时他们会在手边放一个魔法葫芦。他们希望靠这些办法把握自己的命运,让生命随风飘零的沧桑归于宁静。由于大多数奴隶主坚信黑人没有个人家庭生活和性道德的意识,他们时常闯入小屋中欺凌女性奴隶,巫蛊之术对此也爱莫能助。白人坚持认为,黑人妇女天生就是淫荡的,谁反抗就惩罚谁。

因此,住房并不是黑人家庭的天堂。许多活动是在住房之外发生的,许多社会纽带基于扩大的家庭和朋友网络。男人们通常一起渔猎，一起从沼泽中捡拾柴禾，种菜和酿酒也是多人一起。妇女们给家人缝衣服，偶尔也会一起做饭。但这些活动极为有限，只是在日落后和晚饭间，或在歇工的周日才有时间。一些奴隶主在晚上八时锁上奴隶小屋，并派出缇骑四下巡逻，以免奴隶们的欢饮影响第二天的工作，但大多数奴隶却我行我素，前提是不误工。

由于奴隶的住房太小，跳舞、唱歌、讲故事和宗教聚会往往利用屋前的门廊或房后的“街道”。黑人教堂是常规节庆的场所，因而成为黑人基督教不可分割的一部分。除此之外，当夜深人静时，男女老少都悄悄溜到他们“宁静的庇护所”（Hush-Harbor），这是密林深处的教堂，奴隶们在这里唱歌和交谈。他们在树上挂上浸水的毛毯用来隔音，把铁锅之类的魔物上下颠倒放置，以吸收噪音。在这里，他们与非洲的幽灵交流，与基督的上帝沟通，相信这些神灵爱其如子，在这欢欣愉悦的声音中也穿插着痛心疾首，他们在诉说着折磨心灵的恶行。鉴于白人传教士和黑人牧师坚信，《圣经》谴责奴隶制并要求给予奴隶不受约束的自由，这一秘密教堂为他们构造了一个欢欣鼓舞的神圣世界，这个世界既在现实中，又在天堂般的未来。

大部分奴隶去田间耕作，日出而作、日落而息，只在夏盛时节，中午可以小憩片刻。有几类奴隶不适合这种工作安排，奴隶主不得不为他们作出特殊调整。年老的奴隶无力在田间劳作，残疾和病愈不久的奴隶也不宜做重活，他们加入到另一组奴隶中，在奴隶小屋和奴隶主大院之间工作，照料花园，清理马厩，或饲养动物。年老的女奴给其他奴隶做饭、清洗和缝补衣服，在纺织间里将旧棉花纺织成衣服。许多大型种植园中设有奴隶医院，容纳因病停工的奴隶，那里的坐诊医生、草药医生、助产士都是奴隶，也有短期来的白人大夫参与治疗。范尼·肯布尔（Fanny Kemble）等访客笔下的奴隶医院中，窗户黯然无光，地板肮脏杂乱，到处是成群的虫子，这些预示着很多生病的奴隶并不能舒适地养病。[1]

大型种植园中也有托儿所，通常有两个奴隶小屋那么大，由上了年纪的女奴照看年幼的黑人儿童。由于母亲们在分娩几天后就要去田间耕作，因而没有时间抚养孩子，甚至没时间喂奶。作为“小半拉子”或“半拉子”，奴隶儿童组成的“儿童队”也要接受训练，以适应长大后繁重的劳动。他们要学会播种、锄草、清理庭院，还要抽时间去田里，陪在妈妈身边耕种。

某些成年奴隶会受到特别关照。他们受训成为工（Frederick Douglass）程师、箍桶匠、木匠、石匠、磨坊工、铁匠或园丁，这些有技术的奴隶匠人是“重要的奴隶”，与普通奴隶相比，他们地位更高，工作也更清闲。[2] 尽管他们与其他奴隶住在同一片区，但这些能创造更高价值的奴隶往往住在更好的房子里，还会受到其他优待。

家仆一般与其他奴隶分开住，即便他们有家室，也要与家人分离数周或数月，甚至夫妻也是如此。尽管他们在主人的大屋附近有自己的住房，但其隐私也丝毫不能保证。路易斯·休斯（Louis Hughes）回忆了他年幼时住在主人餐厅地板上的情形。奴隶主通常要求贴身男仆和女裁缝住在走廊里，或者住在男主人或女主人的卧室里，若有人生病，或者需要早起等特殊需要时更是如此。相对而言，家仆会受到优待。他们吃的、穿的都很好，偶尔还能反驳女主人。他们的价值并不比田间奴隶高，他们有没完没了的杂务要做，工作时间没有保障，在很多方面，家仆的工作更苛刻也更累人。同样重要的是，奴隶主试图把家仆与他们的家人和奴隶朋友们分开。在白人散布的有关奴隶的神话中，家仆是“汤姆叔叔”和黑人“妈妈”的化身，他们对白人家庭的忠诚甚于对自己的家庭。家仆必须这

---

① 约翰·斯科特（John A. Scott）、弗朗西斯·肯布尔（Frances A. Kemble）编著：《种植园见知录：1838—1839年间旅居佐治亚州》（*Journal of a Residence on a Georgian Plantation in 1838-1839*），1863年，重印版，纽约，新美国图书馆系列丛书，1975年版，第23—34页、63—64页、214—216页。

② 莱斯利·霍华德·欧文斯：《此类特殊财产——老南方的奴隶生活和文化》（*This Species of Property: Slave Life and Culture in the Old South*），第138页。

图 3—4　图为一幅描绘 18 世纪最后十年间南卡罗来纳州种植园奴隶住宅区的水彩画。奴隶们把大部分空闲时间花在屋后的“街道”上，他们唱歌跳舞，弹奏乐器，讲故事，也在这里向心上人求爱。

样做。

生活在南部种植园和南部城市中的奴隶，他们的生活差别甚至更大。对于那些知晓城市生活乐趣的奴隶来说，可用身不由己来形容，因为家人都在种植园中，否则他们定会选择住在城里。在 1845 年的自传中，弗雷德里克·道格拉斯回忆留在他年幼时的印象：

刚刚在巴尔的摩生活了不久，我便发现如何对待奴隶是城市与乡下一个明显的不同之处。与种植园中的奴隶相比，城里的奴隶简直是自由人，他们吃穿都很好，还受到优待，恐怕种植园里的奴隶连想也不敢想。①

---

① 弗雷德里克·道格拉斯：《回忆我的生活——一个美国奴隶的自传》（*Narrative of the Life of Frederick Douglass, An American Slave, Written by Himself*），1845 年，重印版，纽约：新美国图书馆系列丛书，1968 年版。

在南方的城市中,奴隶们有更多的机会与白人交往,与此同时,黑人自治的范围也更广。在南部奴隶总人口中,城市奴隶只占5%,但在新奥尔良、莫比尔、巴尔的摩和萨凡纳这样的城市中,奴隶人数却占了城市总人口的20%强,在查尔斯顿,甚至比白人还多。[①] 这些城市奴隶和自由黑人大多是穆拉托(Mulatto),即其父母一方或祖父母一方是白人,对于奴隶主控制和授权黑人住房和家庭生活这一普遍模式来说,他们代表着一种重要的变化。

南部的城市黑人有三个特征。首先,许多男性被卖给需要田间劳动力的种植园主充当奴隶,男性数量少导致了独特的家庭结构。其次,城市黑人生活在更好的文化氛围中,这是种植园所缺乏的,与后者相比,他们的穿着更为讲究,许多人具备读写能力,而且城市黑人中有自由黑人也有奴隶,有黑人血统可能也有白人血统。一个黑人少妇若是成了白人的情妇,有时会前往欧洲。在新奥尔良,出现了将白人男子与黑人妇女纳入普通法婚姻系统中的普兰克奇制度(Placage System,是用于白人男子与黑人妇女成婚的制度——译者注),在这一制度下,白人男子向黑人妇女家庭承诺,将给她提供一座住房,并给每个孩子抚养费。最后,尽管奴隶主和市政府极力限制奴隶的行动自由,但在很多城市奴隶可以自由地出行,有时甚至在主人的监控之外。

南部人依靠奴隶做繁重的工作,这使得黑人成为城市中不可或缺的一部分。奴隶承担着城市里绝大部分的建筑作业(除了最后的精装修)、养护城市设施,甚至在工业部门中也有奴隶的身影(尤其是在船坞、卷烟厂、制铁厂、磨坊和铁路部门)。奴隶主若将奴隶外借出去,为城市或另一个白人业主清理沟渠、铺路、绿化、建桥或挖下水道,那么他每天可以从每个奴隶的工作所得中获得25美分到50美分不等的收入。鲜有监工把奴隶锁起来或押解他们往来于工作地点,因此,奴隶可以自由自在地在城

---

① 理查德·韦德(Richard C. Wade):《1820—1860年间美国南部城市中的奴隶制》(*Slavery in the Cities: The South, 1820-1860*),纽约:牛津大学出版社,1964年版,第17—20页。

图 3—5　南部城市中的奴隶主既要监视奴隶，又不愿花费过高，但由于奴隶的小屋邻近主人的“大院”，他们对奴隶的住房进行了装饰和美化。图中展示的就是这样一座奴隶住房，1854 年建于新奥尔良。

中穿行。法律规定,外借的奴隶要佩戴徽章,若奴隶被发现在街上没有戴徽章,其主人要缴纳罚款。尽管这些条款很少有效执行,但其本身却说明白人担心城市黑人拥有太多的自由。

白人管控与黑人自治之间龃龉不断,南部出台了法令,禁止奴隶远离主人生活,以免脱离主人的控制,这确乎是二者不协调的明证。许多奴隶租一个房间或一整座房子,与爱人同住,有时租房的钱是主人给的。在大多数南部城市中,自 18 世纪中期起,禁止奴隶外出的条款就已清楚写明,但却很少认真执行。"棚屋"、"草房"、"茅舍"、"陋室"、"小屋"、"破屋"之类的词汇常用来形容黑人住房,可见这些住房是怎样破败和拥挤,然而,这些房屋却是他们躲避白人控制的避风港。即便是多层的木制或砖砌棚屋,里面住着 10—50 个甚至 100 个年轻的男性奴隶劳工,也能提供一定程度的自治。偶尔也有(W. E. B. DuBios)居住在外的奴隶跑到大城市周边的自由黑人社区中,就此消失了。

纵然如此,在城市奴隶中,衣着华丽、游走于多个社交场合、巧舌如簧的,同时拥有独立的寓所的奴隶还是不多见的。许多在工厂工作的奴隶受到限制,他们不能离开工作的麻纺织厂或糖厂。大部分的城市奴隶是家仆,大多数主人力图维持对奴隶这一财产的控制。这种控制的主要模式就是将奴隶小屋建在男主人或女主人的房子附近。在城市的一小块空间里,奴隶的小屋紧挨着主人的房屋和院落,主人随时都能看到他们。由于接近奴隶主的大院,城市奴隶的住房比起种植园奴隶,尤其是田间劳作的奴隶要好得多,但仍然没有超脱出整个奴隶制系统之外。

城市奴隶住房最显著的特征是屋后有一座起保护作用的砖砌高墙,往往有 1 英尺厚,有时高达 16—20 英尺。原则上,奴隶进出住宅区的唯一通道是受到监视的。在南部城市中,很少有小巷,这同样是出于控制奴隶的考虑,他们若在此活动,很容易逃过白人的监视。而萨凡纳的巷道格局就发挥了这样的作用,那是 1733 年詹姆斯·奥格莱索普(James Oglethorpe)建立的,奴隶们从马厩和棚屋后面偷偷溜到这里,创造了一个相对独立的后街生活;在其他城市,黑人来到小巷中,营造了属于他们自己的社会生活。

奴隶小屋的第一层包括厨房、储藏室，偶尔也会有马厩，这样白人的住房就不会被恶臭和热气骚扰。卧室在二楼。如果主人有几个奴隶，他们共享一间 10 英尺宽 15 英尺长的房间。许多奴隶睡在地板上。空间压力在 19 世纪 30 年代达到顶峰，此时南部城市迅速成长，而黑人人口还没开始下降，没想到在重建时期人口竟大幅度增加。而内战前，住房条件也很恶劣。查尔斯顿的一位医生将 1857 年的黄热病大爆发归咎于奴隶住房，他指出“从地下室到阁楼，与其说挤满了人，不如用填满了形容更合适”。①

尽管南部城市气候不佳，但奴隶主很少关注奴隶的住房条件。相比之下，居住在城市或者到城市消夏的白人家庭，他们的住房装饰精美，富于地方特色。查尔斯顿的住房有多层“走廊”，供人吹拂清凉的海风；在新奥尔良，阳伞式屋顶、挑高的天花板、大型门窗、露台、门廊和门口的百叶窗扩大了通风的途径，同时也威胁了隐私。这些创新可能是黑人建造甚至设计的，尽管只有白人的住房才能采用这样的构造。

无论是内战前种植园中的奴隶小屋还是城市奴隶住房的模式，一直到 20 世纪仍保存良好。在 1903 年出版的《黑人的灵魂》一书中，W. E. B. 杜波依斯笔下佐治亚州的黑人带上，许多黑人住在其奴隶祖先留下的小屋里，还有人在奴隶小屋的旧址上建造简陋的房屋，样式与奴隶小屋类似，“这些奴隶小屋的一般特征和布局在整体上没有多少变化。”②这种延续性，主要基于臭名昭著的种族主义。这种建筑风格起初是因应奴隶制而生的，在奴隶解放之后被流传下来。这些小木屋造价低廉，隐喻了白人对黑人家庭生活、性别、品质和清洁程度的态度；在白人看来，奴隶的住房预示着黑白种族间的根本不同，正是这种不同为种族隔离政策的合法化

---

① 理查德·韦德：《1820—1860 年间美国南部城市中的奴隶制》（*Slavery in the Cities: The South, 1820-1860*），第 58 页。

② W. E. B. 杜波依斯：《黑人的灵魂》（*The Souls of Black Folk*），1903 年，重印版，康涅狄格州格林威治：福赛特出版社，1964 年版，第 106 页。

提供了基础。

与此同时,在这些奴隶小屋中,即便最简陋的住房也在表达着黑人对自身文化之连贯性的渴求。不管是乡村中的奴隶小木屋,还是城市中黑人的小住宅,无不倾诉着匠人的建造技艺、居住者的家庭生活和加在他们身上的严格限制。对于这种文化究竟是什么,这些房子如何使用,我们所知甚少。尽管如此,今天我们对黑人文化极富创造性的活力有深刻体会,对于乡村和城市里这类住房中复杂的人为因素,以及发生其中的社会生活,我们也渐渐有所了解。

推荐阅读书目

近来,有几本书提出了对奴隶经验的新解释,最著名的是赫伯特·古特曼(Herbert G. Gutman):《被奴隶制束缚和享有自由的黑人家庭,1750—1925年》(*The Black Family in Slavery and Freedom,1750-1925*),纽约,1976年版;劳伦斯·莱文(Lawrence W. Levine):《黑人文化和黑人意识——从奴隶制到解放后的非洲裔美国人思想》(*Black Culture and Black Consciousness: Afro-American Folk Thought from Slavery to Freedom*),纽约,1977年版;尤金·吉诺维斯(Eugene D. Jordan):《奔腾吧,约旦河——奴隶创造的世界》(*Roll, Jordan, Roll: The World the Slaves Made*),纽约,1974年版;利昂·利特瓦克(Leon F. Litwack):《久在风暴中——奴隶制的余波》(*Been in the Storm So Long: The Aftermath of Slavery*),纽约,1979年版;内森·欧文·哈金斯(Nathan Irvin Huggins):《黑人历险记——奴隶制下黑人的痛苦经验》(*Black Odyssey: The Afro-American Ordeal in Slavery*),纽约,1977年版。其他有价值的文本包括莱斯利·霍华德·欧文斯:《此类财产——老南方的奴隶生活和文化》(*This Species of Property: Slave Life and Culture in the Old South*),纽约,1976年版和约翰·布拉辛格姆:《奴隶社区——内战前南部种植园中的生活》(*The Slave Community: Plantation Life in the Antebellum South*),纽约,1972年版。肯尼斯·斯坦普(Kenneth M. Stampp):《特殊制度——内战前美国南方的

奴隶》(*The Peculiar Institution: Slavery in the Ante-Bellum South*),纽约,1956年版;约翰·霍普·富兰克林(John Hope Franklin):《从奴隶制到自由——美国黑人史》(*From Slavery to Freedom: A History Negro Americans*),纽约,1956年,1978年;温斯洛普·乔丹(Winthrop D. Jordan)《白人优于黑人——美国人对黑人的态度》(*White over Black: American Attitudes toward the Negro*),纽约,1955年,1977年,同样是重要著作。戴维·布里翁·戴维斯(David Brion Davis);《西方文化中的奴隶制问题》(*The Problem of Slavery in Western Culture*),纽约伊萨卡,1966年版和《革命时代的奴隶问题,1770—1823年》(*The Problem of Slavery in the Age of Revolution, 1770-1823*),纽约伊萨卡,1975年版,探索了亲奴隶制和反奴隶制的文化背景,展现了作者非比寻常的博学和洞见,与美国之外的其他社会做了比较,十分重要。

奴隶的口述丰富多彩,而且扣人心弦。1930年代由联邦学者计划(Federal Writers' Program)资助、乔治·拉维克(George P. Rawick)整理的多卷本《美国奴隶——一部集体自传》(*The American Slave: A Composite Autobiography*)(康涅狄格州西点,1971—1978年)最为全面。单卷本的口述有本杰明·博特金(Benjamin A. Botkin):《放下我的重担》(*Lay My Burden Down*),芝加哥,1949年,1979年;吉尔伯特·奥索夫斯基(Gilbert Osofsky):《把它交给奥利·玛萨》(*Puttin' on Ole Massa*),纽约,1969年版;罗伯特·斯塔罗宾(Robert S. Starobin)《被束缚的黑人——美国奴隶的信札》(*Blacks in Bondage: Letters from American Slaves*),纽约,1973年版;格尔达·勒纳(Gerda Lerner):《美国白人眼中的黑人妇女》(*Black Women in White America*),纽约,1973年版;查尔斯·珀杜等编:《小麦中的虫子——与弗吉尼亚州前奴隶的访谈录》(*Weevils in the Wheat: Interviews with Virginia Ex-Slaves*),印第安纳州布鲁明顿,1980年版。

对西非建筑的关注还有所不足。尽管如此,苏珊·德尼尔(Susan Denyer)的《非洲传统建筑》(*African Traditional Architecture*)(纽约,1978年)是其中的典范。亦可见拉贝尔·普鲁辛(Labelle Prussin):《加纳北部的建筑》(*Architecture in Northern Ghana*),洛杉矶,1969年版和《非洲本土建筑导论》(“*An Introduction to Indigenous African Architecture*”),《建筑史家协会杂志》(Journal of the Souety of Architectural Historicns)第33卷(1974年);理查德·赫尔(Richard W. Hull):《欧洲殖民前的非洲城市与村镇》(*African Cities and Towns before the European Conquest*),纽约,1976年版。对于奴隶贸易的研究主要有菲利普·柯廷(Philip D. Curtin)《大西洋奴隶贸易》(*The Atlantic Slave Trade*)威斯康星州麦迪逊市,1969年版与丹尼尔·曼尼克斯(Daniel P. Mannix)和马尔科姆·考利(Malcom Cowley)合著:《买卖黑人——1518—1865年间的大西洋奴隶贸易史》(*Blacks Cargoes: A History of the Atlantic Slave Trade, 1518-1865*),纽约,1965年版。

对于加勒比地区奴隶制的研究很多,这一领域很吸引人,因为很多美国下南部的奴隶在被运往美国之前曾在牙买加或海地生活多年。读者要特别参照奥兰多·帕特森(Orlando Patterson):《奴隶制的社会学》(*The Sociology of Slavery*),伦敦,1967年版;杰尔姆·汉德勒(Jerome S. Handler)和弗雷德里克·兰格(Frederick W. Lange)合著:《巴巴多斯种植园的奴隶制》(*Plantation Slavery in Barbados*),马萨诸塞州坎布里奇市,1978年版;加布里埃尔·德比恩(Gabriel Debien),《种植园中的奴隶制》(“Les cases des esclaves des plantations”),《联合》(*Conjonction*),第101卷(1966年);悉尼·明茨(Sidney Mintz)和理查德·普赖斯(Richard Price)合著:《用人类学方法探寻非洲裔美国人的历史》(*An Anthropological Approach to the Afro-American Past*),费城,1976年版。

关于城市黑人的著作为我们提供了丰富的细节,尤其是理查德·韦德(Richard C. Wade):《1820—1860年间美国南部城市中的奴隶制》(*Slavery in the Cities: The South, 1820-1860*),纽约,1964年版;罗伯特·斯塔罗宾(Robert S. Starobin):《老南部工业中的奴隶制》(*Industrial Slavery in the Old South*),纽约,1976年版;艾拉·柏林(Ira Berlin):《没有主人的奴隶——内战前美国南方的自由黑人》(*Slaves Without Masters:*

The Free Negro in the Antebellum South)，纽约，1974年版；约翰·布拉辛格姆：《黑色的新奥尔良，1860—1880年》(*Black New Orleans*, *186-1880*)，芝加哥，1973年版。

最后，有几部著述特别从建筑学和工程建造的方面考察了奴隶小屋。约翰·米歇尔·弗拉克(John Michael Vlach)的《装饰艺术中之非洲裔美国人的传统》(*The Afro-American Tradition in Decorative Arts*)(克利夫兰，1978年版)涵盖了多种多样的物质文化。乔治·麦克丹尼尔(George McDaniel)的《保存人民的历史：19世纪和20世纪马里兰州南部的黑人传统物质文化》(Preserving the People's History: Traditional Black Material Culture in Nineteenth and Twentieth Century Southern Maryland)(杜克大学博士学位论文，1979年)对建筑技术在奴隶中的重要性提出了强有力的论证。卡尔·安东尼(Carl Anthony)的《奴隶主的大院和奴隶们的小屋子》("The Big House and the Slave Quarters")，《风景》(*Landscape*)第20—21卷(1976年)高估了建筑的决定作用，不过也提出了几个有趣的洞见。查尔斯·费尔班克斯(Charles H. Fairbanks)的《1968年佛罗里达州杜瓦尔县金斯利种植园的奴隶小屋》("The Kingsley Slave Cabins in Duval County, Florida, 1968")，《历史遗迹考古会议论文集》(*The Conference on Historic Site Archaeology Papers*)第7卷(1972年)给我们提供了一个更为全面但较少分析的理解途径。

第四章　让工人居有其屋

妈妈和女儿的双手曾是家庭劳动的力量之源，如今水力和蒸汽取代了双手，这一转变不可谓不巨大。到目前为止，许多已经在发生的转变都不如它——与之相随的，是一场家庭生活和社会风俗的剧烈革命。

——霍里斯·布什内尔(Horace Bushnell)：
"手织品的时代"(The Age of Homespun)，1851年。

随着美国经济的发展，越来越多的工厂出现了，它们制造枪、锁、鞋和棉布等美国产品。面对这一变化，历来追求社会平等的美国人，不得不考虑产业工人的问题。从农场到工厂的转变，创造出的无产阶级是暂时的，不会永远存在下去，实业家们用这样的话慰人慰已。以产业工人为代表的无产阶级将会破坏美国的平等主义，而在许多观察者看来，更危险的是对工资的要求将破坏私有财产和社会秩序。乡村的农场主和城市的有产者无不担心，这个永陷贫困的无产阶级将煽动暴乱和起义。在德·托克维尔(Alexis de Tocqueville)等政治评论家的口中笔下，美国的城市贫民是"一伙暴民，比欧洲城市中的乌合之众有过之而无不及。"①

因此，早期美国工厂的所有人宣称，尽管工业注定繁荣，但工人却只是暂时在工厂中工作。对实业家而言，美国社会的变动不居既是一支舒缓剂，缓解上文所言的忧虑；又为工人阶层改变身份和命运，提供了新的

---

① 阿历克斯·德·托克维尔：《论美国的民主》(*Democracy in America*)，乔治·劳伦斯(George Lawrence)译，1835年重印版，纽约花园城：安克尔图书公司，1966年版，第278页。

机会。马萨诸塞州的实业家内森·阿普尔顿(Nathan Appleton)指出,工人们有钱购买土地和工具后,不妨前往西部,在那里,他们能建立新家,能成为一个独立的农场主。尽管对工厂的老板和经理、对于许多有能力的员工,这不啻为一剂灵丹妙药,却不是一条平坦的路,缺少足够的资金和务农技术是摆在大多数工人面前的两大难题。还有一个方法也吸引了不少拥护者,那就是要求工厂只能招收某个年龄段的工人,待他们年满后需离开工厂另谋出路,或是到农场,或是去小城镇。

城市是工业问题的主要诱因,这是美国社会的一个基本共识。美国国内制造业促进会呼吁工厂搬到城市外围去,“厂址要选在既靠近瀑布河流,周围环境又让人身心愉悦的地方;工厂的规定,既能促进青年美德,又有利于良好管理。也就是说,秩序、整洁、公民职责,一个都不能少”。[①]这段话清晰易懂。对于工人和管理人而言,靠近自然有益于其道德生活。当然,早期的美国工厂坐落于乡村中也是出于技术考虑。美国工厂的机械设施靠水力运转,通常,一个瀑布可以推动水轮,一条沿急流开掘的运河也能发挥类似作用。

在某个村庄,一家大公司或几个相关的小工厂一旦建好,发展速度往往非常快。洛厄尔、劳伦斯、曼彻斯特和帕特森等城镇,都是在很短时间内发展起来的。然而,实业家们却断然否认,称这些毋宁是企业而非村镇。1791年,亚历山大·汉密尔顿(Alexander Hamilton)和有益制造业促进会在新泽西的帕特森建立了一个理想的“国家工厂”(national manufactury)(国会拒绝拨款使其成为汉密尔顿将国家经济集中管理和现代化的大计划的一部分)。这是一家公司,而不是一个城市;是这家企业拥有了特许状,而不是这个城市。皮埃尔·朗方先生(Major Pierre L'Enfant)设计了帕特森的工业区和居民区,他是一个工程师式的建筑师,是首都华盛

---

① 《对全体美国人的讲话》(*Address to the People of the United States*),纽约:凡·温克尔和威利公司,1817年版,第264页,引自托马斯·本德尔(Thomas Bender):《转向城市——19世纪美国的观念和制度》(*Toward an Urban Vision: Ideas and Institutions in Nineteenth-Century America*),肯塔基州列克星敦市:肯塔基大学出版社,1975年版,第19页。

顿特区的设计者。在朗方的规划下，帕特森工业区和居民区反映了一个典型企业的正统观念，那里没有市政府，也没有政治授权。1792 年大恐慌后，美国经济陷入低迷，直到 1812 年美英战争结束，经济才再度繁荣。建筑师彼得·班纳为帕特森的几家大工厂设计了劳工住房。在一个世纪内，帕特森是东海岸发展最为迅速的城市，但直到 1831 年才通过了第一个镇区特许状。与之类似，马萨诸塞州的洛厄尔的经理们也对周边田园牧歌式的环境自鸣得意，不愿将其变为城市，尽管那里的工人称之为"纺织城"(City of Spindles)。

对于工业中心而言，拒绝拥有城市地位是一种策略，这样，它们可以将自己描绘成田园乡村一般，只不过人口比村庄多，而且变动不定。在快速发展的年代，公园和"乡村遗迹"缓解了商业城市的拥堵，田园风光也给工业城镇中的人们一抹新绿。无论是乔治·华盛顿，还是后来的查尔斯·狄更斯和安德鲁·杰克逊，当他们欣赏优美的田园风光、精致花园和绿树浓荫时，没有人注意到，无论是拥有住房的工人还是满意自身工作的工人，都少之又少。工厂城与环境的作用是双向的，一方面田园风光可以纾解工业的丑陋；另一方面，工业可以使良辰美景更有价值。

对实业家而言，解决工人的住房问题迫在眉睫。当一个工业家在乡下或村中建起一个工厂时，他不得不同时建好住房以便吸引劳动力。此外，住房也关乎道德问题，至少在企业家的宣传中是这样。最重要的是，许多美国人相信，家不仅决定了一个人的性格，也决定了一个国家的性格，以下的事实证明了这一点：工厂主为劳工住房做了特别准备，并在广告中大加赞美。1836 年，乔治·怀特(George S. White)出版了赞颂塞缪尔·斯莱特(Samuel Slater)和早期美国工厂制度的专著，用整整一章来描述工厂中体面的住房和工人勤勉的习惯，以此展示"工业设施的道德影响"。这类由企业建造的住房主要有两种不同的风格，各自对应着不同的工业体系：一种是联排的寄宿公寓，另一种是联排的小屋或租屋。这两种都由工厂主建造并归其所有，原则上供工人短期租住。对实业家们而言，工作条件比住房问题容易解决，前者对工人家庭的影响既深且远，

图 4—1　图为一幅关于马萨诸塞州洛厄尔的木版画，大约作于 1850 年。从画中可以看出，尽管洛厄尔已为工业污染和人口众多所困扰，但近处几位穿着考究的游客仍在兴致勃勃地欣赏着他们视为富于魅力和田园牧歌情调的工业城市。

即使在他们离开工业城镇后，这种影响仍在发挥作用。

纺织业在美国的发展与其在英国类似，尽管这一部门中的梳棉、纺纱和编织在数十年间仍是分开完成的，甚至有些工作要派给家庭作坊计件完成，但纺织业的确开创了从家庭手工业转向工厂大工业的先河。在美国，纺织行业奠定了经济增长的模式，也让美国人了解到工业生活的社会影响。塞缪尔·斯莱特，这个点燃美国工业之火的人，被安德鲁·杰克逊称为"美国工业体系之父"[①]，年轻时在由杰迪代亚·斯特拉特（Jedidiah

① 乔治·怀特（George White）：《塞缪尔·斯莱特回忆录》（*Memoir of Samuel Slater*），费城：G. S. 怀特公司，1836 年版，第 264 页。

Strutt)和理查德·阿克莱特(Richard Arkwright)在英国开设的纺织厂中做一名契约徒工。阿克莱特发明了一套精巧的纺织系统,包括钢芯、水力驱动的高速纺纱机,也包括大面积的工人住房,足以容纳大家庭,就建在工厂附近,被称为"阿克莱特村庄"(Arkwright Villages)。英国官方严禁纺纱机等设备的出口,甚至不许工人移居国外,以此来保护英国在纺织业中的垄断地位。斯莱特将英国纺织技术记在脑中,偷偷潜入一艘船来到美国。1789年,斯莱特在罗德岛州的博塔基特谷(Pawtucket Valley)改造了一架旧式缩绒机;4年后,斯莱特在两名普罗维登斯商人的资助下建立了一个新的纺织厂(该厂被保存了下来,如今已是一家博物馆)和工人住房。

在这套"罗德岛系统"中,工厂在小镇上贴广告,并在乡村报纸上刊布消息,以便吸引全家人到工厂工作。在这里,家中的父亲可以把棉花填入清棉机,或是操作走锭纺纱机;母亲可以在梳棉间工作或者用精梳毛纺机捻纱;孩子们可以缠线、运送棉花条、把纱线排成经或卷成球,也可以搅拌染色剂或者帮助大人们操纵笨重的机器。斯莱特效仿英国的常规做法,雇用了许多12岁以下的童工。到1824年,大约2500名年龄在7岁到14岁之间的童工在罗德岛的各家纺织厂工作。[①] 他们动作敏捷,但工厂却不用付给他们高工资。为了阻止一个永久的无产阶级出现,美国实业家们就是这样做的。

有些工厂主并不给工人提供住房,即便提供,也会附加许多规定。通常,工厂主会规定一座住房所容纳的最少工人数,往往要出租给四五个工人。私人房间是闻所未闻的。大多数租房者是核心家庭,一栋住房中常常是核心家庭加上几个亲戚或单身汉,有时还有寄宿者。儿童、未婚男女与家人同住。在费城南部的罗克代尔(Rockdale)工业区,14%的小型住房租给了以下两种房客:一种是寡妇;另一种是女性家长,她们的孩子在

① 彼得·科尔曼(Peter J. Coleman):《1790—1860年间罗德岛的变迁》(*The Transformation of Rhode Island, 1790-1860*),普罗维登斯:布朗大学出版社,1963年版,第234页。

纺织厂工作,房中的寄宿者已如同家人,也在纺织厂打工。[1] 戴维·汉弗莱(David Humphrey),这个康涅狄格州的纺织厂主既从纽约雇佣孤儿,又招募整个家庭来工厂务工,为300多人提供住房,大部分住在工厂附近一排排的附联住房里。新英格兰神学家蒂莫西·德怀特(Timothy Dwight)访问了汉弗莱维尔(汉弗莱的工厂及其住宅区所在地——译者注),称赞那里"美好而浪漫",将纯粹的美国创造性与工厂中的勤奋精神完美地结合起来。[2]

大多数美国实业家都将工厂建在小村庄里,或是落后地区,而这些地方往往没有建筑商。在罗德岛和康涅狄格州,工厂主建起一排排几乎一模一样的小型住房。整齐划一的房屋无疑强化了新英格兰的形象,那里的工业秩序井然,呈现出一幅乌托邦式的美景。这些住宅用当地的石头或是刷白的墙板建造,看上去朴实无华,一派保守气息。棉纺或毛纺厂的老板们建立起这类工业城镇的主体,而其他行业的实业家按照同样的规划建造住房。伊莱·惠特尼(Eli Whitney)是产品部件标准化的先驱。这样标准的建立,使得无论维修机器还是更换新配件,都容易了很多。1798年,惠特尼在康涅狄格州密尔洛克建立起一家工厂,采用他的"美国制造业体系"加工生产,根据联邦合同生产锁具和枪支。惠特尼在工厂旁建起了一排排的小房屋供工人们居住,这个人迹罕至的偏远村落也因此被称为惠特尼维尔(Whitneyville)。

在早期的工业城镇中,大多数住房供单户家庭,即核心家庭和寄宿者居住的,但有些由两三家合住。19世纪中期,北卡罗来纳州也出现了纺织厂,在那里,成排的小木屋和附加着石砌租屋的"长房子"相间并存。到1830年代,随着工人数量的增加,这类住房也出现在新英格兰和宾夕

---

① 安东尼·华莱士(Anthony F. C. Wallace):《罗克代尔——早期工业革命时期一个美国村落的成长》(*Rockdale: The Growth of an American Village in the Early Industrial Revolution*),纽约:阿尔弗雷德—克诺普夫出版公司,1978年版,第38—39页。

② 蒂莫西·德怀特:《新英格兰和纽约游记》(*Travels in New-England and New York*),芭芭拉·米勒·所罗门(Barbara Miller Soloman)编,4卷本,1821—1823年,重印版,马萨诸塞州坎布里奇市:哈佛大学出版社贝尔纳普版,第3卷,第275—276、392页。

法尼亚州的纺织厂。位于宾夕法尼亚州的罗克代尔工业区为各种移民群体提供租屋,不同的群体居住在工厂城的不同部分。然而,这并不是给外籍工人居住的低劣住房。此时,居住在工厂城中的大部分移民都会讲英语,且并非一无所长。在罗克代尔,大多数移民家庭都具有在英国纺织厂中工作的丰富经验。

图 4—2 威廉·贾尔斯·芒森笔下的位于康涅狄格州密尔洛克的《伊莱·惠特尼枪械厂》,绘制于 1826—1828 年。画中展示了一座理想的美国工厂城,这里不仅有一排排整洁的工人住房,还有四周罗曼蒂克式的自然风光。

熟练工人的住房条件更好,其住房中有一个不大的前庭,可以举办正式的社交活动;还有一个稍微大些的厅堂,混合了起居室、餐厅和厨房的功能,大部分家庭活动都在这里进行。孩子们长大后会去公共学校读书,待学业完成后就进入工厂打工,但入学之前,他们在工厂的住宅区中玩要。母亲们一边看孩子一边做家务，或者做从工厂带回家的活计。但在家中做计件工作的收入比在工厂打工低，所以许多妇女婚后又回到工厂。这样一来，就由祖母或姑妈照顾孩子；每天有一小段时间，家中不会很拥挤。

显然，晚上是工人住房中最拥挤的时间，工人在忙碌了十三四个小时后回家了。晚饭之后，全家人挤入卧室，这里几乎没有个人隐私，也不甚舒服。许多狭小的住房只在屋子后面有一很小的卧室，有些房子还会在狭窄的阁楼上另设一间。如果是容纳多个工人的住房，会设计多个卧室，但即使这样，空间还是不够大。厨房和其他的房间兼做卧室；然而，若是一栋住房中有6—10个人，包括大龄剩女、年长亲戚和没有血缘的寄宿者的话，必定面临拥挤的问题。父母通常和年幼的孩子共用一间卧室，其他人则根据性别而非年龄和血缘共居在某个房间。

这些房屋大都缺乏卫生设施，通风条件也不好，而且大部分直接建在地面上，所以非常潮湿。这些恶劣的住房条件意味着住在那里一定很不舒服。厨房只有一扇窗户，因而烟熏火燎。通常，水井和厕所位于后院，几家人共用。如果屋子里空间太少，到这里来取水和如厕倒不失方便。在洗衣日，洗好的衣服就挂在后院里，任由孩子们穿梭嬉戏。有些家庭在后院建起了耳房充当厨房，这样能让家庭生活更舒适些。

然而，工厂的条件比住房条件更为恶劣，在那里，高温和高湿简直难以忍受。工头不允许打开窗户，并让火炉始终高温燃烧，他们相信这样可以保护羊毛和棉花。空气中满是棉花燃烧的火星，灰尘四处飘落；棉絮的臭味加上机器上的油污，无法不令人作呕。

无论有多么拥挤和压抑，也无论将面临何种挑战，对那些在工厂中打拼的男女老幼来说，这永远是他们的家。结束了纺织机前漫长而令人疲倦的一天后，家给他们一份温暖。因此，工人的住房带有其主人的生命印记。

与此同时，工厂主通过控制工人的家庭生活和工作环境，不遗余力地影响其道德。斯莱特和他的追随者们坚信，他们要管理员工及其亲属的宗教学习、实用教育、家庭纽带和工作习惯。一名企业家信誓旦旦地说，“很多妇女儿童由于来工厂工作，避免了陷入邪恶的不幸。”[1]在工厂中，从事农业的人学到了现代的工作规划法和技术；孩子们不再游手好闲；妇女不再热衷于蜚短流长；而男人们也可以戒除酗酒的恶习。安德鲁·杰克逊总统祝贺斯莱特创造了“一批新人”，他们“不再衣衫褴褛，不再受到压迫，终于浪子回头，接受教育，启发美德，体悟上帝的关爱。这一点比其他阶层都要好。”[2]

实业家们认为，理想的工人住房尤其能够向房客灌输中产阶级的价值观。史密斯·威尔金斯(Smith Wilkinson)是康涅狄格州庞弗雷特一家工厂的老板，他和合伙人拥有所有的工人住房。他认为，工人们不再像以前那样“愚昧无知、道德沦丧”与他们租住工厂的房子密切相关。他描绘了工厂中工人家庭的变化，指出他们“一定要顺从、有道德，才能为人所接受”，但他坚称必须绝对控制工人的住房。[3] 我们在 F. C. 华莱士关于罗克代尔历史的精彩回顾中得知，实业家们公开宣扬他们的住房计划，因为这是吸引工人和赢得中产阶级大众支持最为有效的手段；但由于他们不信任工人阶级父母，因而热切期望教堂、学校和主日学校等社会机构能够在孩子们身上发挥更大的影响。

单单是秩序井然的住房幻象就足够生动了，在许多作者笔下，在工厂城工作的男子都拥有属于自己的住宅和土地。实际上，只有在农村才能实现居者有其屋。[4] 无论是从工厂主手里还是从当地的投机商(他们提供的住房比前者更差，因为投机商几乎不需要考虑公共信誉)手里租房

---

① 乔治·怀特:《塞缪尔·斯莱特回忆录》(Memoit of Samuel Slater)，第 118 页。亦可见亚历山大·汉密尔顿与坦奇·考克斯(Tench Coxe)的报告，该报告持相同论调，见伊迪斯·阿伯特(Edith Abbot):《工业中的妇女》(*Women in Industry*)，第 52 页注，纽约:D. 阿普尔顿公司，1913 年版。

② 同上。

③ 同上。

④ 艾伦·道利(Alan Dawley):《阶层与社区——工业革命中的林恩》(*Class and Community: The Industrial Revolution in Lynn*)，哈佛城市史丛书，马萨诸塞州坎布里奇市:哈佛大学出版社，1976 年版，第 51 页。

住,房客都只是暂时拥有所有权。如果他们不能继续劳动了,就只能被赶走。在一些城镇中,住房的平均出租期只有一年。许多家庭只得辗转流离,在这家工厂打工,就在这里租房;换另一家工厂,住房当然也得换一家。或许,这也可能是实业家有意为之,以免产生一个永久的无产阶级。

新英格兰地区工业发展迅猛,到 1810 年,250 家纺织厂在这里星罗棋布。10 年后,据报道棉纺织业工人总数达 1.2 万人;又过 10 年,人数达 6.2 万。此时,女工的数量远超过男工,是后者数量的两倍有余。之所以如此,是因为在波士顿周围涌现出了众多相互竞争的纺织厂,雇佣和容纳了大量工人。①

弗朗西斯·卡博特·洛厄尔(Francis Cabot Lowell)开创了这一新的工业体系。他走访英国各地棉纺织厂,直到 1812 年战争结束后才启程返回,甫一抵美,便和波士顿的望族朋友们组建了一家纺织厂。这家名为波士顿工业公司(稍后更名为洛厄尔联合公司)的企业选择了马萨诸塞州的沃尔瑟姆为其首个厂址,该地靠近查尔斯河,这里的工业制度后来被公司的另一个工厂城效仿,那就是大名鼎鼎的洛厄尔。从一开始,这场投资就比当时罗德岛的企业更富雄心壮志。投资人投入了前所未有的雄厚资金,购买和规划了更多的土地;而且这家工厂整合了更多的生产步骤。这一"沃尔瑟姆体系"涵盖了生产棉布的所有环节,从清理一包包棉花开始,一直到最终纺棉成布,所有程序可以在一家工厂内完成(在欧洲,仍然盛行将不同环节分包到农民手中的习俗,阻碍了纺织业的集中生产,而其他的美国工厂也曾效仿这种欧洲模式)。由于采用这一体系的工厂承担了更多的生产步骤,并且需要范围更广泛的技术,因此它们需要为数众多的劳动力。机器生产加快了制造纺织机的效率,并减轻了其重量,洛厄尔由此建议,工厂中大多数工作可以由女工来完成。

---

①　梅尔文·托马斯·科普兰(Melvin Thomas Copeland):《美国的棉纺织业》(*The Cotton Manufacturing Industry of the United States*),马萨诸塞州坎布里奇市:哈佛大学出版社,1912 年版,第 11 页;伊丽莎白·福克纳·贝克(Elizabeth Faulkner Baker):《技术与妇女的工作》(*Technology and Woman's Work*),纽约:哥伦比亚大学出版社,1964 年版,第 9、23 页。

洛氏的提议有其出于慈善的考虑。在新英格兰的农场中,年轻女子的生活与世隔绝且极为劳累。当地土壤贫瘠,难以耕作。许多农场需要女儿务农,以此来增加收入。攒钱买嫁妆或是给未来的夫君买地促使许多年轻女子进入工厂,同样刺激她们外出打工是新衣服和受教育的诱惑。正如来自佛蒙特州萨姆塞特的萨利·赖斯(Sally Rice)1839年在给父母的信中写的那样,“我快19岁了,趁着年轻,我当然要有属于自己的东西。要是我回家,什么也挣不到,哪来我的东西……”①

工厂的生活给予年轻女子某种程度上的独立,年龄相仿者还可以成为朋友。在洛厄尔旗下的一家大型企业中,绝大多数员工,即95%的女工是本地的农村姑娘,80%以上的女工年龄在15岁到30岁之间。② 尽管工厂生活的安排比农场更为严格,但在这里工作却不一定更劳累。家庭农场中的年轻妇女不得不反抗强有力的家长制作风,以便自己管理自己的收入、活动和社会生活。许多工厂中的女工很快就学会了嘲笑农村口音、过气服饰和新手的燕雀之志,甚至拒绝接受父母的很多价值观念,宁愿嫁给技工或店主从而留在城里。至少有三分之一的女工发现,洛厄尔或其他工厂城中的生活,要比她们曾经生活过的小村庄更具魅力。③ 美国的文化与经济在19世纪早期转向了更高水平的城市化和工业化,这得益于新英格兰工厂城的崛起,尤其是女工对公寓生活的深刻体验。

洛厄尔和他的合伙人无疑从这一体系中受益。即使他们雇佣的大多是女工,也没人指责他们破坏农业生产。妇女与家庭纺织的传统联系保证了洛厄尔式的工业制度得以顺利进行。女工比男工的工资低,而且更容易管教。最终,在人们眼中,妇女只是临时的工人,就像洛厄尔联合公

---

① 引自托马斯·达布林(Thomas Dublin):《工作中的妇女——1826—1860年间马萨诸塞州洛厄尔市工作与社区的变迁》(*Women at Work: The Transformation of Work and Community in Lowell, Massachusetts, 1826-1860*),纽约:哥伦比亚大学出版社,1979年版,第37页。

② 托马斯·达布林:《工作中的妇女——1826—1860年间马萨诸塞州洛厄尔市工作与社区的变迁》(*Women at Work: The Transformation of Work and Community in Lowell, Massachusetts, 1826-1860*),第26—27页。

③ 同上,第57页。

司说的那样，工作几年后，她们终将返回农场，终将嫁为人妻。

仅仅几年时间，这一体系取得了巨大成功，波士顿工业公司购买了一片更大的土地用作厂址。在这前后，弗朗西斯·洛厄尔告别人世。新的厂址溯梅里马克河而上，坐落在一个名为东切姆斯福德的村庄里，这就是名垂后世的洛厄尔。洛城的规划交给了一名前波士顿商人，人称柯克·布特（Kirk Boott）。布特在规划时，最大限度地利用了天然瀑布和他开凿的运河。他设计的第一座建筑，仍然是土生土长的美国风味，只有屋顶的天窗和巨大的两层砖砌外观除外。之后，布特将剩下的厂址规划成一个横平竖直的棋盘布局。洛厄尔联合公司拥有几乎全部土地，只有几个商店和小屋属于当地人，布特将这片土地划分为四个区域，每个区域上有一种风格的住房，各不相同。

布特的庄园眺望着厂区的入口处，拥有希腊式的门廊和宽敞的庭院，这使其与城镇中的其他建筑迥然相异。已婚工人的住房就在附近；监工和工头住在小房子里，文秘人员住在被称为公寓的二层小楼里。管理阶层的住房虽不如布特的庄园一般宏大，但其建筑装饰也可圈可点。这些房屋盒子式的简约造型，与希腊式门廊及后来的哥特式窗格都迥然有别。想一想那些自然而然发展起来的美国城市，想一想那里美国人理想中的小房子，与上述的住房相比，两者又何其相似乃尔。相比之下，两层的公寓更为朴素，房客的空间也更小。

年轻女工居住在寄宿公寓里，或是每两座一组，或是每八座连为一体。正是这种寄宿公寓构成了一项双重实验——作为住房，它是建筑实验；作为公寓，它是社会实验。典型的寄宿公寓是木制结构，墙面平坦朴素，没有任何装饰；高约两三层，上有阁楼，靠屋顶的老虎窗采光。在1830年代早期，每座寄宿公寓住25个女工，每间卧室4—6个人，每张床上睡两人。房间很挤，除了双人床和女工的衣橱及杂物盒外，再没有空间放别的家具了。面对这项立意良好的实验，哈丽雅特·马蒂诺（Harriet Martineau）对缺乏隐私不以为然，她写道："在美国，根本不用担心空间不足；在美国，房子大得很；在美国，工厂的姑娘们可以建教堂，可以买书，可以把学来的技术教给兄弟姐妹，而她们的房间却连隐私都保护不了……表明当时缺少独处的意向。"①

工厂中绝大部分工人是未婚女子，她们住在这种寄宿公寓里；其他所有不在这里住的女工必须证明她们与家人生活在一起。歇班的时候，公寓的女工们常常读诗写信，有时在自己的房间或一楼的公共房间接待朋友。若是约了男性友人，他们可在门廊相会，但这要得到女舍监的同意；若要举办讲座，也可在这里举行。她们的一日三餐都在餐厅，菜量多且菜品丰富，她们每次都吃得狼吞虎咽，而这也是一处社交场所。舍监的房间就在公寓门口，她在这里可以看见每个人进进出出，按照公司规定，每晚十点准时关门。

洛厄尔联合公司及其经销商们，对女工的家庭和工作都作出了规定。"受人尊敬"的女舍监强令所有人去教堂礼拜，严格执行睡眠、吃饭和访客规则。她们不许女工跳舞、喝酒，也不许有任何"不当的行为"。甚至有女工生病了，她们也要确保病人接种疫苗、隔离检疫。亨利·迈尔斯(Henry Miles)是当地的一位论派牧师，也是工厂主的拥护者，他辩解道："公共道德与私人利益是不可分割的，这是放之四海而皆准的真理。正是因为工厂主敏锐地考虑到了自利和无私这两个方面，他们才安排了道德卫士。"②

《洛厄尔的奉献》(*Lowell Offering*)是一份广为流传的刊物，发表年轻女工的诗和散文。这些作品绘声绘色地展现给读者勤奋和自我提升的精神价值，而这正是从工厂和寄宿公寓中感知的。《洛厄尔的奉献》讲述了像艾伦(Ellen)这样的女孩的故事，她抱怨道："随着叮当的钟声，我们在黎明前睡醒；伴着铿锵的钟鸣，我们从工厂中走出；钟声教会我们工作；我们像行走的机器。"她的朋友阿尔迈拉(Almira)劝她不必抱怨，提醒她农

① 哈丽雅特·马蒂诺：《美国的社团》(*Society in America*)，1837年，重印版，纽约花园城：安克尔图书公司，双日集团，1962年版，第240页。

② 亨利·迈尔斯：《洛厄尔的今与昔》(*Lowell As It Was and As It Is*)，马萨诸塞州洛厄尔市：鲍尔斯和巴格利公司，1845年版，第128页。

图 4—3　表现马萨诸塞州洛厄尔市达顿街风情的一幅版画，大约作于 1848 年。在图中可以看到近处是早期的木制住房，远处崭新的砖砌建筑是巨大而拥挤的寄宿公寓，二者判若云泥。画中的另一端，是洛厄尔市的一座工厂。

场中的生活充满“沉闷而了无生机的寂寞”。[①] 阿尔迈拉认为，两相比较，工厂中的生活更有乐趣，也更有意义。

最初，工厂对较激烈的批评意见进行审查以便减少负面影响，并宣扬这样一种理念，即有意义的工作是通向纯真、勤奋的家庭生活的必由之路。然而，工人们用歌谣和诗文表达不满，这些作品后来正式发表出来。1837—1840 年的经济萧条使这些不满浮出水面。许多农场主失去土地，他们的女儿也不能自由回家。工作条件进一步恶化；工作的节奏加快了，纺织机越来越多。附近林恩市制鞋厂的女工们通过洛厄尔妇女改革协会发出了呐喊。被称作“出动”的罢工更为频繁，无论自发的还是有组织的

① 《内心的不满》（“The Spirit of Discontent”），《洛厄尔的奉献》（*Lowell Offering*）第 1 卷，1841 年，第 111—114 页，引自贝妮塔 · 艾斯勒（Benita Eisler）编：《洛厄尔的奉献》（*The Lowell Offering*），费城：J. B. 利平科特公司，1977 年版，第 161—162 页。

莫不如此。年轻妇女在州立法机构外面奔走呼号。她们办起了新的刊物，抨击工厂生活，打破了之前那个美丽的神话。《工业之声》刊发了一篇工人的文章，揭露了洛厄尔的丑恶："年轻美丽的姑娘在工厂的噪声中忙碌，她正在劳累中走向坟墓。"①

住房条件也恶化了。食宿的钱没有增加，但为了收支平衡，工厂强迫舍监减少食物，而且每个房间容纳的女工也增多了。每座寄宿公寓要安排50—60个女工，每个房间住8—12人。新建住房比老房子加长了许多，达250英尺。这些房屋的楼层更高、规模更大，由暗红色的砖砌成，外表更显简朴。

1848年完工的"新区"，是洛厄尔工厂住房的最后一次大规模扩建。为了挫败工人的要求，洛厄尔联合公司改变了雇工策略，从爱尔兰裔和法属加拿大移民中招收工人，这些人的工资甚至比本地的农场女工还低。此外，公司也放弃了道德和环境改革。

洛厄尔联合公司所处的时代，正值人们美化工业城镇的最初阶段，那时人们心中的工业城镇也最为理想。即便如此，公司也没有为任何移民劳工提供栖身之所，其中主要是爱尔兰人，他们在美国开挖运河、修建工厂、建造住房。但他们被抛弃在城市周边，许多人连同全家老小，挤在帐篷里，或是用粗制的圆木搭起木屋挂上草皮为权宜之计。随着1840年代爱尔兰遭受土豆饥荒，移民潮来势汹汹，住房条件进一步恶化。其他"理想化的"工业城镇，如劳伦斯、福尔里弗和阿莫斯克亚格同样发现，它们已被棚户区和穷苦移民包围。这里肮脏破败，被劳伦斯市的一位报纸编辑称为"'科克城'的地下泥巴房"（科克城是爱尔兰第二大城市——译者

---

①　出自《工业之声》(*Voice of Industry*)，1847年5月7日，引自海伦·萨姆纳(Helen Sumner)：《美国工业中的妇女史——劳工局关于女工和童工工作条件的报告》(*History of Women in Industry in the United States*: *Bureau of Labor Report on Conditions of Women and Child Wage-Earners*)，1910年，重印版，纽约：阿诺出版社，1974年版，第102页。

注)。[①] 然而,工厂城镇的规划者们却不愿承认是他们制造了这样的工人阶级,以此转移人们的注意力。尽管在1840年代,移民们开始进入工厂,变成工人,但他们的小木屋却还留在郊外,与此同时,私人建造的租屋开始取代工厂提供的寄宿公寓,而后者也渐渐出售给商人,由他们改造成租屋出租给工人。1849年,一位观察家发现,在洛厄尔的254座租屋中,居住着1054名房客,其中的绝大部分是移民工人,在洛厄尔的工厂中工作。[②]

此时,无论是实业家还是美国公众,都不再幻想在寄宿公寓和纺织厂中营造一个纯洁而有道德的环境了。实际上,到19世纪中期,妄想一个有益身心的工厂环境是天真幼稚的奢望。随着1857年萧条的到来,对工业和环境加以控制的实验画上了句号。也是在这时,美国人意识到,工业增长无疑是必不可少的,传统的道德理念也可以弃之如敝履了。让美国工业引以为豪的,不再是家庭环境对工人的影响,而是良好的产品质量。工厂更大也更嘈杂,机器越转越快,但也越危险;可没人注意这些。此时,人们心目中理想的工业制度,不再是营造一个温情脉脉的社区,不再是培养健康的工人,亦不再是以尽责的农夫或主妇为榜样来塑造他们的未来。工业有了新的目的和价值,它要为中产阶级制造消费品,要确保美国经济的持续繁荣。

---

① 《劳伦斯美国人》(*Lawrence American*),1856年,引自唐纳德·科尔(Donald Cole):《移民城——1845—1921年间马萨诸塞州的劳伦斯》(*Immigrant City: Lawrence, Massachusetts, 1845-1921*),教堂山:北卡罗来纳大学出版社,1973年版,第28—29页。

② 乔赛亚·柯蒂斯(Josiah Curtis):《略论马萨诸塞州的防疫工作》("Brief Remarks on Hygiene of Massachusetts"),《美国医学学会会刊》(*Transactions of the American Medical Association*),1849年,第36页。引自约翰·库里奇(John P. Coolidge):《工厂与庄园——对1820—1865年间马萨诸塞州洛厄尔市建筑和社会的研究》(*Mill and Mansion: A Study of Architecture and Society in Lowell, Massachusetts, 1820-1865*),哥伦比亚美国文化研究丛书,第10辑,1942年,重印版,纽约:罗素出版公司,1967年版,第188页,注53。

图 4—4 《洛厄尔的奉献》是洛厄尔联合公司发行的杂志，主要发表公司女工的作品。图为 1845 年一期《洛厄尔的奉献》的卷首插图，揶揄了工厂主所谓工厂生活的美德：工人是有时间阅读和提升自我的，同时，他们更懂得在工厂只有勤奋才能得到回报。

推荐阅读书目

学者们又一次给予美国的工业制度巨大的关注。安东尼·华莱士(Anthony F. C. Wallace)的《罗克代尔——早期工业革命时期一个美国村落的成长》(*Rockdale: The Growth of an American Village in the Early Industrial Revolution*)(纽约,1978年版)研究了宾夕法尼亚州一个工厂城的日常生活,是一部综合文化史、人类学、技术情报学和传记的杰出作品。艾伦·道利(Alan Dawley)的《阶层与社区——工业革命中的林恩》(*Class and Community: The Industrial Revolution in Lynn*)(马萨诸塞州坎布里奇市,1976年版)展现了马萨诸塞州制鞋业城市的政治和社会冲突。唐纳德·科尔(Donald Cole)的《移民城——1845—1921年间马萨诸塞州的劳伦斯》(*Immigrant City: Lawrence, Massachusetts, 1845-1921*),教堂山,1973年版;约翰·博登·阿姆斯特朗(John Borden Armstrong)《榆树下的工厂——新罕布什尔州哈里斯维尔简史,1774—1969年》(*Factory under the Elms: A History of Harrisville, New Hampshire, 1774-1969*),马萨诸塞州坎布里奇市,1969年版;珍妮特·米尔斯基(Jeannette Mirsky)和艾伦·内文斯(Allan Nevins)合著:《伊莱·惠特尼的世界》(*The World of Eli Whitney*),纽约,1952年版;彼得·科尔曼(Peter J. Coleman)著:《1790—1860年间罗德岛的变迁》(*The Transformation of Rhode Island, 1790-1860*),普罗维登斯,1963年版;塔玛拉·哈雷文(Tamara K. Hareven)与伦道夫·兰根贝克(Randolph Langenback)合著:《阿莫斯克亚格——一座美国工厂城的生活与工作》(*Amoskeag: Life and Work in an American Factory-City*),纽约,1978年版,这几部著作生动地描绘了其他工厂城的风貌。亨利·罗素·希契柯克(Henry Russell Hitchcock)的《罗德岛建筑》(*Rhode Island Architecture*)中关于这些城镇的部分附有几张图片。

大多数论著关注的是洛厄尔和工厂女工。托马斯·达布林(Thomas Dublin)的《工作中的妇女——1826—1860年间马萨诸塞州洛厄尔市工作与社区的变迁》(*Women at Work: The Transformation of Work and Com-*

munity in Lowell, Massachusetts, 1826-1860)(纽约,1979年版)分析了女工间友谊的纽带和抗议方式。埃里克·方纳(Eric Foner)的《工厂女工》(*The Factory Girls*)(伊利诺伊州乌尔班纳市,1979年版)和贝妮塔·艾斯勒(Benita Eisler)编《洛厄尔的奉献》(费城,1977年版)提供了一手材料。亦可见露西·拉克姆(Lucy Larcom)的自传——《我在新英格兰的豆蔻年华》(*A New England Girlhood*)(波士顿,1889年版)和哈丽雅特·汉森·罗宾森(Harriet Hanson Robinson)的《织机和纺锤》(*Loom and Spindle*)(纽约,1898年版)。伊丽莎白·福克纳·贝克(Elizabeth Faulkner Baker)的《技术与妇女的工作》(*Technology and Woman's Work*)(纽约,1964年版)为我们展现了一幅简单的图画。托马斯·本德尔(Thomas Bender)的《转向城市——19世纪美国的观念和制度》(*Toward an Urban Vision: Ideas and Institutions in Nineteenth-Century America*)(肯塔基州列克星敦市,1975年版)考察了洛厄尔在新生的美国所扮演的角色。卡洛琳·韦尔(Caroline F. Ware)《新英格兰早期的棉纺业》(*The Early New England Cotton Maunfacture*)(纽约,1931年,1966年)和伊迪丝·阿博特(Edith Abbot)《工业中的妇女》(*Women in Industry*)不愧为杰出的调查作品。格尔达·勒纳(Gerda Lerner)的《淑女与女工——杰克逊时代妇女地位的变迁》("The Lady and the Mill Girls: Changes in the Status of Women in the Age of Jackson"),《北美内陆研究期刊》(*Mid-Continent American Studies Journal*)第10卷(1969年),清晰地比较了两种截然相反的美国妇女。

关于建筑技术和工厂运作的记录同样很有价值。约翰·库里奇(John P. Coolidge)的《工厂与庄园——对1820—1865年间马萨诸塞州洛厄尔市建筑和社会的研究》(*Mill and Mansion: A Study of Architecture and Society in Lowell, Massachusetts, 1820-1865*)(纽约,1942年,1967年)是综合建筑学与社会史的典范之作。史蒂夫·邓维尔(Steve Dunwell)《工厂的运转》(*The Run of the Mill*)(波士顿,1979年版)配有精美插图,告诉我们纺织业的许多技术细节。

第五章　独立自主与乡村小屋

无论是更整洁、更舒适，还是令人更愉悦，我们相信，人类住房的每一次进步不仅仅会带来感性上的享受，也会提高人们的智性生活和道德情操。

——亨利·威廉·克利夫兰(Henry William Cleaveland)：
《村落与农场小屋》(*Village and Farm Cottages*)，1854年

对生活在美利坚合众国早期的大部分公民来说，理想的家是一个独立的住宅，它极富吸引力，让主人引以为豪，而又含蓄低调、价格便宜。坐在马背上云游四方的艺术家们，在穿过田间时，一定会拿起画笔，描摹美国家庭的这一美轮美奂的特色。他们用明亮的几何图案和唯美的壁画描绘房间的内饰，常常画出这家的住宅，或是留下一幅家人的肖像。乡间的女子和年轻的女学生总乐于以住宅来做女红样品的图案，在这简约而丰饶的住房图案四周，她们一针一线地绣上劝世良言或《圣经》隽语。

美国的领袖们也超乎寻常地关注美国人对家居建筑的癖好。让托马斯·杰斐逊(Thomas Jefferson)等人担心的是，成千上万套粗制速成的住房被躁动不安的房客当作临时住所，这会不会破坏美感。对那些把私有住房视若禁咒的人来说，哪怕只是住房外观也可能导致无政府的混乱。杰斐逊深感不安，因为在他的故乡弗吉尼亚，大部分粗制滥造的木屋此时看上去衰败不堪，不忍卒睹。他希望看到这些“丑陋、蹩脚，幸而不结实”

的房屋灰飞烟灭。[①] 拥有一个稳固的农民阶层,让他们住在坚固的砖砌石筑房里,这样才能为新兴的美国增强力量奠定基础。

对于杰斐逊及许多像他这样的国民领袖而言,他们面临的问题是如何引导但不是如何规划家居装饰。既要维护他们习以为常的对秩序的尊重、自给自足和高尚,又不能破坏每个个体和每个家庭自得其乐的生活,美国人该如何创造这样的环境呢?答案就是理想住房这一理念。许多理想住房的原型是小而廉价的;每一个都进行了装潢,这样住户会在家中感受到精美、适意和基督精神。这里也有一幅勤劳做工的景象,一种让产品质优价廉而不断改进生产的观念。美国人乐观地相信,社会进步是命中注定的,这使他们相信审美、技术和社会始终会不断前进。这种理想住房不是立法形成的,并非以人人都要遵守的规定或法律为基础;相反,它只是一个指引,激励着建筑商和美国家庭以此为目标,根据条件尽力为之。在这一时期,几种类型的理想住房公之于众,但最引人关注的是农场主及其家庭所居住的独立的小屋。这些小屋与其主人一样,都是美国力量与进步的基础。

到1830年,全国各地的牧师、教师、诗人和法官都不遗余力地向其听众传授何为理想的住房。文人墨客注意到了屋内装潢的特征和外墙的类型足以表现主人的品格。畅销女性小说家琳达·西格尼(Lydia Sigourney)和"范尼·弗恩"("Fanny Fern")妙笔生花,在描绘建筑时只需寥寥数笔,便让文中的人情世事和道德劝诫充满生机。亨利·大卫·梭罗(Henry David Thoreau)、华盛顿·欧文(Washington Irving)亦如此。同样如此的还有詹姆斯·费尼莫尔·库珀,他尤其强烈地抨击希腊复兴式住房的"蘑菇"样式,认为这种莫名其妙出现的建筑未经规划,就像传染病一样四处扩散。[②] 不久,亨利·沃德·比彻尔和霍里斯·布什内尔开

① 托马斯·杰斐逊(Thomas Jefferson):《弗吉尼亚纪事》(*Notes on the State of Virginia*),1785年,重印版,纽约:诺顿出版公司,1972年版,第418页。

② 詹姆斯·费尼莫尔·库珀(James Fenimore Cooper):《故乡风貌》(*Home as Found*),1838年,重印版,纽约:D. 阿普尔顿公司,1902年版,第125—130页。

图 5—1 女红样品常常以理想住房为其图案。图为马萨诸塞州波特兰的玛丽·理查兹于 1808 年缝制的刺绣品。这件作品展示了内战前美国家庭文化的许多特质:自给自足、基督精神、勤奋工作和小镇风情。

始向他们的教众宣扬世界上的理想住房,但他们却很少有细节描述。比彻尔甚至鼓吹家庭作坊制造的产品,后来还写了一部富于感情的小说,名为《诺伍德》(*Norwood*)(1867 年)。布什内尔的《基督的教化》告诉读者,住房和家庭可以培养高尚的“习惯”,因此他鼓励孩子们信奉基督教,养成绅士风度。循规蹈矩和敦敦睦邻可以铸就“有品质的家居生活”。[1] 正确的家庭氛围可以确保“适意家居”在天堂拥有神圣的外部平静。上述这些作家无一例外地希望，美国人能够更强烈地意识到他们赋予家居装潢的这种“影响力”；他们无一例外地希望，人们可以营造更好的家，使家庭生活的纽带更为牢固。

界定美国式住房是一项全国性的任务，其目标是要对“典型的美国家庭”的最佳布置达成一致，而那时，所谓“典型的美国家庭”就是一个独立的自耕农再加上几个勤奋的近亲。富家子弟宏伟的庄园巨大无比，足以唤起全体美国人的渴望，但在全国范围内最具代表性的却是一个“中人之家”的中等住房。

然而，尽管家与“外部世界”日渐分离，但在有些方面却相对重视不足，那就是住房也是一种独特的表达，即住房内某一家庭个性化的装饰。诚然，在所有小村庄中，共建谷仓、“大家缝”(Guilting Bee，是19世纪美国乡村的一项风俗，指邻里共同做女红等活计——译者注)等正式和非正式的聚会联欢都在家中举办；而与此同时，人们逐渐开始在家中寻求生活的意义和安全感，赋予家深切的情感。家居指南的作者们将这一理念传布四方。对于19世纪早期最负盛名的作家之一琳达·西格尼而言，妇女有责任为在商业社会打拼的丈夫和儿子营造一个世外桃源：

她用高尚的情怀，

苦中作乐。

---

① 参见伯纳德·威什(Bernard Wishy)：《儿童与美国》(*The Child and the Republic*)，费城：宾夕法尼亚大学出版社，1968年版；安妮·库恩(Anne L. Kuhn)：《儿童教育中的母亲——新英格兰的观念，1830—1860年》(*The Mother's Role in Childhood Education: New England Concepts, 1830-1860*)，纽黑文：耶鲁大学出版社，1947年版；丹尼尔·卡尔霍恩(Daniel Calhoun)：《美国人民的智慧》(*The Intelligence of a People*)，普林斯顿：普林斯顿大学出版社，1974年版，第132—305页；小菲利普·格雷文(Philip J. Greven, Jr.)：《新教徒的性格——美洲早期的儿童教育模式、宗教体验和自我意识》(*The Protestant Temperament: Patterns of Child-Rearing, Religious Experience and the Self in Early America*)，纽约：阿尔弗雷德·A. 克诺普夫出版社，1977年版；芭芭拉·克鲁斯(Barbara M. Cross)：《霍里斯·布什内尔——变迁时代的美国牧师》(*Horace Bushnell: Minister to a Changing America*)，芝加哥：芝加哥大学出版社，1958年版。

她用巧妙的双手，
奋力拼搏。
她让家变成伊甸园般，
让她的家人远离困厄。[①]

丈夫要把家装饰得如同人间天堂一般，美得简约，并且布满妻子手制的饰品。

妇女作为母亲的影响力更是巨大无比。1820 年前后，社会突然关注起童年来，许多书籍、布道词和会议都以其为中心。在时人看来，童年是人生中一个特殊的发展阶段，既与成年生活迥然有别，又在很大程度上决定了长大后的脾气性格。加尔文派认为，人自婴儿起便有原罪，这使人们关注儿童的社会性格和个人道德，而美国人相信，这二者是在人生的最初几年塑造成形的。家庭塑造儿童个性和性格是十分有效的。妇女并非天生就懂得如何抚养孩子，但到 1830 年，这无可争议地被视为她们应负的责任。如果住在城市，她或许会参加一个母亲联谊会，在那里与其他妇女交换信息。但她主要依靠近期出版的图书杂志来学习如何抚养孩子。在这些书刊中，母亲和家庭的影响力令人称奇，它们也描绘了母亲在培育孩子心灵的时候应该如何做。

人们对于个体，尤其是个体儿童的关注越来越多，也越加重视家庭进行道德教育的重要性，这促进了人们对于家中个人空间的注意。布什内尔等牧师解释到，父母可以让犯错误的孩子到一边自我反省，暂时不允许他们和兄弟姐妹一起玩耍，但不能把他们关在黑暗的橱柜里，而是让他们到一个小房间里自己反省错误。人们发起了强有力的反体罚运动，呼吁大家要认识到良好家庭环境对于培养坚定的道德信念有巨大作用。尽管这时鲜有人想到要给每个儿童一间属于自己的卧室，但增加隐私和区分房间功能的呼吁还是很明确的。

---

① 琳达·西格尼（Lydia Sigourney）：《西方家庭与其他诗歌》（*The Western Home and Other Poems*），费城：帕里和麦克米兰图书公司，1854 年版，第 31 页。

琳达·西格尼和《家庭经济论》(*Treatise on Domestic Economy*)(1843)的作者凯塞林·比彻尔(Catharine Beecher)无不坚信,住宅中用以家庭社交、个人隐私和家庭生产的地方都要有所区分。厨房和餐具室通常与住宅的主体部分分开,安置在住宅的后侧。家居指南和楼层规划类书刊中常常使用的"工作间"(Working Room)一词,预示着在大多数农村家庭中,妻子和女儿要在这里花费大部分时间,或是搅拌黄油,或是缝制窗帘,或是清洗扫把,有时也在这里准备食物、做饭和洗衣。在《瓦尔登湖》(*Walden*)中,梭罗对于在建筑上把这些活动隔绝开来的趋势颇有微词,他抱怨"做饭的空间太隐秘,似乎他(主人)要躲在那里下毒";但他的抗议却丝毫没起作用。[①]

不同房间有各自的名称,这说明住宅中的空间更加专门化了。"客厅"是主人款待来客的地方。"起居室"是晚上更私密的家庭聚会的地方。有些大型住宅既有客厅,又有起居室,但大多数设计师不得不巧妙用词,以此来突出不同房间是与社交生活相连还是用作家庭生活。

无论用什么词语命名,住宅前部正式的房间包括多种部分和样式,以此创造出一种节日的气氛。在农村,贴墙纸和在家具上贴上异域奇花异木的花纹早已见怪不怪。机器制造的地毯、几何形状的地砖以及精心布置的沙土让脚下的风格千姿百态。鸟笼随处可见。每个住房中的贮藏空间相对较小,但墙上排满了挂钩,可以挂帽子、大衣、画框、农耕和厨房用具以及摆着杯盘碟碗的高高的架子。到1840年,新英格兰地区几乎所有妇女可以阅读,并对遍布全国的各种教育兴致盎然。因此,很多人家的客厅里都放着书架。由于这个房间是"艺术宝库",因此通常也有自家制作的花边纸、风景画、刺绣和陈列柜,而这类受人尊敬的活动也常常在这间房里进行。社交活动和家庭聚会也在这里举行。1841年版《妈妈的〈圣经〉》这首歌谣的活页乐谱的封面上描绘了全家人聚在客厅桌旁的图景,

---

① 亨利·大卫·梭罗(Henry David Thoreau):《瓦尔登湖;或林中的生活》(*Walden; or, Life in the Woods*),1854年,重印版,纽约花园城:双日集团,1960年版,第207页。

图中的父亲正借着煤油灯阅读。曲中的一行歌词把图画与情感结合起来:“又一次,他们相聚在家中的客厅里。”然而,大多数家庭的装饰混乱不堪,既俗且艳,这幅图像只能是南柯一梦了。

图 5—2　约翰·刘易斯·克里姆尔的一幅画作,描绘了 1813 年的一次“针乐汇”①。这幅画展现了 19 世纪初期农场主住宅的典型内饰和极为受人重视的社交活动。图中齐本戴尔式的落地钟、鸟笼、书籍和绘画告诉我们,许多家庭十分在意他们的家居环境。

在 1840 年代,建筑商们开始发行建筑类书籍,包括楼层规划、装饰细节和透视图画,也有鼓动客户的文章,让读者相信这些住宅规划足以让他们坐拥完美的家。许多这一类的“模板书”包括一个小镇上各种建筑物的说明:有教堂、学校、商店,还有各种各样的住房,低则 200 美元,高则 2

---

① Quilting Party,指各家妇女在一起做针线活。——译者注

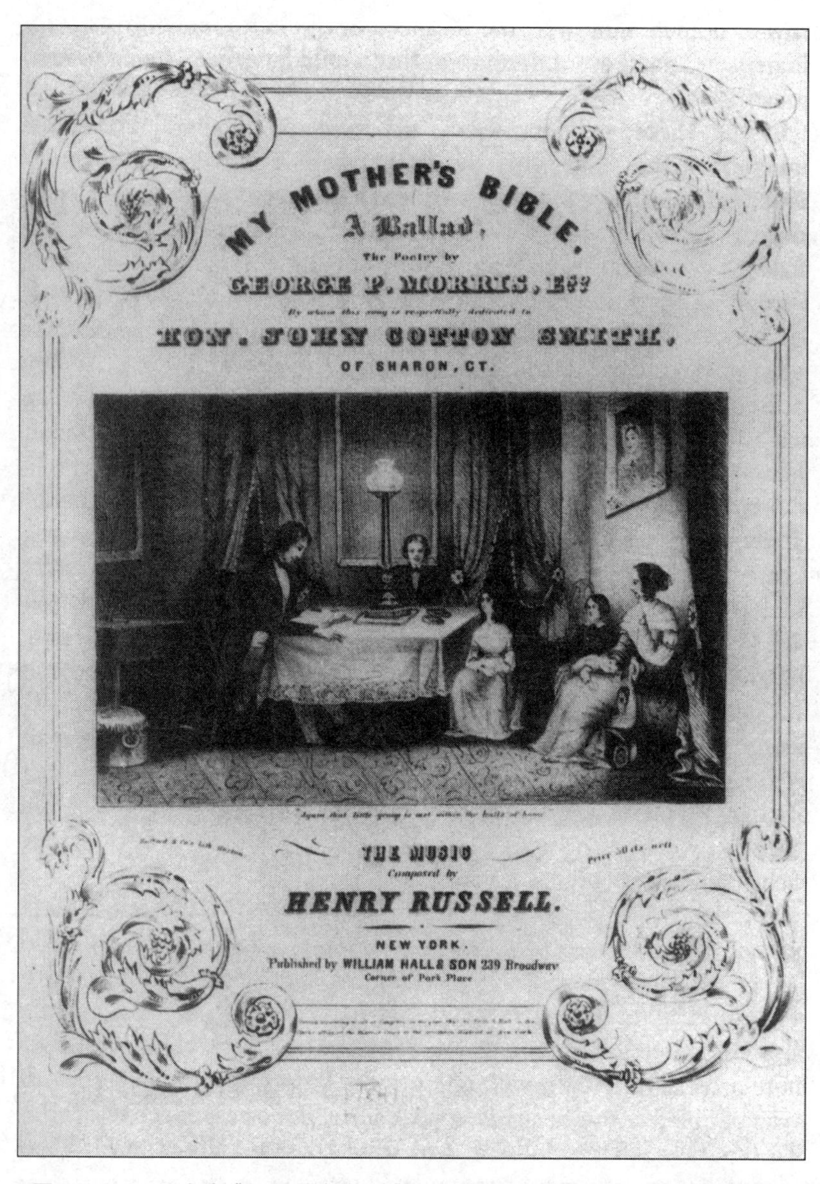

图 5—3 1841 年版《妈妈的〈圣经〉》这首歌谣的活页乐谱封面描绘了理想的客厅，比起克里姆尔的画，这景象更为彬彬有礼，也更加宁静安适。图中的房间里都是典型的帝国式（受法国影响的一种新古典风格，在美国盛行于 1810 年前后——译者注）家具，全家一起听父亲在晚间朗读《圣经》。

万美元。爱德华·肖(Edward Shaw)的《乡村建筑》(1843)、亚历山大·杰克逊·戴维斯(Alexander Jackson Davis)的《乡村居民》(1842)、安德鲁·杰克逊·唐宁(Andrew Jackson Downing)的《乡舍居民》(1842)以及卡尔弗特·沃克斯(Calvert Vaux)的《别墅和茅屋》(1854),单看书名就知道,作者意在突出权威的美国乡舍或农场主住房的种种变化。

这类书刊对农民茅屋的建议,最常见的是包括4个房间——客厅、起居室、工作间和卧室——另外还有门廊、走廊、餐具室和2个衣柜,所有这些都要挤在525平方英尺的土地上。在这么小的空间内,每个房间都兼有多重用途。起居室既是餐厅,也是孩子们的卧室。在大面积的住房中,许多设计者列入了对新划定空间的解释,建议将额外的楼下房间留给年长的亲戚做卧室,或是做患儿的病房。另外有人建议,留出独立的餐厅,这样可以提高家庭生活的质量。出于实用性的考虑,即使在最小的住房中,房间也不再对称排列了。住房的设置更专门化,也更为复杂,每个房间都有独特的造型。

在全国的标准住房框架内,建筑商们进行了精巧的改造,创造出了他们的样板乡舍。查尔斯·德怀尔在《移民建筑商》一书中描绘了用草皮块、夯土块、土坯和轻型木架搭成的廉价住房,这样房主就可以就地取材,用廉价的原料建房子。其他一些作者展示了更有艺术品位的住宅类型,外墙受19世纪欧洲多种复兴式样的影响有所不同。山间的林地、多石的海滩、平原、城镇,每种类型的住房适应一种地形。在这类模板书中还有很多希腊式的住房,但与绚烂多彩的拜占庭式、意大利式、哥特式、诺曼式、伦巴第式和都铎式建筑比起来,便显得局促而灰暗。戴维斯在他的书中自诩可以有14种不同的式样。多样化风靡一时。

19世纪的建筑商的确在谈论“风格”,而不是我们今天用来指称从历史中获得灵感的“复兴”一词。他们希望唤醒人们的情感,用某些建筑主题来设置背景,而不是复原某个历史时期的原貌。不同新式风格的使用获得了不拘一格的装饰效果,等于是允许了各类混搭和装潢。房屋不再是盒子状,凸窗和门廊塑造了一种更为复杂的轮廓。受中世纪启发的装饰风格和突出的山墙是哥特式建筑的标志；意大利式建筑则必有方形的凸窗、由支架托起的厚重加宽的屋顶和钟楼状的高塔。不久，工匠们进行了创新，使住房风格又有了变化。挡风板下有浓艳的平雕，无论今天还是当时，人们都称其为“姜饼”（gingerbread，意指华而不实的东西——译者注），门窗、百叶窗和玄关支架上也都有，在当时很难分类。

图 5—4 查尔斯·德怀尔《节俭的乡舍建筑商》（1856）一书的卷首插画，显示了在边疆荒野中经过装饰的住房。从画中可以看出，这栋住房融合了建筑商对真正的美国风格、标志性建筑和实用性的理解。

随着各类模板书在美国生根发芽，它们也影响到其他文学形式。费城出版商路易斯·安托万·戈迪（Louis Antoine Godey）和他手下的编辑萨拉·约瑟法·黑尔（Sarah Josepha Hale）决定通过在他们的妇女时尚类月刊中主打美式别墅和农舍，以此来发起和推动一场“拥有自己的住房”(own-your-own-home)的运动。从1846年到1898年，《戈迪氏女子月刊》发布了大约450种样板住房的设计图案，据一份报告称，这些模板是10年中建造的逾4 000套住房的基础。[①] 给月刊编辑部写信的读者可以索获任意一套样板住房的图案。《戈迪氏女子月刊》把多愁善感的散文诗篇与精美的女性时尚和理想中的美国住宅结合起来，以此将专业化文学整合为一种新的关于家居的分析模式。

安德鲁·杰克逊·唐宁是哈得孙河谷一名广受尊敬的园艺景观设计师，他撰写的模板书系统地展示了彼时家居装潢的全貌。像内战前的其他住宅设计师一样，唐宁颇有远见，预感到田园牧歌式的居住环境将风靡美国，住房赏心悦目，依偎在井然有序的花园里，点缀在落英缤纷的自然中，尽管随性率真，却亦错落有致。在关于郊区住房设计的书中，在他发表于《园艺家》上的社论中，唐宁基本上展现给读者的是他心目中美国住房的规则和种类。首先，住房要与其环境协调，因为只有特定的类型才会适合特定的环境。其次，住房就要有住房的样子，不能看上去不像家。唐宁运用了18世纪英国艺术哲学家发展出的“联想”(Associations)理论，即事物或观念的价值在于其引发的人们内心深处的象征性联想。然而，无论是唐宁，还是模板书的其他美国作者，他们一起挑战这一理论的传统观点，即只有受过高等教育的人才能产生联想，因为很明显，这种观点是精英的话语；与之相反，唐宁等人坚信，建筑式样，尤其是住房类建筑的式样，能够唤起大众的回应。因此，所有住房都需要某些家居符号来清楚地表达盎格鲁—美利坚文化赋予家庭的意义，这被唐宁称为“意志的表达”。烟囱、架在高耸的山墙间的外悬屋顶以及陡峭的屋檐让住宅有家

① 乔治·赫西(George L. Hersey)：《戈迪的选择》(“Godey's Choice”)，《建筑史家协会杂志》(*Journal of the Society of Architectural Historians*)第18卷(1959年10月)，第104页；亦可见于鲁斯·芬德利(Ruth E. Findley)：《戈迪氏背后的女人——萨拉·约瑟法·黑尔》(*The Lady of Godey's: Sarah Josepha Hale*)，费城：J. P. 利平科特出版公司，1931年版和伊萨伯拉·韦伯·恩特金(Isabella Webb Entrekin)：《萨拉·约瑟法·黑尔与〈戈迪氏女子月刊〉》(*Sarah Josepha Hale and Godey's Lady's Magazine*)，费城：J. P. 利平科特出版公司，1946年版。

的气息；房屋一侧的游廊令人心旷神怡，入口处的门厅对所有访客微笑致意，它们也在这砖木搭建的房中写下了大大的“家”字。精美的装饰，如窗户上哥特式三叶形窗格和屋顶下意大利风格的雕梁画栋，仍然是住宅中精美的工艺品，仍然是那个宠辱不惊的旁观者，冷眼阅尽主人的荣辱浮沉。哥特风格的装饰细节同样增强了一个基督教家庭的宗教纽带。

唐宁引用英国艺术批评家约翰·拉斯克的观点，认为家居建筑应当表现出主人的“状况”或阶级，以及职业和背景（让我们想象一下这幅画面，这家的主人特别像是这个画面中的参照物）。唐宁为社会中的三组人群分出了三种类型的住房：“有才能的人”住别墅，技工或工人住村舍，农场主则住农场住宅。在唐宁看来，这种住房上的差别是必需的，而且每个人都应当恪守本分，不应该奢求高等级的住房。他写道：“除非此人真有本事住得起城堡，不然的话，如果真去住城堡，他会像老鼠一样灰溜溜地龟缩在里面。”[①]每个美国人都应该有一栋好住宅，无论是工人那未经装饰的粗木村舍，还是富人们意大利风格的钟楼式高屋大院。与此同时，模板书上各种式样的设计者们无一相信，在美国会有人长期贫困，或当一辈子工人或仆人，因此他们对贫穷阶级住房的关注相对较少。

模板书中建筑式样的设计者们自视为创造一个民主共和国的功臣。他们的著作告诉人们如何在美国建造好的住房，美国人相信，这些论著为每一个市民提供了独立自主的机会。如果所有美国人无论贫富、无论南北都可以规划一个秩序井然的住房，那么那些仍旧住在乡间茅舍或挤在城市租屋中的人之所以如此，就是因为他们比邻居文明程度低，而且本能地对上好的住房无动于衷。亨利·克利夫兰、查尔斯·德怀尔以及其他设计师认为，上述观点相当详细地规划了一个等级体系，最底层是动物，其上是低于人类的野蛮人（也包括贫穷白人），再往上是拥有自己的住房、受基督教感化的一般美国家庭，他们道德高尚，位居这个等级体系的

---

① 安德鲁·杰克逊·唐宁（Andrew Jackson Dowining）：《乡村住宅的建筑风格》（*The Architecture of Country Houses*），1850 年，重印版，纽约：多佛尔出版社，1969 年版，第 262 页。

最高层。在这种论述中,每一等级都附有几个案例,分析单户型或两户型的农舍,有的是用夯土筑成,有的是用粗木建成,;论者试图通过这些例子来支撑其观点,即每个美国人几乎可以免费获得一个体面的住宅。在美国,贫穷没有任何理由。

图 5—5 宾夕法尼亚州伊斯顿(Easton)的一座哥特式乡舍,大约建于 1840 年。这栋住宅的每个细节都效仿了模板书的导引,读者可以看到一个窄小的门廊,一个显眼的烟囱以及大量的建筑装饰。

无论对于唐宁还是内战前大多数家居设计师来说,道德都是一个中心话题。唐宁呼吁人人拥有一个"共和国的住房",这种住房舒适又美观,低调又含蓄,不能让邻居黯然失色,也不能让孩子们的举止傲慢清高。唐宁坚信,每一栋精心规划的美国住宅都应该是"道德高尚者的家"。[①]

---

① 安德鲁·杰克逊·唐宁:《乡村住宅的建筑风格》(*The Architecture of Country Houses*),第 19—20 页、第 269—270 页。

唐宁将家居设计视为美国人“躁动的精神”与美国生活轻狂步伐的制衡。[①] 耶鲁大学神学家蒂莫西·德怀特在他新英格兰的游记中,同样担心混乱、不合意的家居的负面效应。他写道:“住宅对生活方式的影响不可谓不大,而生活方式对住房品位、行为举止甚至道德品质的影响十分明显。如果一个穷人建了一栋破房子,既没有任何家居设计,又没有改善的希望,他的……人生目标和追求将与房子的类型紧密相关。他的衣食住行,他的言谈举止,他的鉴赏品味,他的感情心绪,他的禀赋性格以及孩子的教育和性格都会受到家中丑陋布置的负面影响。”[②]唐宁的朋友纳撒尼尔·威利斯(Nathaniel Willis):(小说家“范尼·弗恩”的兄弟)在他的杂志《家庭月刊》上撰文讨论家居装饰的象征意义。对于威利斯来说,道德情操同样与控制管理密切相关。他指望靠“住房的联想”在建筑、布景和文学方面来平衡“这个虚伪而快速成长的国家”的狂躁不安。[③]

投机商挑选了有利地形建立了一些小型的边疆城镇,尽管许多农舍分布在这里,但在模板书中,这类房屋却被当作供全家人居住的农场住房。虽然此时城市人口不断增长,但美国仍然是一个不折不扣的农业国家。每个描写家庭生活和家居建筑的作家、每个鼓吹共产主义的“社会建筑师”都坚信,只有在乡村才能培养真正的人。许多人将乡村美德与共和价值联系起来,纳撒尼尔·威利斯就是其中之一:“在城里,钱主宰家庭生活,家人也要靠钱才能联系在一起;而在乡村,一户人家的圆形篱笆不仅围住了家,也围住了共和精神。”[④]反城市的情绪广为流传,而且这种情绪并不仅仅是出于对贫困问题的恐惧,还有其他内涵。有一本书描

---

① 安德鲁·杰克逊·唐宁:《乡村住宅论集》(*Rural Essays*),1854年,重印版,纽约:达卡波出版社,1973年版,第13页、第202页。

② 蒂莫西·德怀特:《新英格兰和纽约游记》(*Travels in New England and New York*),第4卷,第73页。

③ 纳撒尼尔·威利斯《破包——朝生暮死集》(*The Rag-Bag, A Collection of Ephemera*),纽约:查尔斯·斯克里布纳尔出版公司,1855年版,第447页。

④ 纳撒尼尔·威利斯:《狂躁年代的户外生活——或哈得孙河两岸的家庭是怎样炼成的》(*Out-Doors at Idlewild, or, the Shaping of a Home on the Banks of the Hudson*),纽约:查尔斯·斯克里布纳尔出版公司,1855年版,第447页。

写了美国著名作家的住房,该书只是浮光掠影地略微提及城市住宅,说它们的“正面沉闷枯燥……这些住房只是空气中的一个个平行四边形”。[1]生活在农村的美国人没有多样性,也不要象征符号,那里是远离城市的伊甸园,那里的人们生活愉快,乐观向上。

意识到上述这些情绪,建筑商们很快就在家居建设中大力鼓吹使用天然材料。模板书赞扬原色的实木壁板。垂直板条预示着望板下的结构使用了简约的木制板条,因而广受赞誉。如果给建材上漆,那么也会选择与自然环境和谐的色调,如黄褐色、青苔绿或者灰色,而不会选用希腊庙宇式的白色。每个模板书的撰稿人都同意,用周边的原木、石料或黏土搭建的房屋最好,比用异地的昂贵流行材料建成的房子更合适。

坚持使用本地原材料常常会变成对贵族式奢侈的抨击和对乡村住房的倾情赞誉。作家们击节叹赏到,最美的画作往往描绘的不是贵族的庄园而是质朴的农场,这才能激发起观赏者高贵的情感。在《瓦尔登湖》中,作者梭罗呼吁所有的郊区居民在选择住房设计时记住上述事实,在选择装饰风格时切忌矫揉造作(他甚至拥护印第安群落的模式,宣称在那里,每户人家的小屋都无可挑剔;因此简约是打开平等大门的锁钥,也是善与美的标志)。边疆地区破败的住房粗陋不堪,而且住不多久就被抛弃,但即便如此,也可以消除美式设计中的自高自大。正如一位模板书的撰稿人所说的那样:“我们以粗陋脆弱的住房为荣,这些房子在全国各地星罗棋布,被外国人嗤之以鼻。它们就是我美利坚人民的家,吾国吾民不久后就会建成更好的家。”[2]这些建筑商仔细在画作和言谈中培养朴素的艺术风格,对他们而言,质朴的乡土气息是一种绝妙的美。

爱默生在《美国学者》一书中赞扬了美国人对普通与平凡的崇拜,称

---

① 《美国作家的家》(*Homes of American Authors*),1853年,第124页,转引自小柯克·杰弗里(Kirk Jeffery, Jr.):《家庭史——城市语境中的美国中产阶级家庭,1830—1870年》(“Family History: The Middle-Class American Family in the Urban Context, 1830-1870”),斯坦福大学博士学位论文,1971年,第72页。

② 丹尼尔·哈里森·雅克(Daniel Harrison Jacques):《住房——乡村建筑口袋书》(*The House: A Pocket-Manual of Rural Architecture*),纽约:富勒—威尔斯,1859年版,第29页。

之为“普通……常见、低级”，基于这种崇拜，美国人追求小木屋式的浪漫。[①] 这种建筑类型实际上是斯堪的纳维亚式，在西部边疆地区相对较少；但到了1830年代末，全国各地的作家都声称，简陋的小木屋是美国人共同的文化遗产。随着杰克逊民主党人有意煽动民粹主义，这一潮流很快席卷了新兼并的土地。1840年大选中哈里森的支持者接过了宣扬小木屋的旗帜，通过发布小册子，在临时搭建的小木屋里派发苹果酒等方式，声称小木屋象征着美国边疆地区那旺盛的活力。模板书的撰稿者们把握住了这种热情，在他们设计的房屋类型中也包括这种小木屋，并且赞美这种被美国人视为土生土长的住房形式，称赞这种显而易见的物质之力。

对这种天然无雕饰、普通而不突兀的赞美当然并非美国所独有。浪漫主义在欧洲大陆兴起，掀起了欧洲人对“天然去雕饰”的追捧，反而不在意其宏伟还是平凡。到1840年，要求建筑师考虑住房周边景观的呼声蔚然成风，这种吁请受到了18世纪英国美学理论家的影响。美国风格是欧洲时尚的派生物，甚至象征着国家独立的希腊复兴式风格也是在英国和欧陆古典主义复兴之后发生在美国的。紧随其后的哥特复兴式风格，既体现了美国风情，又融入了欧洲历史的象征。

美国的建筑商与大多数受过职业训练的设计师不同，尽管他们意识到这些影响，却将引入原创性视作自己的责任。在每一本模板书中，都贯穿着同样的主题，即通过高度的个人主义和艺术创作实现国家统一。人们赞扬风格上的创造性，将其视为追求时尚潮流和秉持文化独立的途径。到1850年代，建筑商们开始混用多种式样，并自由自在地运用不同的建筑风格。他们大胆地“创造”，发明了六边形或环形的住宅，房间被裁剪成椭圆形，或是诡异的楔形。迄今为止，这类“奇形怪房”中最受欢迎的是八角形的住房。在《万用之家》(*A Home for All*, 1848)一书中，骨相学

---

① 拉尔夫·沃尔多·爱默生(Ralph Waldo Emerson)：《美国学者》(*The American Scholar*)，1837年，出自斯蒂芬·惠彻(Stephen E. Whicher)编：《拉尔夫·沃尔多·爱默生选集》(*Selections from Ralph Waldo Emerson*)，波士顿：霍顿·米夫林出版社，1957年版，第78页。

家和唯灵论者奥森·富勒(Orson Fowler)宣称,在一块正方形地块上,八角形建筑能够最大限度地利用土地,利用率比其他形状高出20%;他还指出八角形住房某种奇异的力量。十年间,八角形和校舍形住房以及其他类型的住宅在从纳奇兹(Natchez)到旧金山的各个地区拔地而起。

其他建筑商也夸耀自己的商品,声称这些住房"基于常识",是"为生活而建造的",与富勒的功能主义言论桴鼓相应,他们贬斥其他与之竞争的房型价格太高,一派精英作风,而且为了美观牺牲了实用性。美国浪漫主义的另一个特征是用科学和技术为全社会服务,有时甚至用伪科学和雕虫小技。

在建筑学领域,内战前最重要的技术进步是框架结构的应用。这种建筑类型最早于1839年出现在芝加哥,革命性地改变了住房的建设。在此之前,建造住房用的是笨重的木材,用手工的铆钉和卯榫相连接;工人把一整面构架墙安到地板上或是抬到安装的位置,全靠手拉肩扛。而框架结构要简单得多,就像其名字所揭示的那样,用的是更轻便、预先切割好的木板,只需用钉子铆接就行。这样一来,建造房子需要的工人少了,时间和费用也低了。铆钉可以由工厂批量生产,组装框架结构的标准木板也可以在工厂中大量切割,工匠和自备部件建房的人就可以在通达性好的公路两侧方便地建造住房了。

对应用科学强烈的兴趣和创新性的家居技术使得19世纪中期家居便利设施的专利数量迅猛增加,诸如碎冰机、切馅饼机、樱桃去核机以及割草机之类的新设备层出不穷。"小发明"(Gadget来自法文*gachette*,意指一件机器)成了全国的热门词语。家中有排除厨房废物的开放式木制排水管,有混凝土污水坑,或将炭灰过滤器安在假地板之下的纯净水储水箱,建筑商在广告指南中至少要用一章的篇幅来介绍家居新技术,其中就包括这类新设备的说明书。由于几乎每家都要依靠自有的供水系统和废物处理装置,这类设备的介绍大都很详细。甚至在美国大城市中,由市政府提供蓄水池和供水系统也是相对晚近的事情,只有费城是个例外,而且也没有任何对私人公司运输业务的管制。家居技术体现的是在个人基础上维护健康,也体现了新英格兰人的独创精神。

虽然美国人对技术创新兴味盎然,虽然模板书的设计风格发挥了同质化的影响,但在19世纪前半期,晚期殖民地风格仍然是阿勒根尼山脉以西地区建筑的基础。美国建筑中的浪漫主义展现出其独特的保守面孔。从英国来的移民家庭,行囊里也装上了建造四角框架住房的技术,这种房屋的墙面未经修饰,为几何形门窗留下空间。1830年后,荷兰人、德国人和斯堪的纳维亚人开始大规模移民美国,在美国重建他们喜闻乐见的住房。这类房屋的两侧有高大的砖砌或石质托臂,用灰泥涂抹砖石筑成,窗户不对称。西部城市和乡村地带的住房总体上类似于那些分布在东海岸老城市中或近郊的住房。比起东部,诸如希腊式和哥特式这类风靡全国的建筑风格在西部出现得很晚。之所以如此,部分是因为移民的文化传统的多样性,部分是因为时间不足和缺少熟练劳动力。然而,列克星敦、辛辛那提或克利夫兰商人的豪宅,即使与费城或波士顿相比,也毫不逊色。住房特别是边疆城镇早期的住房,风格有限,式样简朴,许多定居者以此来表达他们对拥有更好住房的乐观情绪。一种明确的住房类型早已确立。为了避免土地有限的压力,美国人将社会流动、经济安全与房产占有结合起来。

19世纪中期的实际情况是,在美国的样板小屋中,最突出的主题是隐私。模板书中介绍的每个类型,展现的都是一个环绕在精心布置的花园中的独栋住宅,与外界隔离。供两户居住的住房偶尔有之,但设计者突出了每家单独的入口和厚厚的隔墙,并指明住在这里只是暂时的,房客一定会拥有自己的住宅。正如一位评论者所言,美国人倾向于在政治生活中紧密联系,而在家庭生活中却独善其身。[①] 美国人对城市联排别墅、共产主义倾向的住房和工业时代的寄宿公寓心怀疑虑,这不仅出于政治敏感,也是出于建筑上的考虑。在建筑商指南之类的大众文学中,乡村的独

---

① 杰维斯·惠勒(Gervase Wheeler):《郊区与乡村居民的家》(*Homes for the People in Suburb and Country*),纽约:查尔斯·斯克里布纳尔出版公司,1855年版,第25—26页。

图 5—6　G. R. 霍华德上校位于得克萨斯州佩尔斯汀(Palestine)的住宅,是晚期希腊风格的代表,这种风格只在边疆地区流行。

栋住房被视作某些美利坚民族优秀美德的象征,从个体的角度看,它们代表着个人独立;从社会的角度看,它们显示了家庭的自豪感和自给自足。建筑有其政治意义,表现了民主社会的选择自由;建筑亦有其经济意义,显示了私有企业这一经济模式,而不是为全社会的公共利益进行规划,这是美国社会的特征。

推荐阅读书目

近来，关于妇女史的著作提供了关于19世纪早期家庭生活和家居理念的重要材料，其中最杰出的有安·道格拉斯(Ann Douglas)：《美国文化的女性化》(*The Feminization of American Culture*)，纽约，1977年版；卡尔·德格勒(Carl N. Degler)：《争执不休——从殖民地时期至今的美国妇女与家庭》(*At Odds: Women and the Family in American, from the Revolution to the Present*)，纽约，1980年版；凯瑟琳·基什·斯科拉(Kathryn Kish Sklar)：《凯瑟琳·比彻尔——对美国家居的研究》(*Catherine Beecher: A Study in American Domesticity*)，纽黑文，1973年版；南希·考特(Nancy F. Cott)：《女子的纽带——1780—1835年间新英格兰的"女性空间"》(*The Bonds of Womanhood: "Women's Sphere" in New England, 1780-1835*)，纽黑文，1977年版；多洛雷斯·海登(Dolores Hayden)：《凯瑟琳·比彻尔和家务的政治》("Catharine Beecher and the Politics of Housework")，载于苏珊娜·托尔(Susana Torre)主编：《美国建筑中的妇女》(*Women in American Architecture*)，纽约，1977年版。

亨利·纳什·史密斯(Henry Nash Smith)的《处女地》(*Virgin Land*)(纽约，1959年版)和列奥·马克斯(Leo Marx)的《花园中的机器》(*The Machine in the Garden*)(纽约，1964年版)提供了文学和文化分析。F. O. 马西森(F. O. Matthiessen)的《美国文艺复兴》(*American Renaissance*)(纽约，1941年，1969年)仍旧是对于美国学术和洞察力的经典著作。

关于建筑，戴维·汉德林(David Handlin)的《美国家庭——1815—1915年间的建筑与社会》(*The American Home: Architecture and Society, 1815-1915*)(波士顿，1979年版)通过家居设计对社会史进行了丰富多彩、内容翔实的研究。小文森特·斯库利(Vincent J. Scully, Jr.)《木瓦式样与木结构式样》(*The Shingle Style and the Stick Style*)，纽黑文，1971年版；小克利福德·克拉克(Clifford E. Clark, Jr.)：《作为一种社会史标志的家居建筑——1840—1890年间美国浪漫主义复兴与对家居的崇拜》

("Domestic Architecture as an Index to Social History: The Romantic Revival and the Cult of Domesticity in America, 1840-1890"),《跨学科历史月刊》(*Journal of Interdisciplinary History*)第7卷(1976年);曼弗雷德·塔弗利(Manfredo Tafuri):《建筑与乌托邦——设计与资本主义发展》(*Architecture and Utopia: Design and Capitalist Development*),芭芭拉·拉朋特(Barbara La Penta)译,马萨诸塞州坎布里奇市,1976年版;詹姆斯·厄尔利(James Early):《浪漫主义与美国建筑》(*Romanticism and American Architecture*),纽约,1965年版。以上作品对建筑进行了解释性的分析。更为形式主义的研究包括阿拉玛·德·麦克阿德(Alma de C. McArdle)与戴尔德丽·巴特利特(Deirdre Bartlett)合著:《哥特式工匠》(*Carpenter Gothic*),纽约,1978年版;韦恩·安德鲁斯(Wayne Andrews):《美国哥特式建筑》(*American Gothic*),纽约,1975年版;小威廉·皮尔森(William Pierson, Jr.):《美国建筑与其设计师——殖民风格与新古典式样》(*American Building and Their Architects: The Colonial and Neo-Classical Styles*),纽约,1976年版;休斯·莫里森(Hugh S. Morrison):《美国建筑——从最早的殖民时代定居点到建国以后》(*American Architecture from the First Colonial Settlements to the National Period*),纽约,1952年版。杰出的专门研究是塔尔伯特·哈姆林(Talbot F. Hamlin)的《美国的希腊复兴式建筑》(*Greek Revival Architecture in America*)(纽约,1944年,1964年)。亨利·莱昂内尔·威廉姆斯(Henry Lionel Williams)和奥塔莱·威廉姆斯(Ottalie K. Williams)合著的《老式美国住房指南,1700—1900年》(*A Guide to Old American Houses, 1700-1900*)(纽约,1962年版)指出了区域间住房的不同。关于建筑商的指南,可参见克莱·兰开斯特(Clay Lancaster):《建筑商指南、规划书刊和美国建筑》("Builders' Guides and Plan Books and American Architecture"),《艺术杂志》(*The Magazine of Art*)第41卷(948年),小亨利-罗素·希契柯克(Henry-Russell Hitchcock):《美国建筑类书刊——1895年前美国出版的建筑及相关领域的图书、文件及小册子一览表》(*American Architectural Books: A List of Books, Portfolios, and Pamphlets on Architecture and Related Subjects Published in America before 1895*)，明尼阿波利斯，1962 年版。19 世纪主要家居指南重印发行了，尤其是凯瑟琳·比彻尔（Catherine Beecher）和哈利特·比彻尔·斯托（Harriet Beecher Stowe）的《美国妇女的家庭》（*The American Women's Home*）以及安德鲁·杰克逊·唐宁（Andrew Jackson Downing）、卡尔弗特·沃克斯（Calvert Vaux）以及其他建筑师和建筑商的作品集，为住房和家居理念提供了细致入微的描述。

最后，几本关于西部的书注意到建筑状况。朱莉·罗伊·杰弗里（Julie Roy Jeffrey）的《边疆妇女》（*Frontier Women*）（纽约，1979 年版）告诉读者，家居实际上是很多妇女主要关心的对象。理查德·巴特利特（Richard Bartlett）的《新国家》（*The New Country*）（纽约，1974 年版）展示了一部宏大的社会史，而诸如凯瑟琳·尼尔斯·库申（Kathleen Neils Conzen）《1836—1860 年的密尔沃基移民》（*Immigrant Milwaukee, 1836-1860*）（马萨诸塞州坎布里奇市，1976 年版）等书则关注的是某个城市。皮尔斯·刘易斯（Pierce Lewis）在《普通房屋，文化履迹》（"Common Houses, Cultural Spoor"）一文中分析了边疆地区住房式样的变与不变，载于《景观》（*Landscape*）第 19 卷（1975 年）。詹姆斯·布林克霍夫·杰克逊（James Brinckerhoff Jackson）收录在《〈景观〉合集》（*Landscapes*）（波士顿，1970 年版）中的文章来自《景观》杂志，内容丰富，富于启迪。多洛雷斯·海登的《七个美国乌托邦——1790—1975 年间的亲共产主义建筑》（*Seven American Utopias: The Architecture of Communitarian Socialism: 1790-1975*）（马萨诸塞州坎布里奇市，1976 年版）分析了内战前共产主义试验中建筑和规划的角色。理查德·林格曼（Richard Lingeman）著《小城镇美国——1620 年至今的叙事史》（*Small Town America: A Narrative History, 1620-the Present*）（纽约，1980 年版）将许多描述集合在一起，有正面报道也有负面报道。

第三部分　工业社会的住房

在内战后的数十年中,美国人试图重拾他们对必然进步和国家天命的信心。然而,尽管内战激发起追求更高工业化水平的豪情,但在社会现实和环境状况面前,这种豪情壮志也不得不有所收敛。报刊上纷纷发表揭发黑幕的文章,社会科学研究方兴未艾,各种改革运动风起云涌,其矛头所向,皆为各社会经济阶层间之差别。一夜之间,城市贫民令其他阶层感到羞耻和恐惧。到 19 世纪末,新晋富豪和朱门巨富的铺张浪费和为富不仁饱受诟病。中产阶级的男男女女们,尽管他们努力效仿富人的生活,并把自己与穷人区分开来,但与此同时,他们也意识到不同阶层间,在财富、生活习惯方面截然不同,其行为举止和社会交往也有天壤之别。

城市改革运动旨在通过将新移民"美国化"的方式,缩小中产阶级和穷人间的鸿沟。拥护社区改良的人和志愿者走街串巷,这些"友好的访客"(Friendly Visitors)点燃了人们关于合乎健康卫生的私人住房的理念。专业的"住房问题专家"为改革奔走呼号,吁请市议会立法提高针对城市贫民的租屋的质量,最终,他们的努力结出累累硕果。他们的呼吁来自对通风条件、居住密度和发病几率数据的精确研究,也来自于自己对何为适宜的家庭生活的观念,然而这是中产阶级的观念,甚至在规训穷人之前就已然如此了。

出于对家人健康和幸福的考虑,许多蜗居城市租屋中的移民妇女接受了改革者的建议。但他们家中堆满了以往的旧东西,有装饰华丽繁复的家具,也有精美华丽的衣装和墙纸,诉说着移民者的文化背景,尽管对大多数社工而言,它们仅仅意味着肮脏和原始。虽然改革者们尽心尽力,既依靠法律法规,又靠自己谆谆教导,但仍没有形成关于住房、家居和家庭生活的通行标准。

实际上,在内战以后直到20世纪的岁月里,另一种类型的住房逐渐成为美国城市的特征。有一段时期,无论从法律定义还是实际使用方面,都无法将租屋和公寓区分开来,二者都是多单元的住房。选择留在城市而没有迁往郊区的富人发现,庄严宏伟的酒店式公寓高贵典雅且颇具韵味,与自身的地位相称:那时还不能为私人家庭使用的众多服务和技术手段,他们在公寓里却可以尽情享受。起初,这些公寓的规模和设施吸引了很多人,许多人视其为乌托邦:公寓预示着一个合作型的社会,为人们提供了细致入微的新技术和无穷无尽的舒适条件。在几十年中,公寓是郊区私人住宅之外的另一个不错的选择。

尽管如此,郊区的扩张速度依然惊人。在这段时期,大多中等收入家庭和许多工人选择在郊区生活。在郊区,私人住宅既是家的天堂,又是高雅艺术的庙堂,也是对土地和房产的优质投资。从理论上说,每个郊区住房是独一无二的,其外观、类型、大小和房间装潢,隐含着主人的品位、兴趣和社会地位;从理论上也可以说,这些田园风情式的住房远离了商品社会和工业。然而,郊区住房的建筑方法、交通系统和通信线路都是最新的,正是这些新技术使得郊区向职员、会计和熟练工人敞开了大门,并使得住房烙上了这些人的印记。尽管有了这种变化,但在许多人看来,若问起美国应该给予他们什么,郊区自然是他们的答案,在那里,他们发现了田园牧歌式的自然之美,表达了内心的情感,也发现了核心家庭的安逸和舒适。郊区家庭成了维多利亚晚期文化的崇拜。

第六章　我爱我家
——维多利亚时代的郊区生活

结束一天的辛劳，让家成为你身心放松的殿堂；摆脱外部世界的嚷扰，让家成为你心灵安适的乐土；这是家居装潢的首要原则。因此，家里不仅能满足下里巴人式的一般需求，而且离不开阳春白雪式的风雅。

——罗伯特·肖普尔(Robert W. Shoppell)与合作住房规划协会：《住房建造装修和家具布置大全》(*How to Build, Furnish, and Decorate*)，1883 年

内战后，郊区住房的建设者们通过小册子和报纸大肆发布广告，向消费者许诺不仅可以享受优雅舒适的环境和质优物美的宅邸，还可以告别病痛，远离骚乱等城市生活中的罪孽；他们宣称一个安全邻里中的私人院落，足以保护妻儿老小免于肮脏的城市的威胁。改造家园这样的事情虽然如今在全国范围内很少，但彼时却屡屡发生。郊区的住宅规划旖旎秀美，天然建材风靡一时，引领一股返璞归真之风，去找寻往日的纯真和曾经的坚守。个性印记亦随处可见。样式迥异的楼层设计和墙体装潢展现着主人们不同的品位，每个宅院、每条街道、每间库房各有其独特的风格，营造了田园诗般梦幻的色彩，当仁不让地展现着最时尚("AMI, All Modern Improvements")的风采。

条件可谓十分诱人。数百万美国家庭将积蓄拿出来购买郊区住房，作为他们梦想的归宿。1870 年代，前往郊区的搬迁潮开始了，随着时间流逝，势头日渐强劲。种类繁多的建设指南和建筑刊物、政治经济学书籍

和介绍家居小贴士的杂志，竞相提供建议，向人们描绘了理想宅邸的蓝图，鼓励人们到郊区去。生活在郊区，得到的是救赎和安宁，上述杂志不厌其烦地重复着这样的话题。他们异口同声地赞扬这类富于个性的世外桃源般的郊区庭院，标志着美国郊区向维多利亚时代的中产阶级和工人阶级家庭敞开了大门。

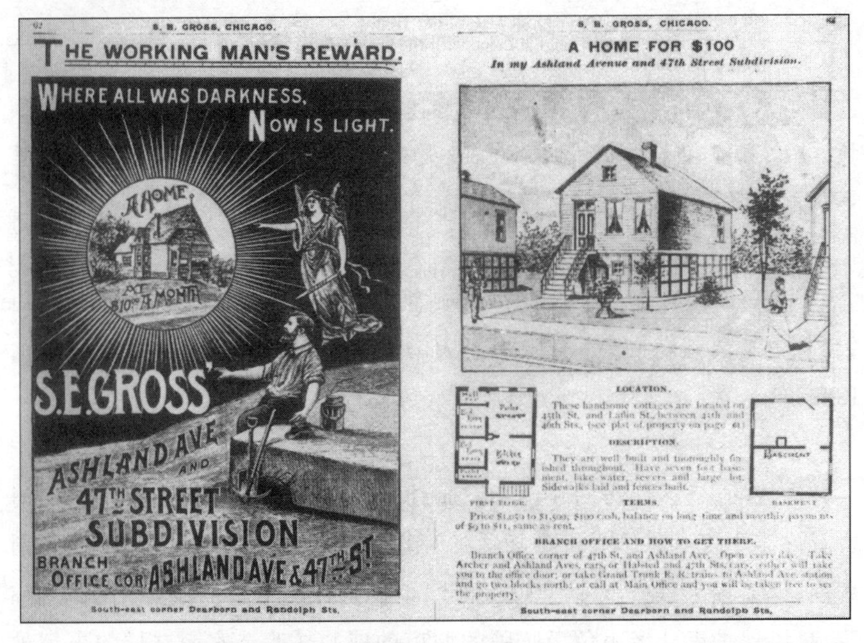

图 6—1 19 世纪芝加哥最大的建筑和地产分销商 S.E.Gross 公司的一则广告。该广告将一座属于自己的住宅演绎为对于勤奋工作的奖励。图中，天使手握“正义之剑”，许诺工人凭着“住房轻松购计划”可以拥有一套属于自己的住房。

内战之前，规划过的郊区宅邸非常稀少，是富人们独享的天堂，因为只有他们有闲也有钱驾着自己的马车旅行在城郊间消闲。城市之外的路况极为恶劣，除了价格不菲的火车供通勤者使用外，再没有其他的公共交通。那时候大多数人只能步行上班，每天工作至少十个小时，因此，居住在郊区就只是贵族们才能享受的殊荣了。不错，布鲁克林的发展速度比曼哈顿快，因为通勤者可以利用定期轮渡往返两地；但布鲁克林本身就是

图 6—2　托马斯·希尔(Thomas Hill)《对与错,比比看》(*Right and Wrong, Contrasted*,1884)一书中的插图。该图将反映廉价公寓街区与郊区精致私人庭院社会生活图景进行对比。

一座繁忙的城市,不同阶层的居民同住其间,各式各样的活动幕落幕起。那时的布鲁克林可不单单是一个居住郊区。

在这为数不多的幽雅住所中,居民们享受着精心的服务和奢华浪漫的景致。1855 年,亚历山大·杰克逊·戴维斯在新泽西州奥兰治近郊建造了卢埃林公园(Llewelyn Park),在这座占地 400 公顷的园区入口处,有一个仿英式的保安室,它标志着一道清晰的社会界限。在这界限之内,为了便于排水,蜿蜒小道经过了仔细的规划,通往五十座宅院。它们个个面积硕大,无一例外地配有私人马厩,从意大利式的城堡到哥特风格的庄园,款式多样。就在这一年,在芝加哥北部的莱克弗里斯特(Lake Forest),另一个郊区从无到有,以供那些富有的长老会家庭居住,他们是附近大学的捐款人。蜿蜒曲折的小路、优美的英式花园景观是这里的特色,庭院宅邸巧妙地远离道路。供富人们享受的这类"御园",与小镇村舍和城市排屋，可谓别若霄壤。

在内战后的数十年间，郊区呈现出新的意涵和社会组织。郊区促进者力图把他们的园区开发成富人独享的优美避居之所，但他们瞄准的却是不同的市场。鉴于他们拥有小型或中型地块，且靠近交通线，便于吸引推销员、教师、小职员和木匠。能够在郊区拥有住宅的人被视为"中产阶级"，从收入上看，包括一座普通城市中人口的上半部分。但即使在中产阶级中，也有限制条件，因为新的郊区社区被其内部的收入和族群有意无意地分割开来。并非所有的郊区居民都买得起房子。实际上，从波士顿的统计数据看，在1890年，郊区居民中只有四分之一的人拥有属于自己的房子，其中一半还掌握在抵押贷款的银行手中[①]，其他许多城市亦然。但是，无论租房还是抵押买房，也不论面积大小和建筑标准，能搬到郊区居住就是至关重要的。丈夫的收入是衡量中产阶级身份的重要指标，住宅亦然。拥有一幢郊区宅院，其装修以及主妇管理的家庭生活，与夫君的银子相比毫不逊色，在"何为中产阶级"这个问题上不让"须眉"。

中产阶级从城市中逃离，强烈地改变了这些城市的社会秩序和形态。在1880年代的十年间，芝加哥、奥马哈、波士顿和明尼阿波利斯都突破了它们早先的界限。再说远在西部的洛杉矶，其膨胀速度之快令人难以置信。1870年，该城人口不过6000，然而1887年已近10万。[②] 在这个先行一步的城市，60个社区相继崛起，成为新移民的家园。由于市政府希冀把郊区居民的税款纳入自己的腰包，兼并成为备受欢迎的热门话题。就如我们今天所知晓的，由于在中心城市工作和购物，郊区居民仰赖城市提

---

① 小萨姆·巴斯·沃纳（Sam Bass Warner, Jr.）：《有轨街车的郊区——1870—1900年间波士顿的成长》（*Streetcar Suburbs: The Process of Growth in Boston, 1870-1900*），马萨诸塞州坎布里奇市：哈佛大学出版社，1978年版，第26、120页；丹尼尔·卢里亚（Daniel D. Luria）：《财富、资本和权力：居者有其屋的社会意义》（"Wealth, Capital, and Power: The Social Meaning of Home Ownership"），《跨学科历史杂志》（*Journal of Interdisciplinary History*）第7卷（1976年秋），第261—282页。

② 罗伯特·福格尔森（Robert M. Fogelson）：《破裂的大都市——1850—1930年间的洛杉矶》（*The Fragmented Metropolis: Los Angeles, 1850-1930*），马萨诸塞州坎布里奇市：哈佛大学出版社，1967年版，第139页。

供服务。但许多刚刚成为卧城的郊区居民点却拒绝被这些毗邻的大城市兼并。

且不论被兼并抑或独立，到 1880 年，郊区在大兴土木中不断扩大。克利夫兰外的沙克尔高地（Shaker Heights）、费城外的切斯特纳特山庄（Chestnut Hill），以及长岛的众多小镇吸引着城市中的上层中产阶级专业人士。芝加哥的雷文斯伍德（Ravenswood）和恰如其名的诺梅尔公园（Nomal Park）、波士顿的罗克斯伯里（Roxbury）和多切斯特（Dorchester）、昆斯（Queens）的大部分、曼哈顿（Manhattan）外围以及密尔沃基的洪堡（Humboldt）和沃瓦托萨（Wauwatosa）都出售廉价的地块。有些地产分销商资助交通线建设，安装污水管线，铺设街道，并且修筑房屋，尽管大多数只是将街区草草规划之后便转手卖给了较小的建筑商。从 1880 年到 1892 年，芝加哥的塞缪尔·艾伯利·格罗斯（Samuel Eberly Gross）规划了 40 万个地块，开发了 16 个城镇和 150 个住宅小区，建造和出售的房屋逾 7000 套。[①] 他既建造了价格在 800 美元左右的简朴的工人住房，也面向中产阶级家庭修筑了 3000—4000 美元上下更为精美的宅邸，若论数量，两者不分伯仲。

为数众多的建筑和贷款类协会与郊区的迅猛增长有很大关系。自 1831 年在美国首次问世，协会在内战后的年岁月中迅速壮大。费城是这类协会的中心之一，截至 1874 年，已经有超过 400 家云集于此。[②] 成为协会会员的工人阶级家庭，只要经过协会官员们同意，就能享受由协会提供的机会，保证获得最低利率的抵押贷款，用于购买 1000—2500 美元不等

---

① 格温德林·莱特（Gwendolyn Wright）：《道德主义与样品屋——芝加哥的住宅建筑与文化冲突，1873—1913》（*Moralism and the Model Home: Domestic Architecture and Cultural Conflict in Chicago, 1873-1913*），芝加哥：芝加哥大学出版社，1980 年，第 41—44 页，书中有一项更为广泛的关于维多利亚时代住宅意象的讨论。

② H. 莫顿·伯德菲什（H. Morton Bodfish）：《美国建筑与房贷协会通史》（*History of Building and Loan Associations in the United States*），芝加哥：美国建筑与贷款联盟，1931 年版，第 80—83 页。亦可见 W. A. 林（W. A. Linn）：《各种各样的建筑和贷款类协会》（"Building and Loan Associations"），《斯克里布纳尔杂志》（*Scribner's Magazine*）第 5 卷（1889 年 6 月），第 700—713 页。

的土地或住房。许多协会执着地选择郊区，尽管它们也时常为意欲购买城市排屋的人提供抵押贷款。官方的“美国样板屋”协会的画作表达了人们在郊区拥有住房的理想。纽约州埃尔迈拉(Elmira)市法官西摩·德克斯特(Seymour Dexter)是全美建筑及贷款类协会联合会的创始人，是他在1893年雇人创作了该画作。这幅画的背景是钟鸣鼎食之家及其宽敞而被精心装点过的院落，在其身后，矗立着新英格兰校舍、一座新教教堂和一面美国国旗，以及一个住房别致的村子。

在许多方面，维多利亚时代的住房既体现了对理想的追求，又有就地取材的现实考虑。时人认为，住宅应当独特性与表现力兼备，但工业水平决定了房屋能够就什么地取何种材。新的制造工艺加快了建筑材料的生产，并使之系统化。工人们应用高规格的模板切割板材，在四分板或粗糙的大块石头上凿出凹槽以修筑底座和门面。砖类材料也不例外，同样依靠机器完成。到1870年代，建筑商们推出了多种不同类型的砖材：物美价廉的普通砖；造型一致，外表光滑、质量高的干压型砖；薄薄的罗马式砖材；上过釉质、散发光泽的搪瓷砖。不管当地烧砖用的黏土是什么颜色，这些类型多样的砖在各地市场上一应俱全，色彩斑斓：乳白色、浅黄色、黄色、深红色，甚至还有金属色。

住房墙体使用的早期工厂制成品简单而粗陋，但随着1850年代后期蒸汽机的使用，对建筑材料进行创新的尝试正式开始了。1871年后，发明生产速度更快成本更廉价的机器成为一股热潮。工人们利用机器可以生产不同形状、大小和品级的小装饰物。墙面板被切割成鱼鳞或雪花状，或者被有意保留粗糙的边角、保持“原貌”；建筑板条被改造为高雅的珠缘，或者装扮成花式风格；拐角柱被雕磨成精美的圆柱体；威尼斯式百叶窗变成了倾斜的狭板；四分板上装饰有瓮形或旭日形饰物。除此之外，消费者可以通过建筑服务公司购买不同式样的窗框，依照商品目录订购整个游廊和楼梯。供成品房使用的颜色让人眼花缭乱，这得益于融合色彩和矿物颜料的新工艺。

一整面墙，即使材质多样，颜色斑斓且布满装饰物，也不一定造价昂

图 6—3 《美国家庭，美国自由的守护者》。1893 年，美国建筑与贷款协会创始人西摩尔·德克斯特雇人画了这幅画。该画表达了抵押贷款公司能够保护美国生活重要原则这一主题。

贵。到 1870 年代后期，维多利亚式房屋独特的工艺，大多都包括工厂制造的饰物，它们经由铁路运来，然后由木匠钉上或粘上。许多建筑师对此颇有微辞，新的工业化生产的确鼓励了奢华，甚至炫耀性的装饰，这都缘于工业化制造了大量装饰材料，足以为美国各阶层的房主和建筑商所使用。

工业化进程也改变了家庭住房内部的布局。对于那些工厂出产的飞檐、椅子扶手和横木杆、格子屏风、壁板以及台座，建筑商改变了它们的长度，并在墙壁上贴上各式各样的墙纸。1875 年后，在美国本土生产厚玻璃板更加有利可图；无论素色还是彩色，乃至经过装点的磨边窗玻璃，不论何种规格都可以订购生产。最先是建筑商,将里里外外装饰一新,接着住户又更进一步,添花锦上。

中产阶级寓所使用的机械装置凸显舒适、健康和时尚元素。不管是什么规模、何种类型的房子,要保持恰到好处的温度并不是件难事,地下室煤炉加房间管道的供热系统虽然造价昂贵但对于中产阶级而言是完全可以接受的。在各个房间安装小炉子的方法亦然。类型和标准日新月异。热风炉被人冠以"皇冠之珠"或"精美花环"之类的名字,在其外围恰当地包裹上铁制玫瑰花饰品和条带,革命性地改变了家居供热的模式。任何家居用品都可以,通常也尽可能地进行装饰美化。

1880年代是卫生洁具制造商的销售额飙升的十年。在中产阶级住宅中,现代化的抽水马桶、陶瓷水槽和耐久的镀锌浴缸成为必需的用品。尽管仍能发现许多精密的龙头和阀门,并且附带着不少外露的铸铁管道,但无论新宅邸还是老院子,仅有一个厨房用泵,热水取自炉子后面的大桶。卧室内的盥洗室、靠墙的浴缸和撒土厕所(撒上土以遮盖气味)构成了最普遍的个人卫生设施。许多家庭主妇和仆役不得不把热水抬到楼上,把浴后的废水搬下楼,而且要更换撒土厕所里的土。只要稍有改进,她们就很高兴。

意识到这一点,在1880年代尤其是1890年代,许多新的建筑和家居杂志问世了。《美国家庭》(*The American Home*)、《卫生新闻》(*Sanitary News*)、《杰出建筑商》(*Careful Builders*)、《美好家居》(*Good Housekeeping*)以及其他诸如此类的杂志,为全美居民提供了细致入微的建议,大部分是关于客厅、门廊和食物储藏室的最新技术和流行风尚。《斯克里布纳尔杂志》(*Scribner's*)和《论坛》(*Tribune*)旗下知名的纽约艺术评论家克劳伦斯·库克(Clarence Cook)满怀热情地宣称:"从未有一个时代像今天这样,有为数众多的书刊试图把'建筑'这门学问——其历史、理论及实践——呈现给大众去理解。”[1]这些出版物虽然告诉人们什么是美，把审美标准固定化，但同样诱发了大众对装潢和建筑的兴趣，规定了何为正确的家居风格。

这一时期郊区的扩张或直接或间接地依赖于多种多样的技术创新。马车和铁路在1870年代促进了郊区的发展，然而其推动力是有限的，究其原因，马车速度缓慢、火车价高车少。随后，公共交通领域一项真正的革命爆发了。1882年，旧金山首次出现缆车，随后弗吉尼亚州的里士满于1888年第一次使用有轨电车。1892年，高架铁路在芝加哥试运行，引发了新一轮向外扩展的热潮。为了与电车竞争，铁路公司架设了许多线路且降低了费用。通勤一下子变得更便捷、更快速、更廉价了。与为早期郊区服务的有轨马车相比，电车的速度是前者的两倍。到1890年，51个城市开通了有轨电车，5年后增加到850个，线路总长达一万英里。[2] 在电车运行路线两侧，涌现出不少“有轨街车的郊区”。每逢周日，布满横幅和旗帜的看房车便在乐队的陪伴下出发了。车子带着潜在的购房者来到郊区的空地上，在这里，他们可能会买到自己在郊区的宅院。房产商许诺，这里有理想的美国社区的全部特征，是城市舒适生活与乡村质朴生活的有机统一，昭示进步，又不乏怀旧。

像时尚的上流阶层郊区一样，中档价位的社区以贴近大自然的舒适而自豪。然而，被用来分成小块的土地往往是贫瘠的、平淡无奇的且周围没有景观。出于经济和效率的考虑，比起修筑曲折的街道，大多数地产分销商倾向于铺设棋盘式道路，更不愿意承担改善工作，他们的原则就是能省则省。许多郊区居民不得不自己铺设街道和人行道。除了偶尔会有绿树怀抱的林荫道或者小小的乡村俱乐部（仅对享有威望者开放）之外，假使市政府不组建一个公共图书馆或置下土地建造公园，那么，很少有规划

---

① 克劳伦斯·库克：《建筑之美》(*The House Beautiful*)，纽约：斯克里布纳尔和阿姆斯特朗公司，1878年版，第19页。

② 阿瑟·迈耶·施莱辛格(Arthur Meier Schlesinger)：《城市的兴起，1878—1898》(*The Rise of the City, 1878-1898*)，芝加哥：四方出版社，1961年版，第92页。

图 6—4 一座典型的 19 世纪末安妮女王风格的住宅。该住宅位于伊利诺伊州渥太华市，大约建于 1880 年。立面丰富多样，并配有凸窗。机制瓦、门廊的木质装饰和精致的烟囱是其外观特征。

好的公共设施供居民使用。南加州的一本旅行手册将这些地产分销商称之为伊斯克罗印第安人（向印第安人开具无法兑现的契据，用来形容那些表面热情但心怀叵测的房地产分销商），因为“他们根本无心规规矩矩地为人们打造家园，而是千方百计去赚钱”。[1]

① 詹姆斯·吉恩(James M. Guinn):《洛杉矶及其周边地区历史与传记资料》(*Historical and Biographical Record of Los Angeles and Vicinity*)，1901 年，第 268 页，转引自格林·杜姆克(Glenn S. Dumke):《南加州 1880 年代的房地产热》(*The Boom of the Eighties in Southern California*)，加州圣马力诺：亨廷顿图书馆，1944、1966 年版，第 201 页。

建筑商们意识到了大多数郊区周边的自然环境，因此，宣传样板房的彩色石印广告主打的不是高雅的社区，而是房屋的独立。宣传手册凸显了私人布局，并且把房子描绘得天花乱坠，足以抵消其院落杂草丛生的负面形象。通常，宣传画上会有一群人玩槌球、羽毛球或其他流行的户外活动。实际上，这些地方可能小而拥堵，方而呆板，狭窄的工人住宅区更是如此，但这些宣传广告却让人感觉到，这些房产占地面积开阔。

当夏令营、国家公园和度假村激发中产阶级梦想的时候，户外生活、新鲜空气和运动是郊区吸引眼球的一大卖点。在19世纪七八十年代，涌现了大量关于家庭卫生和住宅保养的医学书籍，向公众极力推荐郊区生活。大自然慷慨地赐予人类健康与舒适。这些书对宽敞的庭院、敞开的窗户和干燥地基赞不绝口，对勤劳的主妇更是赞美有加。从下水道逸出的气体是最大的担忧，管道设施被随意埋设在住宅里，却没有足够的通风设施，人们担心有害气体会从中逸出，毒害住户。因此，人们相信，缩式管道可以避免污染其他住宅，这成了新地块规划者的重点，他们也强调宽敞的院落，还要求仔细铺设上下水道和排污管。但是，火灾却不受重视，除了几句警告，几乎没有别的防护措施。主妇们不得不肩扛重任，负责管理和使用卫生设备。关于公共卫生的辩论中在两派之间进行，一派是改革者，他们呼吁更为有效的污水管线和管理良好的市政供水系统；医生、牧师和建筑商则组成另一派，他们认为公共健康的重心应该放在城市之外的私人住宅上，这些设施应当首先用在那里。

郊区居民也认为，自然环境是一个激起爱国情操的隐喻，而且颇具说服力。《世界主义者》(*Cosmopolitan*)刊物中的一位作者希望，每个郊区家庭有“足够的尊严与美国大好河山之高贵品质与宽广胸襟相称”。[①] 郊区是壮丽富饶的美国的缩微版，然而，如果这些郊区依旧四周光秃秃的，到处污秽不堪，显然会不合时宜。

---

① 爱德华·布鲁斯(Edward C. Bruce)：《我们建筑的未来》(“Our Architectural Future”)，《世界主义者》(*Cosmopolitan*)第16期(1875年9月)，第311页。

建筑商们宣称，建筑几乎能够与山水一样展示自然景观。他们认为，房屋的不规则造型可以表现自然景观天然的错综复杂，而通俗文学作家也应声附和。粗糙的石头、宽阔的墙板、雪松瓦片和石板上的铜绿，全部用在一整面墙上，使新的建筑看上去像采用了天然材料，透着岁月的沧桑。用金属颜色和锈迹模拟自然风格是常见之举，19 世纪七八十年代的建筑商钟情秋叶的红色和金色，欣赏蕨类和地衣的绿色，喜爱风化的树林那浅浅的棕色和灰色。他们大胆地混用四五种颜料来装饰房屋的正面，与内战前的早期木工们相比可谓大相径庭。大斜面的房顶、悬垂的屋檐和装饰性的木瓦，以及在各个楼层使用不同的材料凸显扁平风格，使整个房屋轮廓看上去更接近地面。

门廊的处理不同以往，意在突出房屋与自然的关系，与内战前相比，不但更为宽大敞亮，而且造型款式多样，不再局限于希腊式或哥特式。大多数郊区住户不止一个门廊，进门有柱廊，有一个通向后院的简易走廊，两侧有敞开的游廊，一个圆形走廊环绕其间，还有一个停放马车的空场。在一楼，阳台或半月形拱顶直插塔楼，为欣赏户外风景创造了新的空间。建筑商们偏爱这类饰物，因为时人并不认为它们破坏了房屋风格，即便在局促逼仄的街道上依然如此。这类实用主义的住房与体现自然之美的住房一样，对商人都有不小的吸引力。

将住宅融入秩序井然的大自然中，是获得时人广泛认可的流行观念，这也影响到了起居室的设计。到 1870 年代末，窗户的尺寸大大增加，而且往往几个窗户靠在一起，以便有更多的光线射入屋内，还可以欣赏风景。在许多家庭中，花盆放在凸窗的窗台上，占据了客厅或卧室的一角。松果状的框架和灰色的南部苔藓状饰物被盖在板条上，这种装饰风格在当时风靡一时；树叶被串在一起做成飞檐，或者悬挂起来，看上去飘然而落。花盆里种的是用玻璃罩着的纤细娇弱的蕨类植物。贝壳、种子、珊瑚等随处可见，它们就像是自然史的展览，给年轻人补充知识。由于如今的房屋更加融入户外景观，主妇们渴望把自然搬进家里并且好好利用。维多利亚时代的建筑师和主妇们把幼小的嫩芽和花朵融入家居装饰中，希望以此唤起自然之美,并将其传承下去。

维多利亚时代的人们相信,城市环境恶劣肮脏,只有男人能够忍受,因此,住在郊区的人家,其妻其子尤当亲近自然。发端于1830年代的对家庭和母爱的崇拜,在19世纪末的最后几十年达到了顶峰。小说、诗歌、石版画、儿童读物和家居指南一致赞美家庭生活的高尚,以至于幸福家庭和郊区生活变成了同义词。纽约建筑商乔治·帕里瑟(George Palliser)在他家居设计图书的扉页满怀情感地写道:"家庭,这个神圣的词汇,是那么温柔,有着多么广阔的内涵![1]"与之类似,妇女指南读物的作者认为,最好的家居建筑,应当尊贵而不昂贵。

上述特征赋予住宅丰富悠远的意义,但也使时人惴惴不安,对于受过教育的白人妇女中越来越高的离婚率和越来越低的生育率,他们深感担忧,并称之为种族自绝。相比之下,家庭妇女的躁动不安变得不重要了,即使是小孩子寻求刺激,不管是否会误入歧途,他们也都能接受。因此住宅对家庭行为的潜在影响骤然间变大了,不管这种影响是正面的还是负面的。《时尚芭莎》[2]的编辑舍伍德夫人(Mrs. M. E. W. Sherwood)疑惑这样一个问题,"谁知道暴躁、悲伤、愤懑、不合这些毛病在多大程度上受不舒服环境影响呢?"她还说"不,印第安纳离婚法或许直接来自墙纸上那些让人不舒服的地方。伊斯特雷克式的仿古书橱对愤怒的丈夫的安慰作用,从来没有引起足够的考虑"。[3]

人们认为妇女儿童最容易受到城市的不良影响,因此他们必须离开城市,另觅乐土。很明显,在郊区寻找与世隔绝、远离喧嚣的保护是一个中产阶级的梦想,而许多女性婚前就在工厂或商店上班,每天工作十几个小时,回到自己在城市的陋室后,还要给别人照看孩子,或是做洗衣工挣

---

① 乔治·帕里瑟(George Palliser):《帕里瑟的新乡舍及其细节》(*Palliser's New Cottage Homes and Details*),纽约,帕里瑟—帕里瑟公司1887年,未标页码。

② *Harper's Bazaar*,这是美国一本有名的上流社会女性时尚杂志。——译者注

③ 舍伍德夫人:《住宅艺术之使命》("The Mission of Household Art"),《阿普勒顿杂志》(*Appleton's Journal*)第15期(1876年2月5日),第179页。

图 6—5　这是一幢坐落于新泽西州帕特森(Paterson)的维多利亚时代工人住宅,约建于 1880 年。尽管只有 16 英尺宽,但代表了当时的流行风尚,是缩微版的豪华住宅。

钱，有时靠在家做活赚计件工资，这样才能保证收支平衡。在社会这个光谱的另一端是另一种生活。贵妇人以城市里的各种娱乐活动消磨时间，她们靠逛街看戏度过一个又一个下午，有时游览博物馆，有时购物，或是约朋友一起到穷人中间做慈善活动。中产阶级的隐居之梦却不能把妇女束缚在郊区。夫君乘街车去工作，妻儿也可以搭乘街车去闹市区购物，那里有百货大楼，出售最近新潮的家居饰品和服装；那里有女性专享的特色餐馆和书吧，在购物的欲望中独辟蹊径，放松心灵。与之不同，钟爱远离市场和工厂的宁静的郊区，这种观点广受关注，随着郊区的扩张，这已不再是抽象的幻象了——家是避风港，家让人宁静、给人鼓舞，家是勤劳和节俭的回报。

对这些中产阶级家庭和照管家庭的女主人，人们有什么样的理想的期待呢？首先，家要尽可能地与商业和工业生活不一样，男人、女人，城市、郊区，针锋相对，就像一个个圆球一样，以各种方式被狠狠地砸向对方。市场不相信眼泪，摧残身心、激烈竞争，消磨着人性，而家就是市场对人的补偿，这成为一个被广泛接受的观念。一个心满意足的丈夫写道，“这份折磨人的工作远离家庭，让他意识到家的重要意义，在那里可以休息，在那里可以脱下职场上的面具，放松焦虑的精神，给自己一个完美的放松。”[①]在时人眼中，家中充满舒适和享受，家庭生活节拍缓慢、情意悠长，高雅尚品摆放四处，异域方物点缀其间。与商业社会的标志性建筑摩天大厦相比，家是私人的场所。

但家从不应当仅仅是一个给感官以享受的地方，家应当是陶冶情操的地方；家的印象是难以忘怀的，人们相信，当孩子长大成人时，这种无法磨灭的印记与母亲对孩子价值观的培养一起，会引领他们安全地度过人生路上的坎坷。19世纪末，中产阶级家庭的孩子们在家中度过大部分时光。尽管在许多州，法律规定了义务教育，但1880年美国人接受正规教

---

① 《家居福祉的些许建议》（“A Further Notion or Two about Domestic Bliss”），《阿普勒顿杂志》（*Appleton's Journal*）第3期（1870年3月19日），第329页。

育的平均年限只有4年,10年后也不过达到5年而已。[1] 母亲承担起了教育子女的职责,既要培养良好的性格,又要教会他们社交技巧,家庭是这种教育的主要场所。有一篇关于儿童道德教育的文章,虽然没有弄清实际的操作过程,但领会了这种家庭教育的精神,认为"只有当形势使然之时,孩子们才从家中走出,走向外面的世界;他们满心欢喜地返回圣域(指他们小时候受教育的家——译者注),回忆中仍存有那份令人愉悦的联想(指对小时候在家受教育的回想——译者注),它是一个无言的哨兵,默默地保卫着他们。"[2]在时人眼中,不管现在还是未来,郊区居民都是一个仁义礼智信兼备的阶层,儿童教育的策略就是要让他们成为其中的一员,远离街道密布的城市世界,郊区的家就是这个策略的一部分。

在客厅,主妇会秀出他们最好的家私,试图给客人留下深刻印象,并教给孩子们审美与文雅的普遍原则。常常用来展示家庭生活的是壁炉。到1870年代,尽管为整个房间供热的大火炉和为单个房间取暖的小窑炉已经成为最主要的供暖设备,但壁炉却成为家庭温馨的象征,甚至广为流行。壁炉的炉架经过了精心雕琢,有些是昂贵的大理石,但大部分是用经过描画和切割的木头做成的廉价品,它们为这些郊区的家庭提供了聊天的场所。或许有的装饰着仿造的原木,燃烧的煤油,或者隐藏着火炉阀门,但这都无关紧要。妻子在其中别出心裁,追求雕像、花瓶、汉风什物和各种各样的小古玩,并且巧妙地将它们与自己亲手制作的小摆设放在一起,家纺垂尾、手绘橱柜、粗木家具、玻璃橱窗以及复活节彩蛋这些"文艺味儿"十足的东西间或点缀其间,屏风和木板架上装饰有流苏和花卉。手工作品当然比不上从商店或者根据商品目录买来的东西,商家看准了居民们心向往之的高雅和文化品位。绝大多数指导装修的书都认为,品位是一种"政体艺术",是在家中巧妙摆设具有普世之美的物品。当友人来饮下午茶

① 阿瑟·迈耶·施莱辛格:《城市的兴起,1878—1898》(*The Rise of the City, 1878-1898*),第171—172页。

② 托马斯·希尔(Thomas E. Hill):《对与错,比比看》(*Right and Wrong, Contrasted*),芝加哥:希尔标准图书出版公司,1884年版,第47页。

时，当在客厅招待女儿的情郎时，日本卷轴画和希腊雕像可谓恰到好处。由于母亲要教导孩子们家庭的价值，并且通过家庭生活展现出这种价值，因此，为了追求"有趣且有益"的精美艺术品，她们可是不计成本的。

各种指南坚称，大量的家居用品可以增强孩子和伴侣"家庭教养"的效果，正如哈里埃特·普雷斯科特·斯波福德（Harriet Prescott Spofford）解释的那样，"想想看，要想有足够的空间走动又不会碰翻家具，房间里肯定不会摆放更多的艺术品。"[①]对1880年代与1840年代的审美趣味进行一番比较后，《时尚芭莎》的一篇社论宣称，"与1880年代相比，1840年代的客厅简直就是一片荒漠！虽然前者有点拥挤，甚至眼光、思维被吸引，没得休息，但这种拥挤完全是美物佳品的集合。"[②]1880年代末，百货商店聘请来的室内设计师为房屋装修树立了模板，还可为顾客提供建议。家庭主妇们不得不绞尽脑汁消费，目的是使自己的家成为商品社会中的一片净土。可具有讽刺意味的是，扮演尘世天堂角色的家，充斥着的却是世俗商品、工业产品和新潮饰物。

中产阶级维多利亚式住宅错综复杂的楼层设计，尤其是在郊区，为不同的活动创造出了各自的空间。正式的社交场所、厨房/家务间以及楼上私密的房间，每个都有其独特的美学特征。在这一方面，维多利亚式的住宅是家庭生活的绝佳场所，为孩子们创造了自己的小天地，为访客提供了活动空间，在同一个屋檐下，有几分杂乱，亦有几分规范。

厨房无一例外地位于房子的后部。房间很宽敞，足以同时容纳几个妇女干活。1880年，在大多数城区和郊区，只有20%—25%的家庭雇佣人，而全国平均水平要远低于此。[③]一般的美国家庭多半已经雇了充当

---

① 哈里埃特·普雷斯科特·斯波福德：《用于家具的艺术装饰》（*Art Decoration as Applied to Furniture*），纽约：哈珀—布罗斯，1877年版，第222页。

② 《40年前与今朝》（"Forty Years Ago and Now"），《时尚芭莎》（*Harper's Bazaar*）第13期（1880年8月），第514页。

③ 戴维·卡兹曼（David M. Katzman）：《一周七天——工业化进程中美国的妇女和家务》（*Seven Days a Week: Women and Domestic Service in Industrializing America*），纽约：牛津大学出版社，1978年版，第44—59、66、286页。

图 6—6　加利福尼亚州圣安娜，贝利博士家的客厅，大约摄于 1876 年。该客厅融合了许多当时流行的装饰细节，是典型的维多利亚时代的内装潢，包括板架上的绘画、用蔓藤盖住的雕像、以花砖装饰的壁炉和大量富有艺术感的小摆设。

女仆和厨师的佣人，并由洗衣工每周洗一次衣服，但妻子和女儿们仍有一堆厨房的事情要做。洗洗涮涮的活需要先在炉子上把水烧开，然后搅拌好肥皂，接着把衣服使劲在搓衣板上来回搓洗，最后把衣服浆好晾干。几乎每顿饭，即使早餐，都要有很多道菜，而每道菜在上桌前，都要经过一套礼仪步骤，其精致微妙可谓煞费苦心。范尼·法默尔的烹调手册教人们怎样用火腿做出鲜嫩的花色肉冻，怎样把烘肉卷裹到面饼里还要让它看起来像个方盒子，手册还告诉大家切出用作装饰的萝卜花和芹菜花的窍门。考虑到这些准备食物的方法，专门的储存空间就必不可少了。厨房的后面常常会摆一个餐柜，紧挨着开放的架子，餐柜里有不少盒子，用来装大批量购买的面粉和糖；架子上盛放贮存的食物，比如腌制的水果和蔬菜、果冻和泡菜等，还有番茄、玉米、牛奶、咸牛肉和沙丁鱼等最近需要的罐头食品。自制馅饼和蛋糕、奶制品以及人造黄油之类的易坏食品，用冷冻箱装起来，外面盖上布幔以防蚊虫，放在窗户下或地窖里。从大面积的厨房和大容量的餐柜可以看出，在一个郊区家庭中，妇女仍有不少工作要做。

家中独处的空间经过了仔细推敲。对于卧室，家庭装修指南虽只是浮光掠影，但提出了总的原则。通常，卧室很大，足以当客厅使用，母亲和孩子、少妇和闺蜜在这里悠游时光，打发一个下午；古玩什物和手工艺品的摆放追求格调，力求风雅，主人引以为豪。夫妻有各自的房间，只有富足之家才能企及。大多数夫妇睡一张双人床，孩子们兄弟一间、姐妹一间。家里的女佣通常也有一间房，和卧室在同一层而非阁楼，被安排在走廊的另一边。越来越多的家庭雇佣已婚女佣，理所当然她们不住在主人家。

家庭规模变小，对家居空间的压力相应减小了。1870 年，每个美国家庭平均有不到 6 个孩子，20 年后，这一数字下降到了 4 个。[①] 尽管规模小了，但当时人们不觉得有必要每人拥有一间房。对于维多利亚时代的美国家庭来说，独处意味着在家中一个独特的地方享受短暂的孤独：坐在窗下，在楼梯下的小间中，在书房内，或厕所里。家中总有某个地方可以远离生活的琐碎和喧嚣。

维多利亚式房屋的不规则外形，显示了房东追求个性、追求实用功能的倾向。每个凸窗、每个走廊以及其他伸向房外之物，都预示着它承担着某种独特的功能；这些地方很适合弹琴、做女红、读书或是侍弄小火炉。随着郊区中等价位住宅中房屋数量的增加，楼层规划中出现了许多特立独行的造型。壁橱和储藏室放着大量物品；在许多外观质朴无华的宅院中，设有专门的琴房、育婴室或书斋，这些称谓进一步展现了家庭生活的内涵。建筑师的指南和许许多多的小说中，充斥着各种关于客厅、休息室、会客室、起居室和大厅的议论。许多小说，如威廉·迪恩·霍维尔（William Dean Howell）的《萨拉斯·拉帕斯的发迹》（*The Rise of Silas*

① 保罗·雅各布森（Paul H. Jacobson）：《美国人的结婚与离婚》（*American Marriage and Divorce*），纽约：莱因哈特，1959 年版，第 131 页。

Lapham)、博纳(H. C. Bunner)的《郊区贤达》(*The Suburban Sage*)或亨利·布莱克·富勒(Henry Black Fuller)的《游行》(*With the Procession*),主人公都希望有一个既能满足需求又能体现雄心壮志的房子。

家居指南上说,房屋内外的生活细节,作为一种习俗,可以揭示主人一家的个性和美德。装饰设计师艾拉·罗德曼·科奇(Ella Rodman Church)在《古迪斯女士杂志》上撰文指出,"房子的'面子'是最引人注目的部分,路人窥此而得其全貌"。[①] 建筑和装饰被人格化了,每一个住宅都是独特的,被赋予人性,适合主人一家,反映了他们的品位和取向。

尤金·加德纳(Eugene C. Gardner)是一名来自马萨诸塞州斯普林菲尔德的业余建筑类书籍作者,他在书中狂热宣扬人性化的建筑设计,其怪诞的笔调,配以住房和内景粗糙但可爱的素描,使他的书流行了30年。《看图说房》(*Illustrated Homes* ,1875)就是其中一本,诗人、牧师、乐善好施者等各种典型人物在这本故事集中与他们身边的建筑师商量所梦想的宅邸。作者称,每一个最终的设计千差万别,是为不同的家庭特别设计的。孜孜不倦的设计师一定要知道顾客的全部信息,与家庭相关的所有信息都是有意义的,比如"他祖父是谁?他妻子是在哪儿被抚养成人的?他属于哪个教会或不属于哪个教会?他靠什么挣钱?是否相信未来的成功与失败?他家的规模,现在有多大、将来会有多大?家里有多少佣人,他对她们如何?他从事什么工作?他女儿怎么打发时间?她们是宅女、发烧友、文艺女青年还是时尚达人?"[②]这些信息决定着什么样的房子和什么样的装饰。

维多利亚时代的中产阶级居民显然希望,他们的宅院是极有特质的。同时,这些宅院风格各异,一眼就能看出房主的社会地位,亦能了解其家

---

① 艾拉·罗德曼·科奇:《城市内景》("City Interiors"),《古迪斯女士杂志》(*Godey's Lady Magazine*)第108期(1884年5月),第488页;亦可见于乔尔·本顿(Joel Benton):《给房子相相面》("The Physiogamy of the House"),《阿普勒顿杂志》(*Appleton's Journal*)新一辑第1期(1876年10月18日),第363—367页。

② 尤金·加德纳:《家居内景——建筑师日记节选》(*Home Interiors: Leaves from an Architect's Diary*),波士顿:詹姆斯·奥斯古德,1878年版,第209页。

庭生活如何惬意。许多住在郊区的美国人把他们装饰精美的住宅与自己的个性特征联系起来,如同他们把每栋郊区庭院的独立与自足和自立联系起来一样。实际上,大部分中等价位的郊区住宅不是为了某些家庭而建造的,其目的在于投机;但又必须展现个性,以此作为一大卖点。人们把自己和家联系在一起,而不分心于住宅建造是不是标准化。在很大程度上,宣扬家居之美的华丽辞藻与独栋住房和精美装饰紧密相连,成为一项遗产,一直传承到今天的郊区。

推荐阅读书目

如今有许多书涉及19世纪末社会与建筑的历史。刘易斯·芒福德(Lewis Mumford)《灰色年代——对1865—1895年间美国艺术的研究》(*The Brown Decades: A Study of the Arts of America, 1865-1895*)(纽约,1931年,1971年)首次对这个"尴尬的年代"予以正面分析,堪称经典。约翰·布里克霍夫·杰克逊(John Brinckerhoff Jackson)的《十年间的美国空间,1865—1876》(*American Space: The Centennial Years, 1865-1876*)(纽约,1972年版)比较了许多地区乡村和城市的风貌。赫尔文·霞飞(Herwin Schafer)的《19世纪的现代性——维多利亚式设计风格中的功能主义传统》(*Nineteenth Century Modern: The Functional Tradition in Victorian Design*)(纽约,1970年版)探查了维多利亚式装饰风格的内涵。我早先的一本书《道德主义与模范住房——1873—1913年间芝加哥的家居建筑与文化冲突》(*Moralism and the Model Home: Domestic Architecture Cultural Conflict in Chicago, 1873-1913*)(芝加哥,1980年版)比较了建筑师、建造商、建筑工人和改革集团不同的设计和社会目标。

对这一时期建筑的主要研究包括:小文森特·斯科里(Vincent J. Scully, Jr.):《木瓦和挡板类型》(*The Shingle Style and the Stick Style*),纽黑文,1971年版;马克·吉罗德(Mark Girouard):《可爱与惬意——1860—1900的"安妮女王"运动》(*Sweetness and Light: The "Queen Anne" Movement, 1860-1900*),纽约,1977年版;约翰·马斯(John Maass):《美国

的维多利亚式住房》(*The Victorian Home in America*),纽约,1972 年版。对于英国一位艺术批评家的影响的研究,请参见罗杰·斯坦(Roger B. Stein):《约翰·拉斯基与美国的美学思想,1840—1900》(*John Ruskin and Aesthetic Thought in America, 1840-1900*),马萨诸塞州坎布里奇市,1967 年版。

要了解历史背景,请参见阿瑟·迈耶·施莱辛格(Arthur Meier Schlesinger):《城市的兴起——1878—1898》(*The Rise of the City, 1878-1898*),芝加哥,1961 版;埃德加·马丁(Edgar Martin):《1860 年的生活标准》(*The Standard of Living in* 1860),芝加哥,1942 年版。关于家居生活,近来的相关研究包括戴维·卡兹曼(David M. Katzman)《一周七天:工业化进程中美国的妇女和家务》(*Seven Days a Week: Women and Domestic Service in Industrializing America*)(纽约,1978 年版)和玛德莱尼·斯特恩(Madeleine B. Stern)《我们,女人——19 世纪美国的优等职业》(*We the Women: Career Firsts of Nineteenth-Century America*)(纽约,1972 年版)一书中关于室内装饰设计师卡当斯·威勒尔(Candace Wheeler)的一章。

对于住房资金这一重要形式的演化进行探讨的有,莫顿·伯德菲什(H. Morton Bodfish):《美国建筑与贷款协会通史》(*History of Building and Loan Associations in the United States*),芝加哥,1931 年版。安妮·布鲁姆菲尔德(Anne Bloomfield)研究了大面积土地上的建筑商和分包商,见《房地产伙伴——19 世纪 70 年代旧金山的土地和住房开发商》("The Real Estate Associates: A Land and Housing Developer of the 1870s in San Francisco"),《建筑史家协会杂志》(*Journal of the Society of Architectural Historians*)第 37 期(1978 年);罗杰·西蒙(Roger D. Simmon):《城市建筑过程——新密尔沃基邻里的住房与服务,1880—1910》("The City Building Process: Housing and Services in New Milwaukee Neighborhoods, *1880-1910*"),《美国哲学学会学报》(*Transactions of the American Philosophical Society*)第 68 期(1978 年)。论述卫生事业工程师的论著,有玛丽·斯通(Mary N. Stone):《管道业的困境——19 世纪末美国人对家庭

卫生设施的态度》("The Plumbing Paradox: American Attitudes toward Late-Nineteenth-Century Domestic Sanitary Arrangements"),《温特图尔文件集》(*Winterthur Portfolio*)第 14 期(1979 年);约翰·达菲(John Duffy):《纽约市公共卫生史》(*A History of Public Health in New York*),两卷本,纽约,1968—1974 年;斯坦利·舒特兹(Stanley K. Schurtz)和克雷·麦克施恩(Clay McShane)合著:《装备大都市:19 世纪末美国的管道、卫生和城市规划》("To Engineer the Metropolis: Sewers, Sanitation, and City Planning in Late-Nineteen-Century America"),《美国历史杂志》(*Journal of American History*)第 65 卷(1978 年)。

关于个体城市的研究有时远远超过概览介绍的阶段,尤其是以下数种:罗伯特·福格尔森(Robert M. Fogelson):《碎裂的大都市——洛杉矶,1850—1930》(*The Fragmented Metropolis, Los Angeles, 1850-1930*),马萨诸塞州坎布里奇市,1967 年版;理查德·布雷特尔(Richard R. Brettel):《沧桑的丹佛——1858—1893 年间的建筑师与建筑》(*Historic Denver: The Architects and the Architecture, 1858-1893*),丹佛,1978 年版。小萨姆·巴斯·沃纳(Sam Bass Warner, Jr.)《有轨街车的郊区——1870—1900 年间波士顿的成长》(*Streetcar Suburbs: The Process of Growth in Boston, 1870-1900*)(马萨诸塞州坎布里奇市,1978 年版)仍然是有关建筑最好的城市与社会史的典范。关于这一时期郊区规划的总论性著作,请参见约翰·瑞普斯(John W. Reps):《城市美国的形成》(*The Making of Urban America*),普林斯顿,1965 年版;乔恩·蒂福德(Jon C. Teaford):《城市与郊区——1850—1970 年间美国大都市的政治碎裂化》(*City and Suburb: The Political Fragmentation of Metropolitan America, 1850-1970*),巴尔的摩,1979 版;克里斯托弗·特纳德:(Christopher Tunnard)《浪漫的美国郊区》("The Romantic Suburb in America"),《艺术杂志》(*The Magazine of Art*)第 40 期(1947 年)。阿德纳·韦伯(Adna Weber)《郊区扩张》("Suburban Annexations"),《北美评论》(*North American Review*)第 146 期(1898 年),是这一时期研究郊区开发的代表性著作。

第七章　美国化与城市租屋的种族问题

迄今为止，在财产与人身犯罪中，绝大部分罪犯都有如下特征：他们失去甚至从来没有正常的家庭生活；全家挤在一起，环境恶劣，不能提供家庭应该给予的道德教育[①]。这些人至少占了全部犯罪人数的80%。

雅各布·里斯(Jacob Riis)：

《另一半人如何生活》(*How the Other Half Lives*)，1890年

美国中产阶级对新的郊区趋之若鹜之时，他们也回过头来贬斥城市环境有多么恐怖。在19世纪七八十年代，包括新移民在内的更多人口涌入美国，在90年代达到高潮，意大利人、东欧人、俄国犹太人以及从南部迁移而来的美国黑人，以前所未有的巨大数量蜂拥而至美国都市，任何一个主要的大都市都难以不受其影响。在加利福尼亚州，无论是较早到达的中国人还是晚近才来的日本人，尽管他们作为少数族裔只能在某些地区购买或租赁住房，但本土的白人组织还是对其暴力相向。他们中的绝大多数没有工作技能，只得蜗居中心城市，在按日支付薪水的小商店、小工厂打工度日。在某些贫民窟，特别是那些多族裔混居的贫民窟，贫困、过度拥挤和隔离司空见惯。

在这些地区，住房本应既满足大家庭之需，又切合单身男女的心意，还要尽可能廉价。然而许多居所由旧的仓库、啤酒厂和住宅改造而成；其他则是一些多单元住房，或被建在一片被清理过的土地上，或挤占了早期

① 原文为斜体。——译者注

木制建筑的“老窝”,原来的木质建筑被迫搬到这些住房的后面。有些慈善家建起了“样板租屋”,但它们是有偿使用的,因为这些捐赠人不是在行善,而是给私人建筑商树立了可行的样板。

书籍和报刊中的城市很少触及地产商的贪婪,但它们揭示了曼哈顿下东区(Manhattan's Lower East Side)、芝加哥近西区(Chicago's Near West Side)、旧金山的斯沃普、田德隆(The Swamp,The Tenderloin,以高犯罪率著称——译者注)和波士顿的尼格尔山(Nigger Hill,18世纪黑人在此建立了一个黑人学校——译者注)的生活,渲染了惊悚气氛。有些书名也传递了公众的态度。彼得·斯特勒(Peter Stryler)的《美国大都市的底层深渊》(*The Lower Depth of the Great American Metropolis*)(1866)、乔治·艾灵顿(George Ellington)的《纽约妇女,或通都大邑的地下世界》(*The Women of New York; or, The Under-World of the Great City*)(1869)、亨利·威廉·赫伯特(Henry William Herbert)的《蜘蛛和苍蝇,或知情者讲述城市生活的骗局、陷阱和圈套》(*The Spider and the Fly; or, Tricks, Traps and Pitfalls of City Life by One Who Knows*)(1873)以及安东尼·科姆斯托克(Anthony Comstock)《年轻人的陷阱》(*Traps for the Young*)为读者展现了城市中恐怖的堕落和邪恶。查尔斯·朗宁·布雷斯(Charles Loring Brace)在《纽约的危险阶层》(*The Dangerous Classes of New York*)(1872)一书中提出了城市病的治疗方案,试图扭转人们的担忧,方案之一就是将男孩子整船运往西部的农场。到1890年代中期,布雷斯的儿童救助协会从巴尔的摩、波士顿、费城、圣路易斯、克利夫兰、旧金山、华盛顿特区和纽约运走了大约9万名男孩。[①] 乔赛亚·斯特朗(Josiah Strong)神父的《我们的国家》(*Our Country*)不遗余力地抨击这样的观点,是移民将美国城市变成了“泱泱大国的罪恶渊薮”,[②]该书自1885年出版后,在短短20年

① 保罗·博耶(Paul Boyer):《美国的城市民众与道德秩序,1820—1920》(*Urban Masses and Moral Order in America, 1829-1920*),马萨诸塞州剑桥:哈佛大学出版社,1978年版,第98页。

② 乔赛亚·斯特朗:《我们的国家,她可能的未来和现在的危机》(*Our County, Its Possible Future and Its Present Crisis*),1885年,马萨诸塞州剑桥:哈佛大学出版社,1963年重印,第177页。

内便销售了 5000 万册。

图 7—1　刘易斯・海因镜头下华盛顿特区杜邦广场附近的木制租屋，摄于 1908 年。该图反映了刚刚迁入北部城市的黑人家庭萧索的住宅和活跃的街头生活。

穷人与凄惨生活相伴，这似乎是天经地义的事。但到了 70 年代，一些具有改革倾向的人开始转变他们的观点，转而认为环境本身可以导致居民道德败坏，甚至使其贫病交加；他们将极度的贫困、疾病和对中心城市的不满归咎于过于拥挤的租屋环境。意图使穷人脱贫的改革者如今视租屋改革为改善生活之锁钥，他们将居住条件视作品德堕落的证据、社会问题的诱因和改革进步的必经之路。在他们看来，无论是城市贫民还是中产阶级，"改善住房"是通往美德的捷径，而恶劣的住房环境则必然导致堕落。

要求改善租屋环境的运动多种多样。杰出的纽约设计师厄内斯特・弗拉格（Ernest Flagg）坚持认为，最好的办法是让投机商看到建设高质量住房的商机。他在《斯克里布纳尔杂志》上撰文称，"要改革，就得让富人

图 7—2　阿诺德·金瑟(Arnold Genthe)拍摄的旧金山唐人街的"赌徒街",约摄于 1905 年。反映了住房问题的某些侧面。由于中国人在 1948 年前不得在唐人街之外拥有房产,"赌徒街"这个与世隔绝的地方居住环境极为拥挤,卫生条件异常恶劣。

们掏钱,要让他们知晓建造好房子比建造破房子还省钱的方法"。① 其他一些改革者把目光投向教育,他们到租屋中举办预防肺结核的展览,为移民女孩开设家政示范课,希望通过这类教育活动推行改革。新闻报道、统计数据大量出现,切中要害的图片、认真准备的展览和租屋模型也涌现出来,一起呈现给美国大众。

---

① 厄内斯特·弗拉格:《纽约棚屋的罪恶及其应对方案》("New York Tenement-House Evil and Its Cure"),《斯克里布纳尔杂志》(*Scribner's Magazine*)第 16 卷(1894 年 7 月),第 117 页;重印,载于罗伯特·伍德(Robert A. Woods)等编:《大城市中的穷人——问题及其解决之道》(*The Poor in Great Cities: Their Problems and What Is Being Done to Solve Them*),纽约:查尔斯·斯克里布纳尔之子出版公司,1895 年版。

尽管在内战后美国人才意识到城市贫困问题程度之深、痛苦之烈，但与贫困相关的住房问题早就出现了。早在1830年代初，纽约、波士顿、费城和其他一些城市的业主就已将仓库改造成廉价住房，供爱尔兰裔和黑人劳工居住，有时数百人不得不蜗居在一栋房子里。随着房东有意地将房子供给不同群体的房客居住，专门的"租屋"(Tenant House)在这10年中出现了。这些住房三四层高，带有潮湿的地下室，每层可住两户人家，还有配楼插在后院，房屋空间狭小、光线阴暗、空气恶浊。尽管偶尔有批评声传出，但这类租屋的数量仍在迅速增加。到1850年，通常纽约和波士顿的租屋要容纳65人。[①] 造成这种拥挤的状况主要归咎于中介商，或曰"包租公"，他们是投机者，也是二房东(往往也是房客之一)，负责挑选房客。他们通常会让尽可能多的人住进来，并规定租住者交多少租金。我们今天所知的"租屋住宅"(tenement house)这个词，产生于19世纪中期，是一个典型的美国词汇，但在中世纪的英语词汇中，"租户"(tenement)这个词指的是某人使用的房屋或心灵的归宿，但房屋产权却归他人所有。

到1850年代，每个美国城市中都出现了拥挤的租屋和改装房，在英国，这类住房常被称作贫民窟(rookeries)，该词源自中世纪英国俚语，原意是一群盗贼。纽约的五道口(Five Points，纽约的贫民窟——译者注)在全美恶名昭著，就在运河街下面，住在那儿的多是爱尔兰人和黑人。查尔斯·狄更斯(Charles Dickens)，这位熟悉伦敦最破败街区的作家在访问了五道口之后写道，"这里的房屋肮脏至极，这里的人举止粗俗、神情沮丧，他们穷困潦倒。"[②]在路易斯维尔、查尔斯顿及新英格兰的工业城镇中，亦不乏此类街区。在密尔沃基，第三区(Third Ward)先是爱尔兰人、然后变成了意大利工人的聚居区，房东们把别处不能用的板房搬到那里，

---

① 詹姆斯·福特(James Ford)：《贫民窟与住房——以纽约市为例，其历史、居住条件及住房政策》(*Slums and Housing: With Reference to New York City, History, Conditions, Policy*)(2卷)，1936年，康涅狄格州韦斯特堡：尼格罗大学出版社，1972年重印，第1卷，第120页。

② 查尔斯·狄更斯：《写给普罗大众的美国散记》(*American Notes for General Circulation*)，1842年，马萨诸塞州格隆塞斯特：彼得·史密斯，1968年重印，第109—110页。

变成了工人们的棚户区,房屋拥挤破败,根本达不到居住标准。

在1850年代,城市出现了一种新式住房——“铁路式租屋”(Railroad Tenement)。这种房屋90英尺长,呈长方形,比早期的租屋更大也更拥挤,只在屋内靠后的地方有一条狭窄的小巷。每层楼少则12个房间,多则16个,但只有临街靠巷的几间房有阳光可直接照进来,有新鲜空气可呼吸。房内没有走廊,要想出门不得不穿过每个房间,毫无隐私可言。楼外面的下水道没有密封,时常因堵塞而溢出。只有条件略好的房子,才在后面有厕所。垃圾散堆在各处,灰尘泥土遍布街巷,看上去肮脏凌乱、令人心烦。

征兵骚乱(1863年由于联邦政府征兵在纽约市引发的大规模骚乱——译者注)、高死亡率、霍乱和伤寒给人们敲响了警钟,促使一群纽约精英在1864年成立了公民协会(Citizens' Association)。协会下属的卫生委员会展开了一项针对租屋住房的调查,随后发布了众多关于穷人住房条件的报告,并配以地图、表格和照片。首份调查报告很快就出炉了,针对租屋问题提出了四条解决方案——收集人口动态统计资料、通过教堂布道提高道德水准、公共卫生控制和信息传导,以及鼓励居民迁居郊外的工人住宅区。人口增多、道德堕落、卫生恶化、困于内城,报告中所涉及的这四个方面也是时人眼中贫困的主要推手。旨在培养美德的宗教和改革运动也开始收集统计数据。由于工人们被中心城市的生活拒之门外,改革者们转而希冀于郊区或乡下可以为他们提供住所。同时,越来越多的人开始担心不良的公共卫生状况不仅会威胁租屋居民,也会影响整个城市,因而,人们翘首以待系统解决城市破败住房的途径。该报告催生了纽约大都市区卫生委员会(New York's Metropolitan Board of Health)和一项针对租屋的地方法规(也是全国第一项),但立法机构并没有为该法案的执行作出明确规定。

1880年代,美国人了解到路易斯·巴斯德(Louis Pasteur)和罗伯特·科赫(Robert Koch)已能分离出某些细菌,也知道了某些致命疾病细菌生成的条件,从那时起,公共卫生成了一个重大问题。如此一来,改革者们可以用所谓的“科学证据”论证躯体疾病与阴暗潮湿的环境密切相关。他们指出，肺结核、肺炎和伤寒这类“室内疾病”，在穷人那局促拥挤、阴暗潮湿且通风不良的陋室中，其发病率要比在其他住房中的居民高出三到五倍。实际上，没有证据表明租屋环境与某些疾病必然关联，关键因素其实是卫生条件，尤其是被污染的下水道、饮用水，而且房客由于劳动过度和营养不良，特别容易罹患此类疾病。但这一观点却有力地支持了反对拥挤的多户住宅的意见。

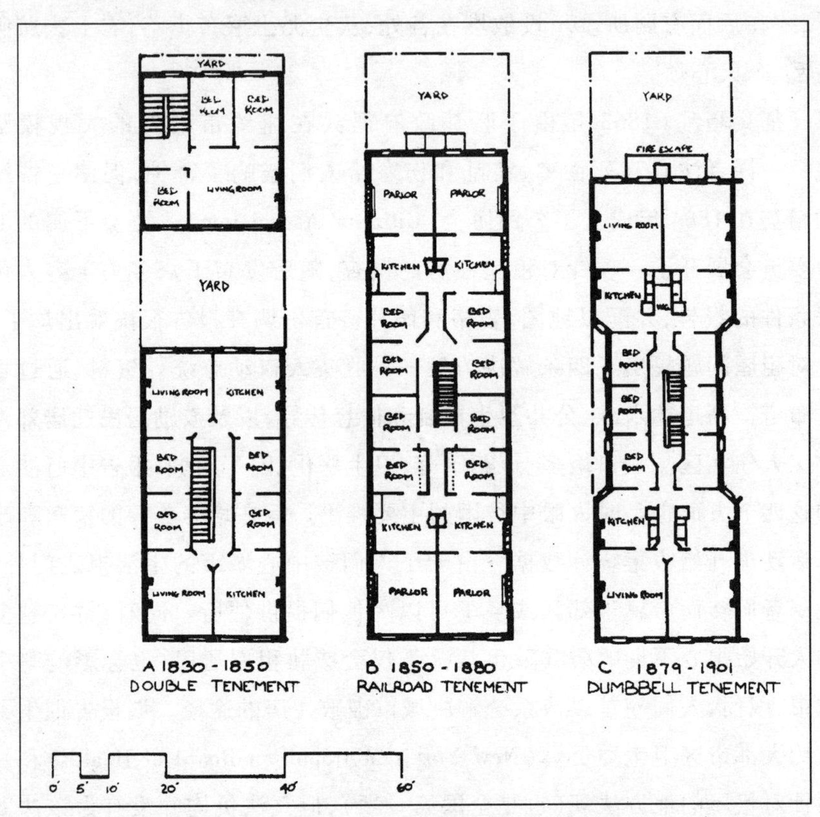

图 7—3　经历了 1830 年代最早的住房结构和 19 世纪中叶的铁路式租屋，臭名昭著的哑铃型住房形成了。该类型住房盛行一时，直到 1901 年被法律禁止才退出历史舞台。尽管纽约租屋的类型变了又变，但典型的穷人住房仍是狭小的房间、微弱的光线和恶浊的空气，这一点始终没有变。每一类型的租屋都不是单独存在的，每一个租屋的两边都与其他租屋连在一起。

租屋内的卫生状况受到特别关注是因为房客经常在家中从事手工活计。从小企业或承包商手中接受工作并带回家完成是一种常态。他们在家中常常做一些诸如卷烟和制作袜子、纸花、盒子和其他小物件的工作，以此赚取计件工资。在1890年，做12条男裤可以挣1角硬币。就像亚伯拉罕·卡恩(Abraham Cahan)1917年的小说《戴维·莱温斯基的发迹》(*The Rise of David Levinsky*)所描写的那样，在19世纪最后十年中，一户纽约下东区的俄裔犹太人完全可以在自家建起一个女装"工厂"。在小说所描述的那类公寓中，不管在家里做什么，几乎家家户户都备有他们工作所用的材料和设备，像缝纫机或者德国造的用来卷烟和包装的木制模具。

对于大多数美国中产阶级而言，这些工作产生的问题并不是工资低廉或者工人无利可图，而是这些产品很可能被污染。改革者们意识到，要想改善恶劣的居住环境，就要突出其危险性，于是不断引用例证，告诉人们制作这些昂贵大衣的，是患有肺结核的妇女、发烧的儿童，还有年老体衰的老人。因此，在每一次对传染病或有害细菌的恐慌之后，或是抨击或是改善租屋卫生条件的努力就会掀起新一波的高潮。

在1870年代末，上至《哈珀斯》、《竞技场》、《城市事务》、《斯克里布纳尔杂志》、《论坛》，下至建筑业刊物、专业建筑类和社会工作出版物以及几乎所有地方性报纸，都在炒作租屋和卫生这样的话题，它们纷纷抨击租房客的家庭生活，批评"人类蜂窝式生活中的混乱，阻挠了家庭的独立和宁静"。[1] 人们认为居住拥挤必然导致家庭关系和社会组织联系的断裂。很多类似的看法都忽视了某些种族聚居区中稳定、巧妙的社会网络，而他们还在指责穷人应为其悲苦负责。《芝加哥导报》宣称，"恶劣而低廉的居住环境并非源自不幸的贫穷，罪魁祸首是从意大利南部带来的生

---

① 《纽约时报》，1900年2月18日，第23页；引自罗伊·卢波夫(Roy Lubove)：《进步者与贫民窟——1890—1917年间纽约市的租屋改革》(*The Progressives and the Slums: Tenement House Reform in New York City, 1890-1917*)，匹兹堡：匹兹堡大学，1962年版，第106页。

活习惯”。①

有利于这些“注定贫穷之人”的理想解决方案，是继续推销郊区廉价的乡舍。相应地，纽约、波士顿、费城和其他一些城市作出规定，在上下班高峰时间，将高架铁路和电车的价格下调五美分，许多针对工人的住房和贷款协会也兴盛起来。然而，那些无力购买乡舍或不愿住在乡下的人仍然选择城市中的贫民窟，所以问题依旧很明显。卡尔弗特·沃克斯、马格内特·希克斯(Margaret Hicks)、弗雷德里克·劳·奥姆斯特德以及厄内斯特·弗拉格等建筑师或规划师，仍在抨击现有的租屋，还有许多杂志举办竞赛，鼓励新的设计方案。

图 7—4 “做裤子”，雅各布·里斯拍摄的租屋内的工作，大约在 1898 年。该照片旨在记录穷人的工作条件，同时也展示了这个精心布置的家，床上有华盖，杂物架上铺着装饰布。

① 《芝加哥导报》，1887 年 7 月 17 日，引自汉伯特·内莉(Humbert S. Nelli)：《意大利人在芝加哥，1880—1930：一项针对种族迁移的研究》(*Italians in Chicago, 1880-1930: A Study in Ethnic Mobility*)，纽约：牛津大学出版社，1970 年版，第 11 页。

1879 年，纽约的《管道工和环卫工程师》（*Plumber and Sanitary Engineer*）公布了这类竞赛作品最重要的评价标准，即新设计的租屋既要具备改进过的防火设施、良好的通风和卫生条件，又要保证投资人最高的经济回报。获奖作品是一件呈矩形的租屋模型，有两条狭窄的通风井，由小詹姆斯·威尔（James E. Ware, Jr.）设计，一经公布便被冠以“哑铃”的绰号，并招致《纽约时报》的严厉批评，诸如《美国设计师》之类的杂志也一派鄙夷的态度，称其不健康、不卫生、不人道。然而，威尔的设计在经济层面却是可行的，因而获得投资商的青睐。1879 年年底，纽约州一项租屋法律规定住房条件的最低门槛是通风井的规格，随后，哑铃型住房很快风靡一时，新建的租屋往往效仿之。议员、媒体、建筑师和改革者就何为最佳租屋这一问题争论不休——它是最健康的，最漂亮的，还是像哑铃型住房这样最具经济可行性而可以大规模推广的？

典型的哑铃型住房 25 英尺宽、90 英尺长，坐落的地块与其同宽；凹进之处有 28 英寸宽，长约 50—60 英尺，整个建筑不再是规矩的长方形。通风井附在四壁，与楼同高，但通风导光的作用却有限，与其标榜的初衷相去甚远。高层住户将垃圾扔进通风井，直至发霉腐烂也无人问津。其所以如此，或许缘于楼道太黑，在楼道里处理垃圾有危险。只有一楼走廊可以通过前门小窗格的玻璃照进阳光。一楼有两个小房间，后面是卧室，还有另一个公寓在后面。在其他楼层，前面是四居室的公寓，后面是三居室的。56 平方英尺的卧室位于厨房和门廊卧房之间的凹进处。在公共走廊上，楼梯对面是一个或两个厕所和水槽，排气孔就在通风井上。

根据州卫生委员会的统计，1893 年超过 100 万纽约人住在多家共用的公寓中，占纽约总人口的 70%，这些公寓的五分之四是租屋，其中绝大多数是哑铃型住房。[1] 直到今天,至少有3万幢哑铃型住房仍在使用。[2]

尽管其他城市中,多户租屋的数量也在不断增长,但在纽约市之外,改造过的独户住房十分流行。排屋、临时小屋和破败的棚屋被分割开来,以容纳越来越多的房客。过度拥挤的问题存在于克利夫兰、布法罗、华盛顿特区、巴尔的摩、费城、匹兹堡和旧金山等几乎所有美国大都市的穷人聚居区,与不良卫生、劣质住房、流行疾病并存。

虽然住房改革者关注上述问题,但他们却从未指望城市、州和联邦政府会出资修建或补贴经过改进的住房,实际上资助样板租屋的是股份有限公司和慈善家,他们希望借此提高一般建筑商的建设水准,并且改善租户的生活水平。尽管如此,但这些人坚持要求从中获利,美其名曰"慈善与百分之五",以此显示他们是理智的。然而,由于投资者可以从大多数租屋中获利20%到25%不等,因此样板租屋没有成为典型,影响力有限。虽然其支持者宣称样板租屋实用又实际,但它们在私人市场上并不受人欢迎,在住房投资中所占比例一直很小。从1855年到1905年的十年间,纽约的改革者双管齐下,一面建十组样板租屋,一面修建大约200套单独的住房,而投资商在纽约市建立的租屋有5万座之多。[3] 样板租屋既非影响广泛的住房改进,亦没有根本性的改善,它只是一个雷声大雨点小的住房项目,对于解决贫困问题几无贡献。

美国第一组样板租屋诞生于内战前夕。1855年,纽约的工人新村(Working Men's Homes)对黑人租户敞开了大门。这里的楼面布局,效仿了纽约市最差贫民区之一的古城小区(Gotham Court),设计者约翰·里

---

① 詹姆斯·福特:《贫民窟与住房——以纽约市为例,其历史、居住条件及住房政策》(*Slums and Housing: With Reference to New York City, History, Conditions, Policy*),第1卷,第187页;马库斯·雷诺德(Marcus T. Reynolds):《美国城市中的穷人住房》(*The Housing of the Poor in American Cities*),1893年,马里兰州大学园:麦克格里斯出版社,1969年重印,第32页。

② 罗杰·斯特尔(Roger Starr):《纽约公寓》("New York Apartment House"),伯恩·迪诺尔(Bern Dibner)与穆里·雷伯恩(Murray Rubien)编:《概念、批评与评论》(*Concepts, Critiques and Comments*),康涅狄格州诺瓦克:伯恩迪图书馆,1976年版,第304页。

③ 劳伦斯·维勒(Lawrence Veiller):《城市生活》(*City Life*),华盛顿特区:美国政治与社会科学学院,1905年版,第59页。

奇(John Ritch)将其规模扩大了古城小区的2.5倍。他的改革还包括补贴租房和选择表现良好的租户;但这里很快就成了一处贫民窟,改革运动也应声落幕。距此不远,艾伦·科林斯(Ellen Collins)复兴了本已废弃的联排别墅,这一项目同样引人注目。内战结束后,样板租屋再次出现,先在纽约,而后推广到其他城市,媒体为之大肆鼓噪,建筑的舒适度也引来坊间新的关注。

19世纪末期的样板租屋与其他住房相比,其不同之处显而易见。出于商业考虑,许多租屋的外表经过装饰,然而真正的不同在于其巨大的规模。深受彼时英伦风影响的阿尔弗雷德·怀特(Alfred T. White)1877年在布鲁克林资助了乐家苑(Home Buildings),翌年又资助了迎宾小区(Tower Buildings),并于1890年建起了流水人家(Riverside)。每个小区环绕着一个天井,楼梯带有装饰优美的护栏,还有巨大的角楼。沃克斯(Vaux)和拉德福德(Radford)在1882年为曼哈顿住房改进协会建了样板租屋,虽然外观简单、砖墙立面、没有精美的装饰,但每栋楼能容纳218个家庭。支持该工程的公司买下了整个小区。该小区原计划容纳32栋独立的楼房,构成一个整体,面积有8万英尺见方。尽管每套住宅比投资型样板租屋的住房面积小,但由于布局得当,房间里阳光充足、空气清新。

除了大规模的场地规划,卫生设施同样是改革者关注的焦点。通常,租屋的走廊里都有水槽,水通过压力从街边引到楼上。由于水压有限,住在顶楼的房客不得不使用户外的水龙头。样板租屋的楼顶设有大型储水箱,因此,每层楼的水槽、浴缸和马桶都可以利用水压取水,除此之外,这些租屋还配有经过改良的设施。出于经济方面的考虑,建筑师仍然会在走廊里建造公共污水池和厕所,有些还在地下室安装了几个分隔开的淋浴间。在有些租屋里,每间房中设有独立的浴缸,不过这只是偶然现象,尽管不够大,但的确考虑到了隐私,将其安置在厨房后面僻静的角落里。

建筑师这样设计的目的并非仅为隐私,意在凸显厨房作为住房的一部分其独具的功能。在大多数租屋家庭中,厨房发挥着浴室的作用,也是做饭吃饭的地方,家人还在这里洗洗涮涮、学习和招待客人。一块板子被折叠下来盖住浴缸，在四周钉上桌布，就变成了一张桌子。如果家庭人口众多或者有寄宿者，厨房摇身一变，夜里又成了卧室。那些观察者的生活与之不同，他们住着大房子，对家庭生活有不同的观念，在他们看来，人和房间功能的这种混合无疑是杂乱无章的。

接纳寄宿者是租屋家庭中普遍存在的一种现象，但改革者对此却耿耿于怀。1890年，有4.4万租房客报称接纳了至少一个寄宿者，10年后，这一数量几乎翻番，到了1910年，该数字已经达到16.4万了。[①] 大多数贫穷的工人阶级城市居民需要额外收入，不然的话不足以平衡开支。在亚伯拉罕·卡恩、安吉亚·耶齐尔斯卡（Anzia Yeziska）、罗斯·佩索塔（Ross Pesotta）和迈克尔·戈尔德（Michael Gold）等人的移民主题小说中，寄宿者是家庭的一部分，在居家场景中一再出现，耶齐尔斯卡的小说《施舍人》（*The Bread Givers*）中的俄裔犹太人家庭就是这样，他们争论是否继续让父亲在一个卧室里学习《摩西律法》（*Torah*），在经济萧条时是否将该房出租出去。改革者们认为，样板租屋里的小房间看上去很糟糕，会使寄宿者望而却步；他们赞成良好的寄宿公寓，这样可以缓解寄宿者对租房家庭的压力。芝加哥的自由钟小区和友谊新村、哈莱姆的白玫瑰花园、曼哈顿中城的城中公寓和下城有1554个房间的米尔斯酒店提供廉价整洁的寄宿公寓，每周花费2.50美元。

除了上述措施，改革者还把改良过的租屋设计用在其他方面，以便将租屋房客的家庭生活引上他们认可的轨道。他们倡导在楼宇间留出庭院，在这里晾晒衣物，为居民们增添欢乐；让人们远离街头，孩子们在此嬉戏，大人们在此交往——这标志着改革者反对街头生活的号角吹响了。他们相信，要让这些样板租屋的房客像之后公共住房居民一般享受良好的生活，必须得让他们远离邻里的不良影响，这意味着要斩断"街头恶习"，也就是雅各布·里斯、马库斯·雷诺兹、阿尔弗雷德·怀特以及同

---

① 《美国历史统计》（*Historical Statistics of the United States*）（两卷本），华盛顿特区：美国政府印刷局，1975年版，第1卷，D-583组，第144页。

道中人口诛笔伐的那些前门、路边、后巷的喧哗吵闹，取而代之的，是孩子和大人在住宅间那与外界隔绝的庭院中呼吸新鲜空气，寓教于乐。到20世纪早期，这种功能分离更为明显，有些庭院还装上了楼梯，有些公寓楼开设了社区服务，如屋顶运动场、幼儿园，还有设在地下室的公共洗衣房，这些都是为了增加居民的凝聚力。

另一个为改革者重视的问题，是家庭隐私。在他们眼中，公共设施和模糊不清的邻里界限，即便在样板社区中，也潜伏着各种各样的危险。1905年，劳工专员查尔斯·尼尔（Charles P. Neill）在纽约慈善总会发表演说时道出了其对隐私的担忧，声称"依我拙见，比起任何事物，家更意味着隐私，意味着让自己的家远离他人。但凡是家，必是一个独立的住所，如有可能，须有独立的房间，这样，在生命的早期，私有权的观念、财产权的观念和隐私的观念也就形成了。"[①]许多样板租屋装有独栋住宅的饰物，弗兰克·劳埃德·莱特（Frank Lloyd Wright Terrace）设计的弗朗西斯科公寓就是一个这样的例子。该建筑完工于1895年，是受慈善家爱德华·沃勒之托而建，只有两层，这样的楼盘正适合居住。莱特选用了精雕细琢的砖材，而且在每个入口上方加了廊檐（当然是面向庭院的入口），凸显出一个个单元。劳工部也不落人后，效仿独栋住宅，在租屋安装门铃、便捷通道和凸出的窗户。[②]

致力于改良郊区住宅的改革组织在上述方面更进一步。19世纪最后十年间，罗伯特·特里特·潘恩（Robert Treat Paine）在波士顿为"名副其实"的工人建造了116个小户型住宅；全美最大的有限责任公司郊区住宅公司和纽约市一起在布鲁克林发起一项名为霍姆伍德（Homewood）的安居工程，在这片53公顷的地块上的住宅多半是小型的两层砖木结构

---

① 埃伦·理查兹（Ellen Richards）：《住房的代价》（*The Cost of Shelter*），纽约：约翰·威利出版公司，1905年版，第7页。理查兹强调了租屋与郊区住宅在隐私方面的差别，前者无力保护个人隐私，后者过度维护了隐私权。

② 1901年一个国会委员会听证会的证词，引自美国劳工部（U.S. Department of Labor）：《美国人的购物习惯是怎样改变的？》（*How American Buying Habits Change?*），华盛顿特区：美国政府印刷局，约1915年。

小楼,带有门廊和山墙以营造“复古”[①]韵味。公司坚持一个不容违抗的管理政策:若要在此购房居住,每个居民都要购买人寿保险。多户型住房、酒馆以及工厂都不能落户此间,即便是平顶建筑也不能破例。

对于改革者而言,易于泄露隐私预示着许多诱惑,公共厕所和浴室、楼梯、洗衣房、寄宿者以及多户共居的公寓与共产主义藕断丝连,他们也担心其中的住户有共产主义倾向,正如芝加哥大学社会学系教授查尔斯·里士满·亨德森(Charles Richmond Henderson)在1902年所说的那样,“一个共产主义式的住所(也就是租屋)无言地向其住户灌输了共产主义信念。”[②]当然,在布尔什维克到来之前的日子里,人们从共产主义这个词中还听不到政治味儿浓厚的弦外之音,它只是诉说着共产主义圣律格言般的均贫富,提醒人们这是美国共产主义者的据点。尽管如此,共产主义的确暗示着对私人住房的敌意——对于其将贫穷与政治激进主义相连的观点而言,这样的说法确乎满是反讽。

更多的讨论围绕着租屋会引诱不正当性行为而展开。租屋的一楼往往租给专业的性工作者以便获得更高的租金,而孩子们却不得不从其门前经过,因此,从1880年代开始,相关部门的工作人员向那些把嫖客带回租屋的妓女课以更高的罚金。孩子们看到妇女在走廊洗澡时产生的性冲动同样有很大危害,因为这会给他们留下深刻的印象。在改革者看来,父母和年幼的孩子共居一室甚至开门通风,也会引起乱伦。为了防止上述危险,芝加哥公民协会试图为所有年满15周岁的男孩子提供宿舍;150张床和装在屋顶的公共便池,比起让青春期的男孩子们睡觉和如厕时看

---

① 罗伯特·特里特·潘恩:《波士顿的住房条件》(“Housing Conditions in Boston”),《美国政治与社会科学学会年鉴》(*Annals of the American Academy of Political and Social Science*)第9卷(1902年7月),第121—136页;P. 格里芬(P. Griffin):《霍姆伍德的理想住宅》(“Model Cottages at Homewood”),《城市事务》(*Municipal Affairs*)第3卷(1899年3月),第132—138页。

② 查尔斯·里士满·亨德森:《静湖家庭经济论坛纪要》(*Proceedings of the Lake Placid Conference on Home Economics*),1902年,引自埃伦·理查兹:《优境学——可控环境的科学》(*Euthenics: The Science of the Controllable Environment*),波士顿:惠特科姆—巴罗斯公司,1910年版,第159页。

着女孩子,无疑要好得多。[①] 一个印第安纳波利斯的社会工作者总结道,“如果一伙年龄性别不同、低素质的人住在一间房里,也就是当好多家庭共用一个院子、一个壁橱、一个客厅和楼梯时,几乎必然会产生罪恶,尤其是在楼梯阴暗的角落”。[②]

住房改革者将自己视为道德卫士,他们用改变环境的方法教导房客改邪归正。许多专业的社会工作者试图将住房问题梳理成数据,再将数据转变为法律,而其他与此相关的人依然信任内战前的方法,认为与房客面对面接触才是改善住房的最佳途径。女性义工们终日奔波于慈善组织办公室和贫民区家庭之间,不辞辛劳,授业传道。在每周的走访中,她们与居民一道商讨吃饭省钱和做家务活的好办法,分析子女求学的目标,为家居装潢提供建议,以便增加艺术韵味。到1890年代早期,在波士顿、纽约、巴尔的摩、克利夫兰和其他一些城市,有四千多“居民之友”走访者在慈善组织的支持下走街串巷,走访租屋家庭。[③] 此外,护士、主妇、统计员也纷纷走进贫民区,给那里的家庭送去健康常识、家务新知,顺便收集数据。随着这项活动的热情减退,各种策略更加华而不实。一个义工写到,为了说明她们“宣传的那些观念”,尽管在每次走访归来之后都要清洗,但她们还是总穿着白裙子。[④]

各种服务中心通过与居民更为密切的接触提供个人扶助。邻里帮扶中心开风气之先河,将胸怀理想的大学毕业生派遣到贫民区,与居民们一同生活,以便提出改善境遇的良策。随后纽约市下东区的大学服务站(College Settlement)、芝加哥赫尔会所(Hull House)、波士顿的南区会馆

---

① 《1884年芝加哥公民协会租屋问题委员会的报告》(*Report of the Committee on Tenement of the Citizens Association of Chicago*, 1884),芝加哥:公民协会,1884年,第19—20页。

② 阿尔比恩·费罗斯·培根(Albion Fellows Bacon):《劣质住房对社区意味着什么》(*What Bad Housing Means to the Community*),波士顿:美国一论宗协会,日期不明,第8页。

③ 罗伯特·布雷姆纳(Robert H. Bremner):《走出深渊——美国贫困的发现之旅》(*From the Depths: The Discovery of Poverty in the United States*),纽约:纽约大学出版社,1956年版,第52页。

④ 阿尔比恩·费罗斯·培根:《灰烬之美》(*Beauty for Ashes*),纽约:多德米德公司,1914年版,第54页。

(South End House)也纷纷效仿,到1897年,又有70个类似机构加入了这一行列。他们仔细地挑选自己所在住宅区的建筑和家具,以此作为突破口。客厅让女性移民一窥中产阶级生活的奢华与精致。波士顿路易莎·梅·阿尔科特俱乐部的伊莎贝尔·海厄斯(Isabel F. Hyams)宣称,服务中心给她的意大利和犹太裔移民提供了"理想的家庭",在那里,"教导他们一个中产之家所应有的举止"。① 像海厄斯这样的"社会主妇",的确心怀真诚的关怀,但她们在自己努力为之的改革事业中也融入了中产阶级的偏见。

19世纪最后二十年间,专业的社会工作者坚信,上述这种人道主义多半是个体行为,过于零散,很容易被条件变化所影响。随着一些全国知名的"住房问题专家"试图让住房改革变得更客观、执行更集中、措施更有效,"科学慈善"流行起来。在全国各地市政委员会和私人组建的委员会上,都不乏诸如E. R. L. 古尔德(E. R. L. Gould)、卡罗尔·阿诺洛维茨(Carol Aronovici)、布里克·马凯特(Bleecker Marquette)、艾米丽·丁威迪(Emily Dinwiddie)的名字,其中劳伦斯·维勒(Lawrence Veiller)尤为著名。他们相信,集中的执行机构可以有效地提供服务,细致的法规可以核定最小的工程量和明确卫生标准,而贫民区的详细数据可以保证每个项目准确实施。1893年,国会任命美国劳工署专员卡罗尔·赖特(Carroll D. Wright)负责调查研究芝加哥、巴尔的摩、费城和纽约这四个城市的贫民窟。在调查中,莱特设计了贫困的原因及导致贫民窟"过于含混、无法应用统计方法"的因素等问题。② 但受访者无一赞同任何形式的公共住房,仅仅同意通过公众努力来制定某些法律标准并对贫民窟的状况开展公开调查。

---

① 伊莎贝尔·海厄斯:《路易莎·梅·阿尔科特俱乐部》("Louisa May Alcott Club"),《1902年纽约静湖第二届家庭经济学年会纪要》(*Proceedings of the Second Annual Conference on Home Economics, Lake Placid, New York*, 1902),第18页。

② 美国劳工专员(U. S. Commissioner of Labor):《巴尔的摩、芝加哥、纽约和费城的贫民窟》(*The Slums of Baltimore, Chicago, New York and Philadelphia*),华盛顿特区:美国政府印刷局,1894年版,第12—13页。

图 7—5　设计师威廉·菲尔德(William Field)受慈善家阿尔弗雷德·特雷德韦·怀特和改进住宅协会委托于 1890 年在布鲁克林建造了流水人家公寓。菲尔德在这里设计了一个院落,既可以充当音乐厅,也可以晾衣服或供孩子们嬉戏。这是改革者的一项措施,他们希望以此使居民远离街头纷扰,享受一个井然有序的户外环境。

《1901 年纽约租屋法》(New York Tenement Law of 1901)是住房专家们的一大成就,其制定者是维勒。这一里程碑式的法案对通风条件、防火设施、居住密度、私人卫生设备、地下室和庭院规格制定了极为严格的标准,几乎所有房产投机商都对此类住房望而却步,对穷人住房紧张的状况而言,这无异于雪上加霜。此外,对于已建住房,该法缺乏强制落实高标准的具体条款。其他一些城市和州纷纷效仿纽约,但也存在同样的问题。结果,改革者为之欢欣鼓舞,而穷人却依然望洋兴叹。

塔斯克基(Tuskegee)建于 1901 年,这是纽约第一个专门针对黑人的样板租屋,其满足了《1901年纽约租屋法》的规定。该工程完工不久,前军医处处长乔治·斯滕伯格(George M. Sternberg)组建了静洁住房公司,为华盛顿特区的黑人家庭提供住房。尽管斯氏一直身陷筹资困境,但在随后的十年中却建起了足足100套二层住宅。1911年,辛辛那提的雅各布·施米德拉普(Jacob G. Schmidlapp)也跻身该行列,建造了针对富裕黑人居民的"华盛顿花园小区",包括88栋小型联排别墅,足以容纳326户家庭。[①]

尽管有上述努力,但对于城市黑人和大多数其他少数族裔居民而言,住房状况并没有很大改善,住房控制权一如昨日,种族隔离并未缓解。甚至黑人聚居区很快就会变成贫民窟。对黑人的住房服务在减少,而租金却与日俱增,但他们还是汲汲于离开环境极差的贫民窟,为此不得不承担过高的租金,不得不忍受过度的拥挤,然惟其如此,才有望找到一个更好的社区。雪上加霜的是,在城市中黑人妇女的数量远远超过黑人男子(因为黑人妇女相对容易找到工作,她们大多成为家庭佣人),而有孩子的黑人妇女在租房时无一例外地受到歧视。

贫民窟的清理工作,既拆毁了现存的、已经过度拥挤的住房,也对每个贫民社区造成很大影响。在19世纪初,美国的大多数城市都以保持城市卫生为由批准了清理工作,在19世纪的最后十年间,有数百住房单元被清理一空。结核病、其他被认为会传染的疾病发病率高的租屋被夷为平地,其所有人会获得补偿。政府官员认为,这类疾病源于恶劣的环境,与缺乏廉价但整洁的住房无甚相关。纽约设计师I. N. 菲尔普斯·斯托克斯是清理贫民窟的支持者,他认为这项活动用公园代替了糟糕的住房,等于"给穷人一个干净的肺"。然而在大部分新社区的规划中,有三分之一失去家园的老居民却被遗忘了。1905年,芝加哥清除了两个街区以便

---

① 雅各布·施米德拉普:《工薪阶层的廉价住房》(*Low-Priced Housing for Wage Earners*),纽约:全国住房协会,1916年版,第10页。

图 7—6　该图展示的是雅各布·施米德拉普面向黑人家庭设计的华盛顿花园小区，建于 1911 年，辛辛那提。小区展现的风貌与意义深远的流水人家公寓全然不同。每一住户都有两居室或三居室的联排别墅，足以保护隐私。这又一次说明不良环境会养成孩子们的坏习惯。

建造艾哈克公园（Eckhart Park），200 栋住宅被拆除，超过 3500 人被迫迁居。[①] 大量的贫困家庭在能找到住房的地方居住下来，无论价格如何，不管条件优劣，他们都不得不接受，尽管被拆除的租屋的所有人得到了补偿。

清理贫民窟的动力，一部分来自居民凄惨生活和恶劣环境的感官刺

---

① 罗伊·卢波夫（Roy Lubove），《I. N. 菲尔普斯·斯托克斯：租屋设计师、经济学家和规划者》（"I. N. Phelps Stokes: Tenement Architect, Economist, Planner"），《建筑史学家协会杂志》（*Journal of the Society of Architectual Historians*）第 23 卷（1964 年 5 月），第 75—87 页；托马斯·李·菲利伯特（Thomas Lee Philpott）：《贫民窟与隔离区——1889—1930 年芝加哥的社区清理与中产阶级改革》（*The Slum and the Ghetto: Neighborhood Deterioration and Middle-Class Reform, Chicago, 1889-1930*），美国城市生活系列丛书，纽约：牛津大学出版社，1978 年版，第 95 页。

激。刘易斯·海因(Lewis Hine)拍摄了一系列贫民窟房客在家中工作的照片,呈现了一家人在家里缝制裤子或制作卷烟的图像,与他关于工厂的富于怜悯又让人自豪的写真桴鼓相应。罗伯特·亨特(Robert Hunt)在他1901年的调查报告《芝加哥租屋的居住条件》中穿插了许多图片,为读者清晰地显示了这座城市的木制小屋、穷街陋巷和少年孤儿。R. R. 厄尔(R. R. Earle)为1910年卷的《芝加哥住房问题》提供了反映家庭生活的照片。丹麦裔美国记者雅各布·里斯沿着巡警路线为《纽约论坛报》拍摄的一组照片是迄今为止最好的,能催人泪下,勾起了民众的怒火。在《另一半人如何生活》(1890)、《穷人的孩子》(1892)、《十年战争》(1900)、《贫民窟之战》(1902)和《租屋里长大的孩子》(1903)等书中,里斯用图像而非社会理论来抨击租屋是贫民窟社会病态的根源。里斯拍摄的最著名的照片是一群孩子,这群"街头阿拉伯人"的眼中是早已逝去的纯真,他们身上是本不应有的坚忍,他像其他"扒粪者"一样,用带闪光灯的相机拍下了许多污秽环境的照片。

在大多数美国中产阶级看来,这些照片揭露了租屋生活的悲惨和堕落。居民们从旧宅带来的物品、家庭肖像和宗教礼器被贬作废物。尽管租屋的房间只花了一点点钱做了简单装饰,而且主妇有很多家务活儿要做(比如,很多主妇要搬水上上下下,一天多次),但往往展示出一种经过精心装扮的美。彩纸或碎花帷幔铺在壁炉架、柜式货架、家具扶手和台灯上,甚至餐桌和浴盆上也盖着布幔。窗户上挂着蕾丝窗帘,从外面看来,得以一瞥主人的个性,或可管窥其隐私。精致的墙纸错落有致,打造出一种活泼的视觉效果,遮住了墙上的缝隙和污垢。装饰着镀金木框的圣母像、从杂志上撕下来的画像、《周末日报》免费的商品目录或者廉价俗气的饰品随处可见,甚至挂在走廊和厕所。大多数义工尽力劝说居民扔掉这些乱七八糟的东西,至少也要用名画的复制品来代替它们,以提升房间的艺术品位。不过许多志在改善公共卫生的志愿者意识到,他们可以利用居民对于美的追求和对传统的尊重来达到自己的目的,办法就是给他们一些色彩明亮的旧大陆风情画,在上面用居民的母语印上疾病警示。

租屋里的家具就是一堆大杂烩，既有祖传老物和嫁妆，又有通过分期付款购买的随处可见的艳丽饰品。在1880年代，大急流城和芝加哥的工厂开始生产一些廉价、经过复杂装饰的家具，供应给工人阶级社区的商店以扩大销售额。居民们喜欢重而俗艳的家具，像餐柜、衣橱、梳妆台就深受欢迎（这或许来自欧洲乡下长久以来的传统，珍视盛放嫁妆的柜子和衣橱），这使得租屋空间局促，但大家伙所炫耀的自豪感却是不容忽视的。在许多家庭的客厅中间摆放床，垒得高高的羽绒被被码放在上面。尽管许多社会工作者视其为一种令人震惊的标志，将其等同于性关系和过度拥挤（门窗框、床上用品和花哨的床单可能没有清洗，这让房间看起来更杂乱），但大多数移民家庭仍将夫妻关系视为家庭稳定的符号。

图7—7　志在改善公共卫生的义工进入租屋后，通常利用居民对于美和传统的追求来教导他们懂得何为对健康的威胁。此图展示的是发生在1908年的一件事，图中的白人妇女来自纽约慈善组织协会，正在向一个意大利移民家庭展示一幅威尼斯风景画，在画布的下方，用意大利文写明了结核病的症状。

态度友好的走访者和训练有素的社工却对这一套炫耀自豪和廉价饰品展示的美感不以为然。1894年,纽约一个租屋调查委员会认为,细菌和小虫在纸壳和纸片中滋生,建议清除所有已建房屋中的墙纸,并建议禁止在新落成的住房内使用墙纸。罗斯福总统的住房委员会亦有同感,建议总统禁止租屋内摆放过多的家具和饰品,以免藏污纳垢:卫生学反对任何类型的地毯和室内涂料以免滋生病菌,诸如高啄的檐牙、精雕的嵌线,或是门窗框格、衣橱衣柜,或是层叠的帷幔和多余的家具,都可成为藏污纳垢之地。另外,卫生学赞成用小块地毯对地面进行简洁装扮,这些小地毯可以轻松地收起来拿到外面清洗干净;赞成用曲线代替飞檐和弯角;用光滑和不吸水的墙面代替装饰性墙纸,用简约的家具和壁橱代替柜子和衣橱。[①] 浮夸和浪费与疾病一样害人不浅。

改革者们期望,移民家庭的主妇和女子,在态度友好的走访人和社团义工教导者的劝导下,能够抛弃大肆装饰的嗜好,改变生活习惯;住房问题专家则相信,法律可以终结不平等。他们都认为,自己的主张是针对美、卫生和人类情感的普世标准。正如伊迪丝·艾伯特(Edith Abbott)在1913年对芝加哥拆除普利茅斯广场和驱赶意大利移民的戏谑那样,"这些房子既不舒服又不体面,真奇怪居然有人这么喜欢它们"。[②]

推荐阅读书目

最近,与老移民的访谈给我们展示了他们所经历的生动画面:艾丽·金兹伯格(Elli Ginzberg)和海曼·伯曼(Hyman Berman):《20世纪的美国

---

① 《总统住房委员会报告》(*Report of the President's Homes Commission*),华盛顿特区:美国政府印刷局,1909年,第110页,引自莉扎贝特·科恩(Lizabeth A. Cohen):《装饰劳工的生活:对美国工人阶级住房物质文化的解读,1885—1915年》("Embellishing a Life of Labor: An Interpretation of the Material Culture of American Working-Class Homes, 1885-1915"),未刊论文,加利福尼亚大学伯克利分校历史系,1979年。

② 伊迪丝·艾伯特,由索夫罗尼斯巴·布雷肯里奇(Sophonisba P. Breckinridge)协助完成:《1908—1935年芝加哥的租屋》(*The Tenements of Chicago, 1908-1935*),芝加哥:芝加哥大学出版社,1936年版,第112页。

工人——自传中的历史》(*The American Worker in the Twentieth Century: A History through Autobiographies*),纽约,1963 年版;西德莱·克莱默(Sydelle Kramer)和珍妮·马苏尔(Jenny Masur):《犹太祖母》(*Jewish Grandmothers*),波士顿,1976 年版;丹尼尔·布朗斯通(Daniel M. Brownstone)主编:《希望之岛,眼泪之岛》(*Island of Hope, Island of Tears*),纽约,1979 年版。其他关于影响家庭生活与政治活动的工人阶级经历的历史著作包括弗吉尼亚·扬斯麦克劳克林(Virginia Yans-McLaughlin)的《家庭与社区——1880—1930 年间布法罗的意大利移民》(*Family and Community: Italian Immigrants in Buffalo, 1880-1930*)(纽约州伊萨卡,1977 年版),约瑟夫·巴顿(Joseph Barton)《农民与陌生人——美国城市中的意大利人、罗马尼亚人和斯拉夫人,1880—1950》(*Peasants and Strangers: Italians, Roumanians, and Slavs in an American City, 1880-1950*)(马萨诸塞州坎布里奇市,1975 年版),奥斯卡·汉德林(Oscar Handlin)《1790—1880 年的波士顿移民》(*Boston's Immigrants, 1790-1880*)(纽约,1974 年版),比起其他著作,奥氏此书更突出了新旧世界的分裂。赫伯特·古特曼(Herbert G. Gutman)汇编的《美国工业化时期的工作、文化与社会——美国工人阶级与社会史论文集》(*Work, Culture and Society in Industrializing America: Essays in American Working-Class and Social History*)(纽约,1976 年版)富有感情,是关于移民劳工生活的重要综述。

关于某个城市的个案研究,包括艾伦·戴维斯(Allen F. Davis)、马克·哈拉(Mark H. Haller)合著:《费城人——种族集团与低阶层生活史,1790—1940》(*The Peoples of Philadelphia: A History of Ethnic Groups and Lower-Class Life, 1790-1940*),费城,1972 版;约翰·博德纳(John Bodner):《移民与工业化——一个美国工厂城的种族问题,1870—1940》(*Immigration and Industrialization: Ethnicity in an American Mill Town, 1870-1940*)(匹兹堡,1877 年版);小德弗罗·鲍利(Devereux Bowly, Jr.):《瓮牖绳枢——1895—1976 年间芝加哥的补贴性住房》(*The Poorhouse: Subsidized Housing in Chicago, 1895-1976*),伊利诺伊州卡本代尔,

1978年版。纽约是最受关注的城市，詹姆斯·福特(James Ford)的两卷本《贫民窟与住房——以纽约市为例，其历史、居住条件及住房政策》(*Slums and Housing*: *With Reference to New York City*, *History*, *Conditions*, *Policy*)(1936年，康涅狄格州韦斯特堡，1972年重印)首开风气之先。最近的书有摩西·里斯奇(Moses Rischin)：《应许之城——纽约的犹太人，1870—1914》(*The Promised City*: *New York's Jews*, *1870-1914*)，马萨诸塞州坎布里奇市，1962年版；安东尼·杰克逊(Anthony Jackson)：《那个叫做家的地方——曼哈顿廉价住宅史》(*The Place Called Home*: *A History of Low-Cost Housing in Manhattan*)，马萨诸塞州坎布里奇市，1976年版；罗伊·卢波夫(Roy Lubove)：《进步者与贫民窟——1890—1917年间纽约市的租屋改革》(*The Progressives and the Slums*: *Tenement House Reform in New York City*, *1890-1917*)，匹兹堡，1962年版；戈登·阿特金斯(Gordon Atkins)：《纽约市的卫生、住房和贫困，1865—1898》(*Health*, *Housing*, *and Poverty in New York City*, *1865-1898*)，安阿伯，1947年版。

致力于研究城市黑人历史的著作有艾伦·斯皮尔(Allen H. Spear)：《黑人的芝加哥——一个黑人隔离区的形成，1890—1920》(*Black Chicago*: *The Making of a Negro Ghetto*, *1890-1920*)，芝加哥，1967年版；吉尔伯特·奥索斯基(Gilbert Osofsky)：《哈莱姆——纽约一个黑人隔离区的形成，1890—1930》(*Harlem*: *The Making of a Ghetto*, *Negro New York*, *1890-1930*)，纽约，1968年版；杜波依斯(W. E. B. Dubois)：《费城黑人》(*The Philadelphia Negro*)，1899年，纽约1968年重印。《哈莱姆黑人聚居区的住房条件》(*Housing Conditions among Negroes in Harlem*)，是全国城市黑人住房条件联盟(National League on Urban Conditions among Negroes)的一份研究报告(纽约，1915年)。

芭芭拉·迈耶·沃特海姆(Barbara Mayer Wertheimer)的《我们在那儿——美国女工的故事》(*We Were There*: *The Story of Working Women in America*)(纽约，1977年版)特别关注了工人阶级妇女的家庭生活，此外还有苏珊·埃斯塔布鲁克·肯尼迪(Susan Estabrook Kennedy)：《如果我

们只在家中哭泣——美国白人劳工阶级妇女史》(*If All We Did Was to Weep at Home: A History of White Working-Class Women in America*),印第安纳州布鲁明顿,1979 年版;罗莎琳·巴克森黛尔(Rosalyn Baxabdall)、琳达·戈登(Linda Gordon)和苏珊·雷夫比(Susan Beverby)合著:《美国女工的文献史——1600 年至今》(*America's Working Women: A Documentary History, 1600 to the Present*),纽约,1976 年版。

关于社区改良运动,请参见托马斯·李·菲利伯特:《贫民窟与隔离区——1889—1930 年芝加哥的社区清理与中产阶级改革》(*The Slum and the Ghetto: Neighborhood Deterioration and Middle-Class Reform, Chicago, 1889-1930*),纽约,1978 年版;艾伦·戴维斯:《改革先驱——移民住房、社会服务所和进步运动》(*Spearheads to Reform: The Settlement House, the Social Settlements and the Progressive Movement*),纽约,1967 年版;保罗·博耶(Paul Boyer):《美国的城市民众与道德秩序,1820—1920》(*Urban Masses and Moral Order in America, 1820-1920*),马萨诸塞州剑桥市,1978 年版。改革者的自传和记录包括,玛丽·希姆科维齐(Mary K. Simkovitch):《美国市政工人的世界》(*The City Worker's World in America*),纽约,1917 年版;雅各布·里斯:《另一半人如何生活——对纽约租屋的研究》(*How the Other Half Lives: Studies among the Tenements of New York*),1890 年,纽约,1971 年重印;莉莲·沃尔德(Lillian D. Wald):《亨利街的房子》(*The House on Henry Street*),1915 年,纽约,1971 年重印;罗伯特·亨特(Robert Hunt):《芝加哥租屋的条件》(*Tenement Conditions in Chicago*),芝加哥,1901 年版和《贫困》(*Poverty*),1904 年,纽约,1965 年重印;穷人住房条件促进会:《巴尔的摩的住房条件》(*Housing Conditions in Baltimore*),1907 年,纽约,1974 年重印;阿尔比恩·费罗斯·培根(Albion Fellows Bacon):《灰烬之美》(*Beauty for Ashes*),纽约,1914 年版。尤金·拉德纳·伯奇(Eugenie Ladner Birch)和德博拉·加德纳(Deborah S. Gardner)合著的关于妇女参与社会运动的精细之作《急迫的改革者:英美低收入者住房改革和妇女,1865—1975》("Impatient Crusaders: Women and Low-Income Housing Reform in Britain and America, *1865-1975*"),《妇女与历史》(*Women & History*)第1卷(1980年)。

关于住房改革的历史,主要有罗伊·卢波夫编:《城市社区——进步时代的住房与规划》(*The Urban Community: Housing and Planning in the Progressive Era*),新泽西州恩格伍德-克利夫斯市,1967年版;肯尼思·弗兰普顿(Kenneth Frampton):《1870—1970年住房观念之演进》("The Evolution of Housing Concepts, 1870-1970"),《莲花国际》(*Lotus International*)第10卷(1975年);戴维·沃德(David Ward):《美国城市中心地带移民隔离区的出现,1840—1920》("The Emergence of Central Immigrant Ghettos in American Cities, 1840-1920"),《美国地理学家协会年刊》(*Annal of the Association of American Geographers*)第38卷(1968年);彼得·马库斯(Peter Marcus):《早期城市规划时代的住房》("Housing in Early City Planning"),《城市史研究》(*Journal of Urban History*)第6卷(1980年);罗伯特·德弗里斯特(Robert W. De Forest)和劳伦斯·维勒(Lawrence Veiller)的经典之作,《租屋问题》(*The Tenement House Problem*)(两卷本),纽约,1903年版。凯瑟琳·尼尔斯·库森(Kathleen Neils Conzen)在《移民、移民社区和族裔认同:一系列历史学的问题》("Immigrants, Immigrant Neighborhoods, and Ethnic Identity: Historical Issues")一文中开列了有助于理解的参考书目,见《美国历史杂志》(*Journal of American History*)第66卷(1979年)。

第八章　公寓生活的魅力

一座别墅里有很多套房，这是乡舍无法企及的，对于负担过重的妇女而言，在这样的房子里，各种精巧的便利设施助益良多。

——“编者的话”，

《阿普勒顿大众文学、科学与艺术杂志》(*Appleton's Journal of Popular Literature, Science and Art*)，1876年

在19世纪最后25年间，租屋和公寓成为美国城市中的典型住房，但二者却鲜有法律或语义上的差别。它们都是这样的住房：在同一屋檐下，至少生活着三家租客；都意味着拥挤的城市生活，尽管它们也出现在郊区或工业城镇中。当市政府试图规范租屋建设时，立法机关借鉴了近期保护多单元住房的上层中产阶级的法规，专门规定了租屋的房间面积、防火措施、通风条件和管道设备。在美国，各家报刊在关于多家合居式城市生活的早期论战中，有的突出了对共产主义和家居混乱的担忧，有的突出了高效、合作和高回报率的魅力，但不管哪种观点往往都涉及公寓。在19世纪末，有许多揭露租屋生活真相的文章和照片面世，但涉及现代上层社会公寓的更多见于报端。总之，对于租屋是否有潜力来重组美国家居生活的某些方面，中产阶级既心存疑虑又满怀热情，这种极为矛盾的心态持续了数十年之久。

在英国和法国，自17世纪中叶以来，“公寓”(apartment)一词仅仅指一套住房，不一定与他人合用。美国房地产商最早雇佣行业建筑师建造的多单元住房，其宅基地规划方案被视为对独栋或联排别墅式的流行风

格的修订。实际上,早期在纽约和波士顿建造的公寓被称作法式平房(French Flats),形成了一种世界性的社会生活,反映出欧洲的魅力与影响,以及与邻居过从密切的习惯。内战刚刚落幕,"酒店式公寓"(Apartment-hotel)在全美风行开来,为消费者提供了以往只在高级酒店才能享有的集中式服务和专业服务团队。

波士顿的佩勒姆酒店(Hotel Pelham)建于1855年,或许是由阿瑟·吉尔曼(Arthur Gilman)为约翰·迪克斯博士(Dr. John H. Dix)所建,是美国最早的公寓。纽约的施托伊弗桑特小区建于1869年,是在法国受业的理查德·莫里斯·亨特(Richard Morris Hunt)为拉瑟福德·施托伊弗桑特(Rutherford Stuyvesant)建造的。两座公寓都是为富裕家庭和钻石王老五量身打造的,包括同一建筑内几套独立的房间;两座公寓都靠雍容华贵的建筑风格来吸引追求时尚的客人。它们外观精美,平坦的屋顶四周向下弯折10—15英尺,在很缓的斜面上有一排排的窗户,屋檐下是精美的装饰。这种"折式屋顶"(Mansard,源自17世纪设计师弗朗西斯·曼萨德 Francois Mansard)炫耀着法国风情的时尚,似乎在诉说着路易·拿破仑第二帝国时代的荣光,即便是路人,亦能浸淫其市列珠玑、户盈罗绮般的豪奢。这种屋顶之所以能在17世纪风靡法国各大城市,原因之一是折式屋顶下的公寓顶楼不会被当作附加楼层而课税。尽管美国法律没有出台类似的条款,但与法国艺术和时尚的联系使其在美国一夜走红,特别是美国建筑界推崇巴黎高等美术学院(Parisian Ecole des Beaux-Arts)的审美标准之后,这一趋势更是一发不可收拾。此外,折式屋顶加重了屋顶的重量并遮掩了顶楼,这样的视觉效果使得建筑更具凝重之力,也更加贴近地面。从容纳一户人家的独栋或联排别墅到公寓的建筑转变,规模的巨大变化也就淡化了许多。

尽管佩勒姆酒店建于内战前,但在纽约,诸如施托伊弗桑特小区这样的法式平顶公寓标志着一个新式建筑运动的开始。法式平顶公寓的房客们是城市的精英。在一楼至四楼,一个六个房间或十个房间的套房每年的租金少则1200美元,多则1800美元,而五层的套房,年租金为920美元。在小区完工前一个月，施托伊弗桑特就面对200多份居住申请而应接不暇。施氏投资了15万美元，仅第一年便获利2.3万。[①] 这个消息对投资者和潜在的房客来说再清楚不过了，而且仅纽约市，从1869年到1876年，就有将近200栋法式平顶公寓拔地而起；到1878年，波士顿的一份黄页（Directory）就列出了108家主打中产阶级市场的酒店式公寓；在芝加哥，1871年大火也燃起了公寓建设高潮，此后不过十余年光景，建筑业焕发出勃勃生机，一年可建成公寓1142栋，一名观察公寓的记者写到，公寓“在每条大街、每个路口涌现，若有神助”。[②]

建造公寓有10%到30%的回报率，这刺激了更多的投资者跻身其中，但推动公寓建设的原因并非只有这一个，彼时城市经济的总体趋势也是重要原因。高层公寓是一种开发高价土地的有效方式。美国城市在内战后的岁月里发展迅速，无论在市区的商业地段还是居民区的四周，地产投资都在哄抬物价，商业用房区很快在老房子上加高几层，这样，投资者在计算商业公寓式住房的红利时就可以加上快速增长的地产价格了。许多大城市的商业区内义无反顾地上演先拆毁、再重建的闹剧，预示着这种模式在那里扎下根来。在地价尚可接受时，风险投资人就在未来的商圈内建造高层公寓和写字楼，望眼欲穿地估量着中心商务区的扩展方向，以便待价而沽。

然而，经济这个篮子并不能放下所有掀起公寓热潮的鸡蛋。公寓用闻所未闻的技术优势和针对家务活儿的有效解决方案抓住了所有美国人

---

① C. O. 洛林（C. O. Loring）：《施托伊弗桑特公寓》（“Stuyvesant Apartments”），《美国建筑商》（*American Builder*）第2卷（1869年12月），第232—233页。

② “编者的话”（Editors Table），《阿普勒顿杂志》（Appleton’s Journal）第15卷（1876年2月5日），第183页；《波士顿街道指南》（*Boston Street Directory*），1878年；引自道格拉斯·尚德·塔奇（Douglass Shand Tucci）：《在波士顿建房——1800—1950年间的城市与郊区》（*Built in Boston: City and Suburb, 1800-1950*），波士顿：纽约绘图协会，1978年版，第103页；哈罗德·迈耶（Harold M. Mayer）、理查德·韦德（Richard C. Wade），由格伦·霍尔特（Glen E. Holt）协助：《芝加哥——一个大都市的成长》（*Chicago: Growth of a Metropolis*），芝加哥：芝加哥大学出版社，1969年版，第144页；贝茜·露易丝·皮尔斯（Bessie Louise Pierce）：《芝加哥史》（*A History of Chicago*）（三卷本），芝加哥：芝加哥大学出版社，1975年版，第3卷，第57页。

图 8—1　波士顿佩勒姆酒店，美国最早的公寓，可能由阿瑟·吉尔曼于 1855 年设计建造。该公寓由一个折式屋顶和多个房间组成，既可以为成家立业者，也可以为剩男剩女提供永久的住房。

的心弦。虽然佩勒姆和纽约的法式平顶公寓都没有安装电梯，但都配有当时最先进的中央热水系统、统一的照明供气系统，而且每个住房均装有设备齐全的浴室（这一时期，浴室和自来水即便在最富有的人家也还是奢侈品）。每一栋公寓的经销商纷纷大肆鼓吹自己的楼盘比前人有了技术进步，住起来更舒服、更便捷。设计师们像关注建筑外观一样关注公寓内部的新设备。没过多久，每栋公寓都装上了蒸汽动力的电梯，单辟专门的货梯，供员工或者运送货物使用；也有居民和访客用的电梯，由专门的服务人员操作。浴室的设计更为高雅。冷热自来水和垃圾的按时处理已经成为生活标准。家具中增加了手绘瓷质水盆，淋浴间还有手工木制座椅和屏风。总机接线员24小时接入和拨出电话，这滥觞于1870年代末。19世纪最后十年间随着街道上架起电线，设计师在公寓中配备了发电机，尝试着采用电灯照明。工程师在公寓中安装了统一的真空吸尘系统，空气泵安放在地下室，在每个房间都设置了吸口与之相连，可以用来吸尘，也可以装上吹风机之类的个人用品。用来加热、通风、疏导、运输、洗衣、清洁甚至做饭的现代设备都放在公寓巨大的地下室里。

由于重视效率，在这些新式公寓中，家居生活的节奏也与众不同。酒店和男子俱乐部早已将厨房与起居室分开，使天伦之乐和虚室余闲不再被厨房的烟熏火燎和洗衣的不便所打扰。如今，新型酒店式公寓给永久居民提供同样的便利，无论是成家立业者还是剩男剩女，都一视同仁。纽约市第十大街与第五大道交会处的德特勒夫·林恩诺·格罗夫纳（Detlef Lienau Grosvenor）公寓小区建成于1871年，开创了酒店式公寓中使用公共厨房、公共餐厅和地下室蒸汽洗衣房的先河。物业公司为公寓的所有40个单元提供了两名仆人，一个女仆，一个侍者。居民可以从两种进餐方式中任选一种，要么去一楼高雅的公共餐厅，要么由侍者经货梯送餐上门，无论冷盘还是热菜，都可以送到居民的餐桌上，吃完后，侍者会把杯盘碟碗送到楼下的洗涤处。洗衣也是统一管理，女仆会把衣服送到地下室的清洗和烘干室。格罗夫纳小区的年租金从650美元到2200美元不等（大部分房间在小区完工前两年就被预订），居住在这里，可以远离恶臭和噪声，干家务活儿所占用的空间也省下来了。[①]

集中管理餐饮和洗衣；这种公寓式酒店独特的服务对许多观察者颇

---

① 1872年秋季的一份美国报纸，剪报保存于林恩诺档案馆（Lienau Collection），艾弗里图书馆（Avery Library），哥伦比亚大学图书馆（Columbia University Library）。

有启发。1874 年,《斯克里布纳尔月刊》(*Scribner's*)上的一篇文章宣称,"让家中不再需要厨房,给我们省下了多么大的空间啊,也给我们带来了莫大的健康,只不过像酒店式公寓这样在一个地方为所有人做饭还没有在穷人中尝试过。"[①]到 1878 年,针对富人的酒店式公寓中,公共服务已经达到很高的水平,甚至纽约市的一家法庭作出裁定,统一有效地规划餐饮和洗衣是与众不同的标志。该案件的原告是居住在第五大道的一名家庭主妇,她反对在自己家附近建大型公寓,声称先前早有一份协议,禁止在这一地段建造任何"出租住房"(tenement house)。而法官宣称,鉴于出租用的房屋(tenement)包括三户以上的家庭,他们虽然居住在同一屋檐下,但却各自独立生活;而公寓(apartment house)是为所有的住户提供集中管理的服务。[②]

在一些公寓中,公共厨房建在顶层,就在屋檐下,但大多是在地下室。就是在这些烟熏火燎的房间,工作人员忙前忙后,把做好的食物送到居民家中或送到宴会厅、咖啡馆、餐馆以及酒店大堂一般的公共餐厅。食物运送系统非常复杂,包括装有金属衬里加热箱和氨气制冷冰柜的特殊电梯,还有地下轨道用来疏导运送车或输送带。有些公寓在每个单元的后门安装了保温箱,这样,服务人员把食物放在不显眼的地方,居民随时可以享受一顿热气腾腾的美餐。

像 1883 年华盛顿特区的艾弗里特这种针对艺术家和单身汉的公寓,依然不配备公共或私家厨房。这类酒店式公寓只为男性顾客服务,用来消遣、睡觉和读书;设计者认为这里的房客只在会所吃饭或朋友家中宴饮。这样,单身汉们能够体会到些许"家的温暖",然而人们也担心,这会助长他们离家索居的念头。针对女性的酒店式公寓更是引发颇多争议,

---

① 詹姆斯·理查德森(James Richardson):《纽约的新住宅——一项对平顶房的研究》("The New Houses in New York: A Study in Flats"),《斯克里布纳尔月刊》(*Scribner's Magazine*)第 8 卷,1874 年 3 月,第 75 页。

② 《美国建筑师与建筑新闻》(*American Architect and Building News*)第 3 卷,1878 年 2 月 9 日,第 45 页。

图 8—2　该图显示的是 19 世纪末 20 世纪初一家大型酒店式公寓的厨房。从图中可以看到,一组被统一管理的厨房员工正在准备食物,以便供给咖啡馆、居民家庭或大堂一般的餐厅食用。

因为在人们看来,妇女抛弃家庭是一个严重威胁家庭生活的问题,尽管如此,但还是有几个慈善家建起了女性公寓。1878 年完工的纽约市"女工之家"酒店,拥有 500 个卧室、一个熨衣间、一个洗衣房、一个图书馆,还有几个餐厅,以便房客们进餐。由于这里的居民"生活清淡"(Reduced Circumstance),为了防止公寓沦为租屋,卧室里不能安放缝纫机或其他仪器设备。[①] 设计师宣称,这样的公寓有设施完善的餐厅,每个卧室的风格迥然不同,这会鼓舞女孩子将来在结婚时打造属于自己的家。特罗曼特客栈是纽约另一家针对女工的酒店式公寓,虽然采取集中管理,但也照顾到了女性的特点,建筑中全部采用了凹面或半圆的曲线,而没有直角,[②]

① 《"妇女之家"酒店》("The Women's Hotel"),《哈泼斯周刊》(*Harper's Weekly*)第 22 卷,1878 年 4 月 13 日,第 294 页。

② 《木工与建筑》(*Carpentry and Building*)第 27 卷(1905 年 4 月),第 105 页。

据说这种设计是女性风格的象征。

对热衷于公寓住宅中技术和服务的人而言,上述这些进展意味着美国社会在其发展历程中更迈进了一步。在威廉·斯特德(William Stead)的畅销小说《如果耶稣来到芝加哥》(*If Christ Came to Chicago*)(1893)中,一个乌托邦的未来美国触手可及,而公寓正是其标志之一;在其奥尔特鲁利亚的浪漫之旅中,威廉·迪安·豪威尔斯(William Dean Howells)亦如是说。1876年,《阿普勒顿月刊》的编辑呼吁公众关注先进的管道和通风设施,声称它们"是最新的科技成果",点缀着彼时的公寓;[①]同时还声称科学进步将捍卫并拓展美国人家庭生活的福祉,其志得意满之情跃然纸上。例如,电梯就是健康的福音,将主妇从终日上下楼梯忙于家务中解放了出来。另一位作家宣称,公寓电梯是一项将法式平顶房"民主化"的技术进步,因为穷人和富人同住在这样的公寓里,只不过穷人在地下室或顶楼,而富人住得高了几层,这样,欧洲居民的等级制度就被打破了。[②]在美国建筑中,电梯使人们可以到达每一楼层。

尽管技术进步带来了不少便捷,早期的公寓生活仍要面临诸多困难。有些户型的设计常常使走廊不见天日,从厨房到升降机间的距离过长。由于卧室离盥洗室太远,许多居民把夜壶和大水瓶放在卧室里。早期建筑的楼层布局与哑铃型公寓如出一辙,每两排住宅间有一个狭窄的天井;每个卧室最多只有一个窗户且在天井一侧。1879年,《美国建筑师》的一名评论员声称,纽约第五大道那些雄伟的公寓建筑,卫生条件和舒适程度甚至不如样板租屋,建筑师只追求外观华丽,别的无暇顾及,真可谓金玉其外、败絮其中。[③] 到1880年代,大部分建筑师都在公寓中设计了内庭,并环绕着中厅和客厅布置房间,这样,卧室就可以享受充足的阳光和新鲜

---

① "编辑的话"(Editor's Table),《阿普勒顿月刊》(*Appleton's*)第183页。

② 艾弗里特·布兰克(Everett N. Blanke):《纽约的山顶洞人》("The Cliff Dwellers of New York"),《世界主义者》(*Cosmopolitan*)第15卷(1893年7月),第354—362页。

③ 《纽约的新式公寓豪庭》("New Apartment-Houses in New York"),《美国建筑师与建筑新闻》(*American Architect and Building News*)第5卷(1878年5月31日),第175页。

空气。实际上，若论样板租屋设计风格的影响，对豪华公寓更大，对投资型租屋要小一些。

公寓面临的其他问题更难于解决。很多居民不满薄薄的墙和地板，因为隔音效果很差，说话声会被邻居听到。隔音实验正是建筑技术研究的衍生物。通过采用实心的承重墙、空心的耐火砖、厚重的室内隔断墙、有轧制铁条支撑的大块水泥地面和石砌拱门，噪声降低了。但住户仍然能够听到邻居说话的声音，甚至邻居有可能偷听隔壁家中的动静，这些问题仍饱受诟病。

人们也开始抱怨空间太小，尤其是在廉价公寓里。中产阶级的住房通常有四到五个房间（与之相对，富人的住房大多有六到十个房间），布局拥挤，做事也不方便。壁橱有一个或两个，但都很小；典型的门廊，往往15英尺长、12英尺宽；卧室有8平方英尺。有时候，以前用的家具并不适合新居。1880年，纽约市一家报纸刊登了一幅漫画，讽刺了住宅中的不便之处，作者笔下的中产阶级公寓中，陡峭的楼梯、逼仄的空间和易出故障的设备让居民难免尴尬。

对于有孩子的家庭来说，居住空间显然更加窘迫。公寓生活总是与年轻未生育的夫妇、单身汉、女工以及寡妇鳏夫紧密相关，因为这些人对空间的要求并不苛刻。“新婚和病老”最容易应付这种局面。不过仍有些公寓的管理人考虑到了孩子的问题。中等价位的芝加哥海德公园酒店（Hyde Park Hotel）则独辟蹊径，在室内专辟一区，以供孩子和育婴女佣使用。其他地方也有自己的规划，像波士顿的查尔斯门（Charlesgate），有专为儿童和保姆服务的餐厅，还配有有人管理的庭院供其玩耍，以免影响母亲们消遣。夏洛特·铂金斯·吉尔曼（Charlotte Perkins Gilman）既是女权主义者，又是公寓的支持者，她意识到了公寓需要针对儿童进行规划设计。她在《世界主义者》上发表了一篇文章，呼吁在所有公寓中开设全天候的育婴服务，只有这样，妇女才能充分享受公寓带给她们的自由。她写到,这是美国之进步的精神,人们不断地尝试,"没有最好,只有更好"。[①]

尽管个人的小天地很小,但公用的房间尤其是门厅却常常装饰奢华。大理石地板和镶板、水晶枝形吊灯、进口地毯以及胡桃木或红木的护板装点着公共入口、大厅、楼梯和电梯。大部分高价住房门厅宽大,足有500英尺见方,其细节之处亦装饰奢华,装点成哥特领主、维多利亚时代的爵士、文艺复兴时期的王公或拜占庭君王式等不同风格,营造了别样的氛围。在每一个住宅中,供休闲娱乐的房间占有很大比例,比独户住宅大得多。在大面积套房中,往往有一个门厅、一个会客厅、一个书房、一个餐厅及一个非正式的起居室,还有一个供离席男士使用的吸烟室。归根结底,一个家庭选择留在市区或不去郊区的原因,是能够如期地享受奢侈的娱乐生活。郊区生活与公寓生活全然不同,郊区住房的空间结构强调家庭隐私和家居生活。

到1880年代末,对爱德华·贝拉米(Edward Bellamy)《回顾》(*Looking Backward*,首次出版于1888年)一书的热议也烘托了公寓生活。在这部十分畅销的乌托邦小说中,贝拉米描述了未来,那时,美国人生活的标准就是住在公寓中,享受着集中管理和受过训练的专业人员提供的服务。当时酒店式公寓中的合作式服务、技术优势以及对公共空间的关注使其成为美国最先进的体系。对所有人而言,公寓被誉为一种快速迈向未来的生活方式。

1890年,在一个由贝拉米拥护者的组织的资助下,著名的波士顿建筑师约翰·皮克林·帕特南(John Pickering Putnam)出版了《民族主义风格的建筑》。帕特南自19世纪70年代以来专攻公寓住房的设计,声称公寓楼盘好处颇多,不仅在建筑学上有吸引力,而且价格便宜、能促进人际交往;不仅有益健康、能提高生活工作效率,而且无形之间生活在其他居民的视线内,也就减少了犯罪活动;除此之外,妇女也有了外出工作的自

---

① 夏洛特·铂金斯·吉尔曼(Charlotte Perkins Gilman):《美国大城市的住房沿革》("The Passing of the Home in Great American Cities"),《世界主义者》(Cosmopolitan)第38卷(1904年12月),第138页。

图 8—3　一幅关于纽约市中产阶级公寓的漫画（1880 年）。该画讽刺了公寓空间和供整个建筑使用的技术给居住生活造成的不便之处，揭露了公寓并没有建筑商所许诺的那么美好。

由。隔壁住着陌生人虽有些不便,但在帕特南看来,这终究会营造一种共有的社区感。他乐观地预测,“在民族主义之下,公寓住房唯一有力的反对声音,亦即那种认为居民不和睦的观点终将烟消云散,与之一起消失的,还有一半的生活成本”。[①] 在社会转型中,建筑又一次发挥了巨大作用。

尽管公寓承载着贝拉米合作式、技术性的乌托邦愿景,但即使在人们对公寓的热情高涨时,仍不乏反对意见。对许多美国人而言,无论何种形式的公共住房,都偏离了理想之家的轨道。他们认为私人住宅有益于个人,能培养美德,想一想他们的这种理想,想一想这种理想对他们迁往郊区的影响,上述反对意见也就不足为奇了。随着越来越多的美国媒体开辟专栏报道租屋的恶劣条件,多户型的高档住所由于与穷人租屋都属公共住房,其名声也被玷污了。人们抱怨到,公共住房中居民生活之间的距离太近且共用各种设施,会导致生活混乱无序。这类抱怨使人们既反对穷人租屋,也不满多户型高档住所。还有批评者坚信,酒店式公寓虽减少了家务劳动,但会让妻子疏于家政和子女,即使在传统的、小而高效的公寓中,也会发生这样的情况。总之,效颦欧洲堕落的生活方式并不适于良好的美国家庭。

在上述这些批评的影响下,美国公寓住房逐渐发生变化。尽管在公寓建设的前30年,还只是少数派的不满之声,但很多建筑师已逐渐改弦更张,试图在公寓中重现传统家庭生活细节,营造过往的象征;他们希望以此来打开有保守倾向的上层中产阶级的市场。壁炉是家居生活的一种表征,因此有些建筑师在公寓中安装了壁炉,哪怕公寓已经配备了非常先进的中央供热系统。卡尔·法伊弗(Carl Pfeiffer)的伯克希尔公寓位于纽约第52大街和麦迪逊大道,是1883年建成的合作式公寓(Cooperative),建筑师在主厅中安装了壁炉,并饰有精美的壁炉架,在厨

---

① 约翰·皮克林·帕特南(John Pickering Putnam):《民族主义风格的建筑》(*Architecture under Nationalism*),波士顿:国民教育协会,1890年版,第13页。

房之外的其他房间中亦如此。纽约公寓行业的成功人士、法国人菲利普·休伯特(Philip Hubert),将其经营的公寓称为一层一层叠在一起的“小型私人别墅”。[①] 他强调每个单元的独立和分隔,这样才能保证良好的隔音效果,并为每栋建筑提供了分开的入口,避免公共大厅占据巨大的空间。即使集中服务也在凸显家居生活,因为这使得居民可以尽享生活中的社交活动,感悟家庭的温暖,从而把生产活动关在家门外。公寓中的仆人往往住在顶楼,远离居民家庭。许多房客只使用公寓的服务人员,而不是保持一种更为亲密的“主妇与女仆”的关系。用操作杆按按钮,以此要求送餐、准备亚麻布、沏茶、打扫卫生等,把无声的信息传递给了位于另一区域的管理部门。

在许多人看来,公寓生活的怪异之处不在于奢华的展示,甚至不在于集中式服务,而是一个居住单元中私人卧室和公共空间极为贴近。尽管早在1870年代中期就有设计师尝试复式公寓,但安装为数众多的室内楼梯所费不赀,因此将所有的房间安置在同一层是更为现实的选择。在1920年出版的《纯真年代》(*The Age of Innocence*)中,伊迪丝·华顿(Edith Wharton)笔下那个生活在19世纪末的老妪,便对平房公寓情有独钟。“来访者于惊奇中陶醉不已,”华顿写道,“装潢布局间渲染着法国小说的情调,带有普通美国人从未梦想过的有伤风化的设计理念,也让他们愕然。这就是女人如何与恋人生活于邪恶陈腐的社会,和小说中描写的那些粗鄙的近亲一起住在平房公寓里。”[②]有人在1891年拍摄了一张照片,镜头下是芝加哥豪华的门顿豪庭(Mentone)的一幢公寓全景,读者可以从中看到这样一种情景:站在客厅里,随着目光穿过壁炉架,穿过葡萄藤状的艺术品,穿过其他家居妙品,落在餐厅里,会依稀看到不远处卧室的

---

① 休伯特、皮尔逊和霍迪克(Hubert, Pirsson & Hoddick):《纽约平顶屋和法式平顶房》(“New York Flats and French Flats”),《建筑实录》(*Architecturel Record*)第36卷(1892年7—9月),第13页。

② 伊迪丝·华顿(Edith Wharton):《纯真年代》(*The Age of lnnocence*),1920年,重印版,纽约:查尔斯·斯克里布纳尔父子公司,1968年版,第55—64页。

试衣镜。

在19世纪末,公寓又一次经历了重大变化。改革之风吹过波士顿和旧金山,而在纽约尤烈,宏伟奢华的高层公寓拔地而起,式样传统者荡然无存。前者有12层到15层高,分布在城市的各个街区,炫耀着一种宫殿般的雄伟。在纽约,有多林顿、安瑟尼、格雷厄姆花园小区;在洛杉矶,有庞斯德里奥小区;它们里里外外都经过装饰:准确无误地显示着贵族般的财富,而不是民主式的合作。在其他城市,公寓也许不像上述那般宏伟,但它们展示的不是技术进步,而是一种梦幻般的氛围。认为酒店式公寓能够促进平等的论调随之销声匿迹了。尽管庞氏集团和德怀特·铂金斯(Dwight Perkins)在芝加哥修筑的公寓已然魅力非凡,保持了建筑严肃性和技术前卫性的传统,但公寓中的种种限制却不再流行。总之,此时在大多数美国人眼中,公寓宏伟奢华,为富者独享,而且远离家庭生活。

与此同时,公寓也在向传统的家庭生活靠拢,那就是每个单元都被视为一个独立的实体,人们不再强调公共厨房和高效集中的服务。燃气公司和电力公司在每家每户的厨房中安装了炉子和冰箱。地下室仍然有大型冷藏设备、水管、加热器、燃气总线和供电线路;不过访客和房客都看不到这些,它们被连接到成百上千的家庭中。

甚至在上述这些变化发生之时,大众传媒就对酒店式公寓展开了猛烈抨击。纽约牧师和大学教师合著的《儿童福利手册》是一本为家庭服务的手册,该书警示人们注意以下危险:“很难想象,鸽笼式的小房间会是一个真正的家……房间太小了,只能用折叠的圣诞树,就连自由自在的家庭交流也没地方开展;没地方玩耍,没地方读书,没地方听音乐,也不能坐在壁炉旁尽享天伦之乐;家庭生活的其乐融融也渐渐消失了。”①一个建筑师对选择这种生活的女性谴责道,“住在酒店式公寓里的妇女游手好闲。她辞去了工作,讨好公寓经理,做全职太太。她的个人喜好和伦理

---

① 亨利·科普牧师(Reverend Henry F. Cope):《现代住房的保护》(“The Conservation of the Modern Home”),《儿童福利手册》(*The Child Welfare Manual*),两卷本,纽约:大学协会出版社,1915年版,第1卷,第21页。

图 8—4　一张拍摄芝加哥高雅的门顿豪庭中惠勒公寓内景的照片，摄于 1890 年。该图展现的是立足典型的维多利亚式客厅环顾餐厅和卧室的景色。

标准淹没在公寓的公共标准之中……她无法创造出有礼貌的氛围和符合自己个性的环境，而这本应是她效率和能力的主要源泉。”[1]1903 年，一份建筑杂志将不道德和不民主的奢华这两个独立的主题联系起来，宣称酒店式公寓“妄自尊大”让自己变成了“美国民主所遇到过的最危险的敌人”。[2] 在一个全国性的住房会议上，有人发出了另一种激烈的批评声，指责“长时间住在公寓里，两性道德在不经意间也堕落了”。他认为，在近邻间，每句话都会被爱嚼舌头的邻居听到，这很容易导致婚姻不合，所

---

① 《纽约的酒店式公寓》(“Apartment Hotels in New York City”)，《建筑实录》(*Architecfural Record*)第 13 期，1903 年 1 月，第 90 页。

② 同上；沃尔特·钱伯斯(Walter B. Chambers)：《复式公寓住房》(“The Duplex Apartment House”)，《建筑实录》第 29 卷，1911 年 4 月，第 327 页。

以，“公寓生活是通往离婚殿堂的捷径”。①

图 8—5　多林顿豪庭。由设计师琼斯和立昂于 1902 年建于纽约，由于它庞大的规模和豪奢的通体装饰而被《建筑实录》批评为“变形建筑”。

---

① 伯纳德·纽曼(Bernard J. Newman)：《要不要支持公寓住房》(“Shall We Encourage or Discourage the Apartment House”)，《美国的住房问题——1917 年纽约第 6 届全国住房大会会议纪要》(*Housing Problems in America: Proceedings of the Sixth National Conference on Housing, New York*, 1917)，第 153—166 页，引自塔奇：《在波士顿建房》(*Built in Boston*)，第 215—216 页。纽曼是宾夕法尼亚大学教授，主攻住房研究。

图 8—6　图为 1901 年的卢卡斯公寓，位于得克萨斯州的海岸度假城市加尔维斯顿，用 19 世纪后期美国公寓的素朴线条装饰出梦幻般的意境。

上述这些抨击不该让人们误以为 20 世纪初几乎不再新建公寓了。而实际上，公寓很实用，建造公寓也是有利可图的投资；批评之声尽管如此声色俱厉，但在地产价格高昂的城市和近郊却不起作用，无法阻挡公寓建设的步伐。事实上，尽管有些专业设计师公开非议公寓，但很多设计师还是依靠设计公寓谋生。到 1920 年代，在很多城市，公寓住房比独户住宅建造得更多。在这十年中,芝加哥四分之三的住房许可颁授给了公寓住房。在洛杉矶,1920 年时新建住房中有 8%是公寓,到 1928 年,这一比例变成了 53%。[①] 新式的花园式公寓将场地的一大部分留作开放空间,这种模式尚在试验中,不过在东西海岸都赢得了支持。虽然大多数新建筑仍然瞄准富人市场,但公寓已经成为大都市住房的典型类型。

中产阶级仍在抨击公寓不足以成家,其批评之声并未减弱。《女性家庭杂志》发表的文章认为,越来越多的公寓会增强布尔什维克对美国妇女的影响,提醒人们严加防范;"美国家居促进会"的执行官詹姆斯·福特在向全国住房大会 1921 年会议提交的报告中指出,只有私有的独立住房才能培养孩子的自我意识、道德感和智慧,此时他已有所警觉。1928 年,芝加哥公共学校协会的一个分部和库克县妇女组织联盟通过了一项决议,"呼吁所有的父母为了年轻一代买房置业,不管他们住在小厨房公寓是出于经济原因,还是为了离开村舍小屋而拥有公寓妇女参加社区活动的闲暇"。[②]

公寓会纵容混乱的性关系,会煽动妇女自立,会渲染对共产主义的同情,会扭曲孩子的心灵——这些攻讦之词重申了美国神话,一再告诫人们家居环境的确可以影响人的行为,这种影响既可以是正面的,也可以是负面的。说来奇怪,住在公寓和喜欢公寓的成千上万居民并没有像前人那样从道德层面捍卫他们的居住环境。当城市土地的经济效用决定如此众多的公寓之时,这些反对的声音强化了城市居民与郊区居民之间的分歧:二者对公寓的看法全然不同。前者享受着公寓的舒适,而忽略了后者视为紧要的道德要素;而郊区居民和某些城市居民则抨击公寓住户缺乏责任感且轻浮懒散。他们口中所谓公寓生活的危险,不外乎众多妇女要外

---

① 哈罗德·迈耶、理查德·韦德(Mayer and Wade):《芝加哥——一个大都市的成长》(*Chicago*: *Growth of a Metropolis*),第 324 页;罗伯特·福格尔森(Robert M. Fogelson):《碎裂的大都市——1850—1930 年间的洛杉矶》(*The Fragmented Metropolis*: *Los Angeles*, *1859-1930*),城市研究联合中心丛书,第 151 页。

② 引自乔治·沃尔特·菲斯克(George Walter Fiske):《变化中的家庭——现代家庭的社会和宗教面相》(*The Changing Family*: *Social and Religious Aspects of the Modern Family*),纽约:哈珀兄弟出版社,1928 年版,第 68 页。

出工作;他们指责公寓推升了离婚率、降低了出生率,指责公寓怂恿了婚前性行为,并扩大了贫富之间的社会和经济鸿沟。人们将公寓视为这些重大社会问题的替罪羊,就像将郊区小屋视为一条出路一样。

推荐阅读书目

虽然近来有些作者开始关注美国的公寓住房,但迄今为止,关于这一问题的史学论著还有所欠缺。请参见多洛雷斯·海登(Dolores Hayden):《家居生活的大革命——美国家庭、邻里和城市设计中的女权主义的历史》(*The Grand Domestic Revolution: A History of Feminist Designs for American Homes, Neighborhoods, and Cities*),马萨诸塞州坎布里奇市,1981 年版;戴维·汉德林(David P. Handlin):《美国家庭》(*The American Home*),波士顿,1878 年版;道格拉斯·尚德·塔奇(Douglass Shand Tucci):《在波士顿建房——1800—1950 年间的城市与郊区》(*Built in Boston: City and Suburb, 1800-1950*),波士顿,1978 年版;卡尔·康迪特(Carl W. Condit):《建筑学中的芝加哥学派》(*The Chicago School of Architecture*),芝加哥,1964 年版;罗伯特·斯特恩(Robert A. M. Stern):《阅尽浮华——纽约的公寓住房》("With Rhetoric: The New York Apartment House"),《通道》(*Via*)第 14 卷(1980 年);理查德·普伦兹(Richard Plunz):《百年来纽约的住房形式,1850—1950 年》(*Housing Form in New York City, 1850-1950*),巴黎,1980 年版;普伦兹编:《美国的住房形式和公共政策》(*Housing Form and Public Policy in the United States*),纽约,1980 年版。安德鲁·阿尔伯恩(Andrew Alpern)的《富人的公寓——历史视野下的纽约住房》(*Apartments for the Affluent: A Historical Survey of Building in New York*)(纽约,1975 年)几乎完全依靠照片和地面规划图。德博拉·加德纳(Deborah S. Gardner)撰写的《商业资本主义的设计——约翰·凯勒姆与 1840—1875 年间纽约的发展》("The Architecture of Commercial Capitalism: John Kellum and the Development of New York, 1840-1875")(哥伦比亚大学 1979 年博士学位论文)中有一章专门介绍女工酒店(Working Women's Hotel)。芭芭拉·西尔弗古尔德(Barbara K. Silvergold)的《理查德·莫里

斯·亨特与巴黎高等艺术学院审美风格建筑进入美国》("Richard Morris Hunt and the Importation of Beaux-Arts Architecture to the United States")(加利福尼亚大学伯克利分校1974年博士学位论文)探讨了施托伊弗桑特平顶屋。斯蒂芬·伯明翰(Stephen Birmingham)所著《达科塔大楼里的生活》(*Life at the Dakota*)(纽约,1979年版)很好地展示了达科塔这个纽约最著名的建筑中社会生活和技术革新的闭塞。

关于公寓建筑的早期材料,下列诸种最易为读者获得:E. 艾德尔·蔡斯洛夫特(E. Idell Zeisloft):《新大都市》(*The New Metropolis*),纽约,1899年版;拉塞尔·斯特吉斯(Russell Sturgis)《公寓住房》("Apartment House"),收录在斯特吉斯:《建筑与住房词典》(*Dictionary of Architecture and Building*),纽约,1905年版;约翰·皮克林·帕特南(John Pickering Putnam):《民族主义下的建筑》(*Architecture under Nationalism*),波士顿,1890年版;萨拉·吉尔曼·扬(Sarah Gilman Young):《欧洲的居住模式,或公寓住房的问题》(*European Modes of Living, or the Question of Apartment Houses*),纽约,1881年版及《大都市中的公寓住房》(*Apartment Houses of the Metropolis*),纽约,1908年版;R. W. 塞克斯顿(R. W. Sexton):《今日之美国公寓》(*American Apartment Houses of Today*),纽约,1926年版。夏洛特·铂金斯·吉尔曼(Charlotte Perkins Gilman)的论著极力向读者推荐酒店式公寓,尤其是论著《美国大城市的住房沿革》("The Passing of the Home in Great American Cities"),《世界主义者》(*Cosmopolitan*)第38卷(1904年)和《妇女与经济》(*Women and Economics*)(1898年;重印版,纽约,1966年)。也可参见威廉·哈钦斯(William Hutchins):《纽约的酒店式公寓》("New York Hotels"),《建筑实录》(Architectural Record)第12卷(1902年);艾弗里特·布兰克(Everett Blanke)《纽约的山顶洞人》("The Cliff-Dwellers of New York"),《世界主义者》(*Cosmopolitan*)第15卷(1893年)以及詹姆斯·理查德森(James Richardson)《纽约的新住宅——一项对平顶屋的研究》("The New Homes in New York: A Study of Flats"),《斯克里布纳尔月刊》(*Scribner's Magazine*)第8卷(1874年);另外还有建筑类期刊杂志中数量众多的插图和文章。

第四部分　现代生活的曙光

在20世纪头一个十年中，维多利亚时代美国的社会不公和感情用事受到了猛烈抨击。女权主义者要求彻底改变社会对待妇女的方式；进步主义改革者呼吁在政府管理、教育行业和家政服务等方面更有理性；建筑师和通俗报刊记者批评19世纪奢华繁复的住房风格，建议人们用简朴的线条和整齐的空间装饰住房。尽管专业人士发起各种各样的改革运动，但普通的中产阶级却对现代化的生活方式持支持态度。因此，不管内行外行，都认为现代化的住房是他们推崇的更大范围的政治、社会和审美情趣等改革的关键。

从无所不在的"标准"一词就可看出科学在这一时期的崇高地位。在与工业生产和大企业的工作效率相比之后，人们开始创造新的住房、学校，并革新政府部门。泰勒制常常用节省时间、节省步骤、增加产出和产品标准化之类的词汇规范工业生产的流程，如今人们在清扫壁炉、照顾孩子或管理工厂时也用上了这些时髦词语。似乎现代化的目标不是改善生活，而是现代化本身。

此时，社会科学风头正劲，在住房现代化过程中扮演了积极的角色。社会学家、经济学家和政治学家的专业组织虽然组建的时间不长，但转瞬间发现其会员似乎一夜之间成了抢手货，不仅登上了三尺讲台，还在许多岗位上发挥着作用。1900年代初，企业家雇佣"社会秘书"来帮助建立针对工人及其家庭的福利工程。家政机构、女性杂志和妇女组织纷纷请教社会学家和人类学家有关家庭生活的学问和变化中的妇女的角色问题。到1920年代，受过教育的美国人若是关注婚姻满意度和抚养孩子的好方法，定然对心理学术语耳熟能详。

世纪之交的进步运动宣称，所有美国人不论阶级，都应该拥有更好的住房；进步主义者向“赛先生”请教该如何改善家居生活。门外汉和专家学者纷纷讨论富人穷人、工作妇女和家庭主妇以及农村家庭和城市居民的不同需求。他们不确定在现代化家庭中该抛弃什么、留下什么，也不知道哪些由家庭所有、哪些由集体共有。到1910年，人们普遍认为，一个现代化的住房应当像一个高效率的工厂一样。支持心理学自我鼓励方法的《成功》杂志编辑奥里森·斯威特·马登(Orison Swett Marden)说道：“现代化的节奏需要一个重组和标准化的家庭。”[1]诚哉斯言。

中产阶级住房的变化尤为明显。维多利亚时代布满装饰品的门厅如今不见了；墙面上高雅的木制细节也退出了舞台。尽管建筑面积小了，房价却没有降低，这主要缘于住宅中的技术革新，这是“标准”的象征。摩登的平顶屋比昔日更为简洁质朴，打扫更简单，如此一来，主妇就有更多的机会走上职场，也能参与更多的社交活动。尽管如此，接受过再教育的主妇如今作为一个“高效家庭生活专家”，仍有很多工作要做。

在工厂城镇中，规划专家和社会学家一起制定住房规划，以便员工生活的方方面面受到监督控制。如此一来，住房条件确实有了改进。家中有了更好的卫生设施和通风条件，户外空间变大了，居住空间也不再像以前那样拥挤，甚至有些员工可以成为房主。资助这些项目的企业老总并非纯然为了工人的利益，他们也在打着自己的小算盘。企业用多种方法增强对员工的管理控制，而在合作式的工厂城镇中为员工建造住房就是方法之一。早在19世纪初，美国人就懂得可以通过环境塑造工人的性格，20世纪初的上述做法无疑是一种继承和发展。

一战后的岁月似乎是个人主义复兴的年代，美国社会沉湎在住宅建设中，沿着与此前20年的“标准化”道路相反的方向前进。童话风情的迷人乡间别墅就是一个典型。然而，这一时期有权规划住房的开发商把

---

① 奥里森·斯威特·马登(Orison Sweet Marden)：《妇女和家庭》(*Woman and Home*)，纽约：托马斯·克伦威尔出版社，1915年版，第305页。

进步时代住房业对审美标准和社会环境的控制又向前推进了一步。20年代的中产阶级郊区受到多方面的约束，包括建筑风格、住房大小、私车管理、是否靠近商业区等，少数族裔和小教派信徒要想入住郊区也受到许多限制。在这十年中，诸如雷德伯恩和阳光花园之类的非营利性的“模范社区”都采取相应措施协调公共利益和个人利益，它们的规划方法相近，对种族的歧视也较少。纽约市布朗克斯制衣工人联合会的合作式住宅区是一种尝试，与之类似的许多项目都更关注公共空间，通过合作来提供某些服务，而不像郊区那样各扫门前雪。上述每一种经过规划的居住环境都影响着后来的住房样式。这就是20世纪通过集体合作来实现家居稳定的图景。

第九章　进步时代的家庭主妇和郊区的独立平房

住房将是熟悉使用机器和控制自然力的第一堂课，也将是领悟合作精神的第一堂课，正是这种合作精神，能把现代科学的益处送到千家万户。

——艾伦·理查兹（Ellen H. Richards）：
《住房的代价》（*The Cost of Shelter*），1915年

1890年代，随着进步运动改革的浪潮风起云涌，中产阶级美国妇女为了能够如其所愿参与俱乐部和慈善活动，能够有时间工作和购物，她们坚定地呼吁住房必须加以改进。在社会福音派牧师莱曼·阿伯特主编的《住房与家庭》一书中，玛丽·盖伊·汉弗莱（Mary Gay Humphries）写道，“一个繁忙的女性总是说，她心目中未来的住宅只需一根水管就能打扫干净。”[①]尽管这一独特的建议从未出现在建筑商的说明书中，但1900年代早期的住房的确反映了美国人对简约与高效的关注。

再度振兴的家政学运动促进了上述改革住房的呼声，该运动的领导人如今用“家居科学”或“住房管理”这样的名称来突出其专业标准。1880年代，在艾伦·理查兹的领导下，波士顿的一小群妇女发起改革运动，呼吁用更加科学和专业的方法来管理住房及其维修和日常生活。1893年，在芝加哥举办的哥伦布世界博览会上，她们成立了全国家政协

① 《住房装修与布局》（“House Decoration and Furnishing”），载于莱曼·阿伯特（Lyman Abbot）主编：《住房与家庭》（*The House and Home*），2卷本，纽约：查尔斯·斯克里布纳尔之子公司，1896年版，第1卷，第157页。

会来促进其改革运动。在该协会的推动下,全国一些主要的大学和学院很快建立起家政系,其中不乏西北大学、康奈尔大学、瓦萨学院和斯坦福大学等知名学府。1890 年,只有 4 所由政府赠地的学院开设了家政系;到 1899 年达到了 21 所;而到了 1916 年,195 家研究机构中的 17778 名学生从事家政研究的各个方向。[①] 中小学也不甘寂寞,试图向年轻女孩灌输长大后处理家政活动的科学方法。许多学校有"实习住宅",里面有当地商人捐赠的家用设施,学生们在这里比赛洗衣技能,或者学习如何摆放最新式的家具。美国政府的公告和康奈尔大学的《农场主之妻》通报给农场主的妻子提供信息;到 1911 年,超过 1 万名妇女注册了美国家政学院的家庭社会学、家居建筑和科学烹饪等函授课程。[②]

起初,像波士顿的西蒙斯学院、匹兹堡的卡内基学院、纽约的普拉特研究所等开设家政学课程的目标,是塑造未来的家政人员。社区改良运动的家庭计划集中于培养移民妇女学习成为女侍者和女仆的能力,同时教会她们整理住宅的技巧。中产阶级家庭妇女也乐于重新定位自己与家居环境的关系,而 1900 年以后的家政课程,主要针对的就是这一人群。女权主义者希望妇女的家务劳动更有效率,这样她们就可以再走出家门追求自己的乐趣。保守主义者建议,保护家庭和私人住宅的唯一办法,就是将家庭主妇当作专业人士,将她们变成吃苦耐劳、技术娴熟的"家政管理者"。

维多利亚时代,人们理想中的妇女是会用双手改良社会,到了 20 世纪初,新一代积极主动的家政改革者们将这一观念现代化了,给予妇女新的武器,即科学。在家居科学家们看来,家就是一个实验室,他们相信自己可以在这里改善健康状况和家庭关系,可以让妇女更加满意。

在某些情况下,新的科学技术让家庭生活不伦不类。艾伦 · 理查兹

---

① 保罗 · 贝特斯(Paul V. Betters):《家政机构》(*The Bureau of Home Economics*),华盛顿特区:布鲁金斯研究院,1930 年版,第 5 页;伊莎贝尔 · 贝维尔(Isabel Bevier)、苏珊娜 · 厄舍(Susannah Usher):《家政运动》(*The Home Economics Movement*),波士顿:惠特科姆与巴罗斯出版公司,1906 年版,第 34—36 页。

② 威廉 · 哈德(William Hard):《未来的妇女》(*The Women of Tomorrow*),纽约:贝克—泰勒公司,1911 年版,第 128 页。

建议她的读者扔掉佩氏碗碟，像培养胚芽的科学家那样，观察一下是否成功清除了起居室的细菌。玛丽·帕蒂森(Mary Pattison)则试图把弗雷德里克·温斯洛·泰勒的科学管理方法应用到家务劳动中，主张家里要放一张桌子、一个录音机、些许文件，甚至还需要索引卡片，上面写明家中房间和橱柜的位置及用途。家居科学家们更常用的方法，是鼓励在住房和主妇对待工作的态度上取得切实的改进。这类主张的领袖们支持激进地简化住宅，认为装饰和建筑风格除了展示风尚之外毫无用处，既不实用，也不舒适。他们引用威廉·莫里斯(William Morris)的观点来论证简约和可适的好处："家里没用的东西、不好看的东西一件也不留。"[①]他们控诉1890年代仍在流行的维多利亚式装饰风格不仅不健康，因为缝隙中会寄存灰尘；而且难以清扫干净，因为这种装饰笨重奢华，并且容易破裂；甚至既不舒服，又丑陋不堪。

为了免除不必要的家务，家居设计盛行近乎简朴的简约。整齐的家庭空间和光滑的家具表面清理起来更容易。印花的墙纸取代了易于脏乱的裂缝和飞檐，用来装饰起居室。机制的或经过雕刻的灰泥不再被用来粉刷墙面，取而代之的是染色棉、黄麻、麻布或刚刚经过改良的墙纸，而且墙面常常只刷一层白色光滑的石膏，简约而大方。徜徉其间，你可以发现草席、用碎布织成的小地块毯，有时还有亚麻油布，这可是一种时尚。美国人觉得，装饰墙和地板的材料要容易清洗，让人看上去内心宁静。

细节虽小，但功能强大。简单的直角屏风取代了维多利亚风格的楼梯护栏那华丽的曲线和繁复的雕琢。起居室有书架和柜橱；厨房有可折叠的桌子、长椅和熨衣板；浴室中有药箱；房内处处都有橱柜——这样的内置性便利设施有很多。许多人家已不用窗帘，换上了软百叶窗。一排排的百叶窗和铅制窗格将窗帘逐出了家庭的舞台，而铅制部件也遮住了房屋的内

① 艾伦·理查兹(Ellen H. Richards)：《住房的代价》(*The Cost of Shelter*))，纽约：约翰·威利出版公司，1905年版，第78页；伊莎贝尔·贝维尔：《舒适的住房》("The Comfortable House")，《家居美化》(*The House Beautiful*)第15卷(1904年1月)，第128页；海伦·坎贝尔(Helen Campbell)：《家政学》(*Household Economics*)，纽约：G. P. 普特曼之子公司，1898年版，第89—94页。

景。即便保留了窗帘的地方,也多选用透明材料,而且此时的窗帘也短了许多,很少能盖住窗台,因为任何拖在地上的东西都让人觉得肮脏凌乱。

尽管现代家政学家讨论家庭道德的陈辞滥调仍喋喋不休,但他们不再夸耀家的温柔和丰裕;他们的观念变得更纯洁,也更简单。芝加哥家政学家、布景师梅布尔·图克·普利斯克曼写道:“把奢侈的装饰品和多余的布料扔掉吧,这样的家才是纯粹的家,才是脱离了低级趣味的家。”[①]诚哉斯言!与维多利亚时代的家庭道德主义者不同,这一代人为理想住房涂上了工业时代的梦幻色彩,就像1897年海伦·坎贝尔(Mabel Tuke Priestman)所写的那样,现代秩序从“一间办公室,……餐车或汽船的厨房和实验室或百货商店的安排”[②]实现自我。

门外汉的简朴设计和对专业知识的怀疑,都是追求简约惹的“祸”。早期的家政学家希望尽可能多的妇女参与到家庭生活中来,鼓励她们学会绘制楼层规划图,会判断合理的管道系统的质量,这样她们就能一举两得,既为家里挑选了上好的管材,又影响了住房建筑。这种观念并不是要妇女成为建筑师、承包商或建筑投机商,而是要她们懂得怎样为家人找到良好的住房,并在城市改良协会中扮演重要角色。芝加哥大学的马里昂·塔尔伯特(Marion Talbot)和索夫尼斯巴·布莱克里奇(Sophonisba P. Breckinridge)关注着“作为房客的市民”。[③] 他们认为,在这里,市政服务残缺不全,建筑投机丑闻迭出;在这里,城市中针对穷人的体面住房少之又少;想想这些,私有住房的问题也就不再成之为问题了。妇女不得不在政治上活跃起来,惟其如此,才能改进所有住房的质量。

---

① 梅布尔·图克·普利斯克曼(Mabel Tuke Priestman):《艺术式的家》(*Artistic Houses*),芝加哥:A. C. 麦克勒格公司,1910年版,第6页。

② 海伦·坎贝尔:《家居布置》(“Household Furnishing”),《建筑实录》(*Architectural Record*)第6卷(1896年10月、11月号),第101页。

③ 这是塔尔伯特先后在社会学系和家政学系所开的一门课程的标题。要想了解关于芝加哥家居学与住房改革运动的详细状况,请参见拙著《道德主义与样板住房——1873—1913年间芝加哥的家居建筑和文化冲突》(*Moralism and the Model Home:Domestic Architecture and Cultural Conflict in Chicago,1873-1913*),芝加哥:芝加哥大学出版社,1980年版。

20 世纪初，许多不同的群体纷纷发起改革运动，呼吁改良住房的设计和维修，他们将其称作一种进步方案。尽管他们的各种社会目标立基于相互冲突的价值观上，但公共卫生的支持者、艺术与手工艺的拥护者、女权主义者、家政学家以及社会改良运动的拥趸无不赞成共同的理念，即让住房简约化、标准化，以此来体现他们的价值观。虽然有些建筑师尝试了采用简约造型，有时甚至为了纯粹的几何造型而牺牲了传统风格，但更能引起公众兴趣的家居建筑，却要在很大程度上源自美国中产阶级居住环境的突变。

例如，公共卫生运动便志在改革所有阶层的住房，而不只针对穷人的租屋。教育改革的目的是将个人和家庭卫生知识传授给移民妇女，与此同时，这些知识也通过女子俱乐部的会议、相关的图书和小册子来到中产阶级家庭主妇身边，她们随手可得。疾病由细菌引起，这一观点已为普罗大众接受，也成为改革者们抨击灰尘、房间死角和卫生设备匮乏将导致疾病的炮弹。

针对住房卫生条件的建筑说明书为数众多。冬天能装上玻璃的凉台和带棚的"阳台"让房里的人可以呼吸新鲜空气，享受温暖阳光。医生和家政学家们认为，细菌主要藏身在灰尘里，而帷幔、配有布套的家具、顶着墙角的地毯和小摆设是最危险的"藏污纳垢"之所。他们力促门廊和窗框变得简约；呼吁撤走铸件和雕像摆放架；拆除飞檐之类容易积攒灰尘的特征物。人们喜爱白色，认为这是卫生意识的象征。起初，混凝土地下室被刷成白色，而起居室和餐厅紧随其后。针对厨房墙面的说明书呼吁要用可清洗的瓷砖或廉价的搪瓷金属薄片、轻型的油布或是搪瓷油漆——但都得是白色的。甚至家用设备的按钮也用荧光的白色陶瓷做成。建筑师尤娜·尼克森·霍普金斯（Una Nixson Hopkins）将公共卫生的新近标准与方兴未艾的心理健康研究结合起来，在《美丽家居》一书中告诉读者，研究色彩对大脑影响的医生认为，纯白的墙壁能起到静养疗法的作用。

在 1900 年代初的工艺美术运动中，建筑师、设计师与诗人和作家并肩战斗，家庭主妇与改革者齐头并进，他们一是对手工制品充满感情的崇敬，一是潮流般地追求简约质朴和有益健康的居住环境，并将二者融合起来。一些设计师为房屋装点浑然天成般的田园风情，他们直接将大块的树干和天然去雕饰的石头裸露在外，用它们作为住房构架。虽然潮人们会在起居室里放上印第安风格的手制品或民间艺术品，但大多数对美国工艺美术感兴趣的人仅仅通过简洁布线和稍许装饰来追求"优良品味"。开工艺美术运动之先河的英国人将其作为针对工业化繁复杂乱风格的"拨乱反正"，然而，在形形色色的美国社团中，大多认为无论机器工厂还是手工作坊，都可以生产出令人愉悦的饰物器形，这与其英国同行形成了鲜明对比。美国人关注的主要是作为产品的结果，而非制造产品的客观条件。

美国工艺美术运动最著名的弄潮儿是纽约锡拉丘兹的家具生产商古斯塔夫·斯蒂克利（Gustav Stickley），他在自己的工厂重新设计了生产工艺，以便使全部工作都靠手工工具完成。简约的直线型排线和未经涂饰的橡木材料是他的"手工"家具的特色。1901年，斯蒂克利开始发行杂志《手艺人》（*The Craftsman*），希望引领一场美国的社会和艺术革命。该杂志主打的文章，或是论及纽约市的租屋，或是探讨克鲁泡特金的乌托邦式的无政府主义，也有关于工厂工作条件、鲜花布置和吹制玻璃的。第二年，斯蒂克利开始向读者介绍住房的设计样板，并继续主推房屋内外的规划设计，直到1916年该停刊。1903年，斯蒂克利组建了手艺人式住房建筑商俱乐部（Craftsman Home Builder's Club），旨在免费提供关于"建造规划良好而为人喜闻乐见的住房"[1]的建议。

在斯蒂克利看来，"手艺人式住房在很大程度上得益于精简而非精致"。[2] 斯蒂克利杂志刊登的住房设计，造型简约，线条平直，内置有配套的家具，这些房屋外观朴实，用当地的石头或木头建造，平面和室内布局

---

① 《手艺人式住房》（"The Craftsman Houses"），由E. G. 迪特里希（E. G. Dietrich）和古斯塔夫·斯蒂克利设计，《手艺人》（*The Craftsman*）第4卷（1903年5月），第84—92页。

② 古斯塔夫·斯蒂克利：《更多的手艺人式住房》（*More Craftsman Houses*），纽约：手艺人出版公司，1912年版，第1页。

均中规中矩，毫不做作。尽管斯蒂克利热衷于尝试多种住房结构和建筑材料，但他坚持认为，每个住宅不必是高度个性化的。对他来说，通过节俭使用材料和低成本施工建造起的符合必要标准的住房，乃是“大众喜爱之建筑”的真谛。虽然手艺人式设计所使用的技巧需要花费大量时间，但外置的横梁通常简单地附着在屋檐和粗制的“烧砖”之下，后者虽是工厂生产的，但看上去很像是手工压模的砖。

图 9—1　典型的工匠风格住房，位于明尼苏达州的弗吉尼亚，使用的是粗制的木料，简约的线条毫不做作。此图大约摄于 1908 年。

斯蒂克利宣称，他的设计方案可以克服中产阶级家庭面临的每个问题，无论是缺少仆役，还是离婚率上升，均可迎刃而解。他也把精美的手艺人式住房视作解决犯罪、市民骚乱等更大的社会问题的关键之所在。廉价的缩微版手艺人式住房适合工人阶级购买，可以满足他们成为房主的梦想。对于年轻人而言，州政府和私有企业开设的建造住房和制造家具的学徒培训计划无疑为其提供了晋身之阶。读一读《手艺人》就会发现，这份杂志认为，住房和社会问题与美国人对良好设计的需求息息相关。斯蒂克利认为,要想即刻实现持久的社会和谐离不开住房美学风格的改革,尽管这一观点明显不现实,但他发现,选择住房作为美国式改革道路的人却不在少数。

其他杂志与《手艺人》类似,针对现代化的样板房也提供了细致入微的详细说明,并对装饰和家居提供了总体建议。1919 年,爱德华・博克(Edward Bok)从《妇女之家杂志》的编辑职位上退休,到此时为止,该杂志的发行量已达 200 万册,这主要归功于博克的改革,即"《妇女之家杂志》式的样板房"。博克想鼓励中产阶级妇女更多地参与家务,因而要她们退出眼下的潮流,不再为了工作或妇女俱乐部的活动而放弃家庭职责。他着重突出了现代住房的建筑标准。住房不该有"无谓的装饰",而应配备最先进的卫生设备;家具毫不矫揉造作,可以摆放几件手工的精美饰品。上述格言与斯巴达式的家居可谓相距甚远。该刊在 1901 年推出了关于圣路易斯艺术家威尔・布拉德利(Will Bradley)设计的住房系列刊物,这些房屋具备丰富的新艺术派(Art Nouveau decors 约 1890—1910 年间流行于欧美的装饰艺术风格——译者注)装饰风格。但博克的品味并非面面俱到。从枕头到房间大小,他对每一个细节都作了详细规划,并常常利用家具展示"品味优劣"的对比。

起初,没有设计师愿意屈尊接受博克的"《妇女之家杂志》式的样板房",但随着 1890 年代危机的到来,他们逐渐改变了自己的态度,变得更主动。从 1895 年开始,造价在 3500—7000 美元之间的郊区住宅如雨后春笋般不断涌现,既有殖民地复兴风格和伊丽莎白风格,也不乏安妮女王风格。1901 年,博克通过弗兰克・劳埃德・赖特及其合伙人在芝加哥建起了首批现代化的样板住房。据说西奥多・罗斯福曾评论该刊的编辑:"博克是我听说过的唯一一个想要改良整个美国建筑的人,他行动快速、效率非凡,在我们还不知道如何开始的时候,他就已经完工了。"[1]

---

① 爱德华・博克:《爱德华・博克的美国化》(*The Americanization of Edward Bok*),纽约:查尔斯・斯克里布纳尔之子公司,1924 年版,第 249—250 页。

图 9—2 图为弗兰克·劳埃德·赖特为《妇女之家杂志》设计的第三座样板住房——“5000 美元的防火住房”,设计图发布于 1907 年 4 月。这种房型使得任何人都可以买到建筑大师设计的牧场式住房模型,最少只需支付 5 美元。

图 9—3 图为 1915 年旧金山的一栋住房。1907 年赖特为《妇女之家杂志》设计的样板房遍布全美,达数百栋之多,这是其中的一栋(今天,赖特和其他许多著名设计师的规划全图可以通过差不多的方式从国会图书馆以低廉的价格获得)。

虽然20世纪初的新式住房有很多称谓，但应用最广者莫过于“平房”(Bungalow)。这通常指的是相对小而朴素的住房，而在南加州，由诸如查尔斯和亨利·格林(Charles and Henry Greene)等建筑师建造的住房虽然宽敞明亮且充满异域风情，但也被冠以此名。然而从整体上说，郊区平房多为一层或一层半的住房，占地600—800平方英尺。卧室不大，仅容一张床；厨房与船上的厨房一样，只容得下一个人，而且主妇(假设是她)不得不蜷身其中。房屋中央的宽敞区域融合了起居室和餐厅，是全家人就餐的地方。这类住房的特点通常是外置的天花板横梁——有时是裸露的立柱墙——以及粗制的砖砌或石砌壁炉，还有众多窗户，以便让阳光洒满居室。斯蒂克利推崇的手艺人式造型，也被称作新艺术，在每个阶层的住房上留下了印记。

这些郊区平顶房虽然户型相似，但立面风格却千变万化。斯蒂克利认同的造型最为流行，它融合了厚重的门廊立柱和高悬的挑檐，与之搭配的，或是灰泥墙，或是贴有面板的墙。通常，门廊或是透空廊道与房同宽，从房屋的一头延伸到另一头。西雅图平房建筑公司和洛杉矶平房公司一年内就可以生产数千套类似设计风格的平房。多种《平房》(*Bungalow*)杂志和专门的模板书(*Pattern Books*)给建筑商们提供了针对鹅卵石烟囱和木质屋顶支架的说明，非常详细。希尔斯-罗贝克公司(Sears, Roebuck & Company)和蒙哥马利-沃德(Montgomery Ward's)公司的大型邮购商店里，针对自主建房者出售DIY的材料和设备，用户可以自行建造这一类型的平房。木材、门窗和走廊都已预先切割好，可直接用来组装住房。一方面是批量生产技术，一方面是个人手工组装，从邮购商店中买回材料建造手艺人式平房可谓二者兼得。

尽管美国人普遍欣赏简约之美，但地区特色仍有很大影响。建筑商和建筑师试图用当地的材料，以便激发消费者对地区历史与文化的追忆和想象。在南加州以至整个西南部，地中海式造型风头最劲。早期传教团的机构、西班牙式和意大利风情的别墅，甚至北非的住房风格都被用作平房的造型。光滑的灰泥墙面、巨大的门窗、庭院和仔细修整的草坪最大程度上利用了当地温暖的气候。当地的出版物，无论是《大西部》(*Outwest*)、《黄昏》(*Sunset*)，还是更为专业的《建筑师与工程师》(*Architect and Engineer*)，都高度评价了加州住房的多元模式，甚至称赞加州的平房为西海岸的独创。

在旧金山湾区，有一种“山坡小屋”(hillside cottage)，这代表着一种通过区域性审美风格而追求“简约生活”的道德改革。一支由艺术家、建筑师和加州大学伯克利分校教授组成的改革队伍常在山坡俱乐部聚会，在这里他们就心目中的住房类型达成共识。他们欣赏整洁的深褐色红杉板瓦、卯榫结构的木制品和可供睡眠的露天门廊。在大型的开放式居住空间里，他们追求一种不拘礼节的气氛，并刻意营造休闲的环境。这个改革队伍的代言人查尔斯·基勒(Charles Keeler)介绍了建筑与他们的价值观之间的联系，并解释道，“一个家，只有和谐而不失高雅、精致却不乏朴素才能宁静致远。生活在其中而能物我两忘，才是真正幸福的生活。”①

中西部流行另一种类型的住房，类似于英国的都铎式，融合了弗兰克·劳埃德·赖特及其合伙人惯常使用的地平线风格，得到了工艺美术运动拥趸的支持。二者融合产生了“牧场类型”(prairie style)这一风格，在建筑史上几乎没有先例。这种类型的住房四四方方，白色的灰泥墙上镶嵌着一个个造型简约的深色木质门式窗，然而，这种风格并非来自历史，但全国尤其是中西部的建筑商却很快就接纳了这种类型。詹姆斯·凯西(James Casey)在《全国建筑商》上撰文称赞牧场型的平房称：“这种新的房型如今非常流行，从其基本原则来看具有实用效果。它致力于简朴而又涵盖各种现代化的进步设施。”②

---

① 查尔斯·基勒(Charles Keeler)：《简约之家》(*The Simple Home*)，旧金山：汤因比出版社，1904年版，第5页。

② 《现代美国住房》(“Modern American Homes”)，《全国建筑商》(*Nationla Builder*)第55卷，1913年1月，第51页。

图 9—4　华盛顿州塔科马市一栋平房的起居室，大约拍摄于 1910 年。该图展示了一个“进步主义式”的内景：清洗方便，简约而不失时尚。家具中既有传教团式的橡木椅，又有柳条编的扶手椅，常常摆在门廊里。在含铅玻璃门的后面是内置的书架，位于质朴的砖砌壁炉旁，上面摆放着留传下来的小古董。

殖民地复兴风格的支持者同样遍及全国，其简约的立方造型和白色的桶板墙体不啻于以另一种方式宣扬美德，即去奢从俭和明理慎行。《工匠与建筑》(*Carpentry and Building*)杂志载文赞扬了新英格兰殖民地时期的村舍，认为这些住房通过自身的建筑风格表达了整个美国从历史中继承的理智与平等，其编辑写道，“人们需要的住房是两全其美的，价格公平适中不说，还要有益健康、牢固结实、简约质朴，特别是要户型合理、宜家宜住。要说当代人究竟需要何种住房，那不过就是上述的这样。”①

① 《住房建筑之趋势》(“The Tendency in Home Architecture”)，《工匠与建筑》(*Carpentry and Building*)第 22 卷，1900 年 6 月，第 165 页。

上述这些新式平房造型更为简约，但不一定比上一代人精美的维多利亚式住房便宜。人们对健康十分关注，同时要求提高家居生活的效率，这意味着家庭生活中的新技术产品在建设成本中占有较大份额，现实生活中的确如此，这一份额常常高达25%。各种现代化的设备系统为住房供暖供气并提供其他种种服务。1906年，在纽约市麦迪逊广场花园举办了首届住房用品展览会，展出了多个行业的产品，试图以此让大众明白，如今可以供家庭主妇用来分担工作的便利设施和廉价工具不胜枚举。杂志上的广告也改变了许多，而且这些广告介绍产品的科技性能、现代化魅力及其与家居生活和家庭荣耀的关系。

1905年，住房建设复兴，此时，浴室在人们心中已成为中产阶级住房必不可少的一部分。厕所、浴缸、水槽广为流行，牙刷插口和坐式浴缸成了时尚达人们的必备之物，这些陶瓷产品的生产在20世纪头十年中有了显著增加。工厂生产的铅管取代了临阵磨枪的木制管。最初，管道是裸露在外面的，之所以如此，既因为这样可以炫耀自己安装了卫生设备，也因为人们总是对掩埋在地下的气体的危害惴惴不安。到1913年，市场上开始出售内置式的浴缸和水槽，让老式的弓形底座和外置管道相形见绌。紧凑的浴室内，墙和各种设备都是亮白色，这成了现代化的标志。

此时，厨房的重要性突然显现出来，这说明对家庭生活中种种新技术的迷恋来自大众对科学和某些技术创新的普遍关切。在许多建筑商提供的住房模板中，厨房取代门廊成为关注的焦点，在家政教科书和女性杂志中更是如此。伊莎贝尔·麦克杜格尔(Isabel McDougall)在1902年的《家居美化》(*The House Beautiful*)中，为读者描绘了一幅"理想厨房"的图景，不禁让人想起近来为人熟知的比喻，即厨房是家庭主妇或家务管理者苦心经营的无瑕实验室。"在她的神殿中一切都很干净，"她解释道，"这是通过科学的'外科手术'所实现的整洁，我们都知道，这要比家庭主妇靠双手完成进步得多。"①

---

① 伊莎贝尔·麦克杜格尔：《一个理想的厨房》("An Ideal Kitchen")，《家居美化》(*The House Beautiful*)第13卷(1902年12月)，第27页。

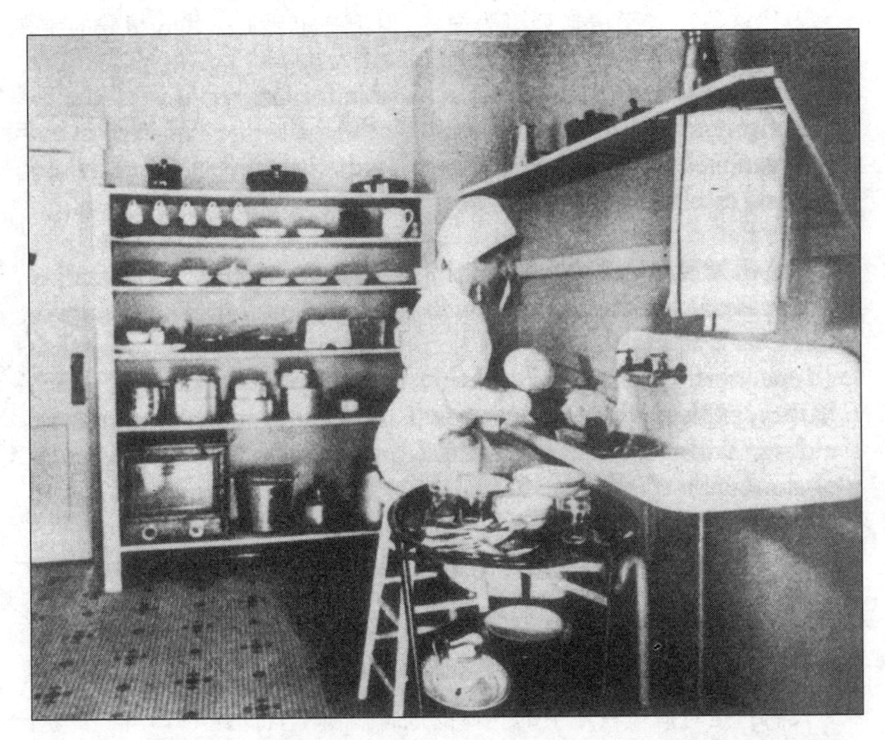

图 9—5　克里斯汀·弗雷德里克的《家居工程学》插图，1915 年由美国函授学院作为家政学教科书出版。该书赞扬了那些在生活中使用科学管理方法的家庭主妇。

在世纪之交，平房或更大的住房的厨房大都十分拥挤，空间很紧凑，且布置周密，接近 120 平方英尺。宽敞的山地人（Hoosier，意指山地居民，也是对美国印第安纳州人的俗称——译者注）橱柜立在一面墙边，有许多抽屉和容器。厨房还有木制的工作台，这样主妇可以少走些路就能拿到需要的东西——这是住房专家从泰勒制借鉴来的。到 1910 年，内置的早餐凹台已经蔚然成风；而且在许多家庭中，厨房变成了"普尔曼厨房"（指小型厨房——译者注），或曰"袖珍厨房"。

新的设备成了家居生活的明星。家中有亮白陶瓷或珐琅的水槽和滴水板；自动水泵供应自来水，冷热都有。盐水或氨冷却器放在后廊，在那里，送冰人可以轻易将冰块放上；倘若没有这类设施，把一个金属制盆放在房间角落里也足够了。煤气灶上盖着风罩，这样屋里就不会有刺鼻的煤气味了；搪瓷的炊具挂在墙上的挂钩上。然而白璧微瑕，这些新式的设备不一定可以信赖。正如一部关于家居建筑的教科书坦言的那样，"由于洗衣服是个费时费力的活计，大多数洗衣机并不便宜"。[①] 大多数家庭并没有购买洗衣机，仍然用搓衣板洗衣服，并把洗好的衣服挂在院子里晾干。

对许多美国人来说，家居生活的机械设备是持续改善家庭生活和赢得美好未来所不可或缺。亨利·德马雷斯特·劳埃德（Henry Demarest Lloyd），这个揭发芝加哥黑幕的记者，在《公理会教友》中乐观地展望了未来：

> 拥有机器、人人平等，将如同人人拥有选举权一样，成为每个公民应有的权利。机器设备将如同潮水一般，自由自在地进入家中，进入商店。所有人都将成为资本家，所有资本家都将成为合作者……妇女将从经济压力中解放出来，这些曾压抑她们绝佳禀赋的桎梏一去不复返了，她们将在制造业方面与男性竞争，将被重新赋予性别的定义。每个住房都将是欣赏阳光美景的舞台。[②]

在劳埃德看来，技术意味着个人自由与社会平等。人人都可享受电力这一"现代仆从"无尽的能量，不分阶层，男女皆然。劳埃德预想，由于电能带来的巨大经济财富，妇女会返回家中，不再工作。但在其他的改革者尤其是女权主义者看来，未来将有更多的妇女走出家庭，走上工作岗位，因为电力将她们从家务的束缚中解放了出来。

有些家政学家怀疑是否仅靠科技就能解决家政问题。美国的一本教科书称："这是一个悖论。现代主妇面临的一个难题，就是家中'摆满了

---

① L. 尤金·罗宾森（L. Eugene Robinson）：《家居建筑》（*Domestic Architecture*），纽约：麦克米兰出版公司，1917 年版，第 126 页。

② 亨利·德马雷斯特·劳埃德：《新式民主》（"In New Applications of Democracy"），《公理会教友》（*Congregationalist*）第 85 卷（1901 年 1 月 5 日），第 5 页。

各式各样的现代设备’。每一种省力的工具，每一件现代化的便利设施，都需要费心思学会正确使用，需要牢记注意事项，还需要掌握重新调整的方法，以备不时之需。”[①]写下这些话的是英国家政学家 W. N. 肖夫人（Mrs. W. N. Shaw），但这类反对意见只占少数。

在大多数建于 20 世纪初的新房中，建筑面积大大缩减，以节省空间安置越来越多的管道、供热和其他新型设备。像《月刊》之类的杂志定期推出“我的小家”专题策划，介绍实用小窍门，营造“温馨”而非“禁欲”的家庭氛围。到 1910 年，在美国人家中，书房、食品室、缝纫室、客房之类展示维多利亚时代家庭特色和复杂精巧的家庭生活的专用房间已经是凤毛麟角了。在中档价位的二层小楼中，一楼通常只有餐厅、起居室和厨房三个房间。在二楼，卧室位于一处僻静的角落，家人在那里睡觉，私密的活动也在那里，除此之外别无他途，已不再是招待朋友和儿童的地方。

中产阶级住房的变化预示着家庭生活的新方式。到 1900 年，家庭平均拥有的儿童数量降低到了 3.5 个，而实际上许多中产阶级家庭只有一个或两个孩子。[②] 住房研究也把建筑面积的缩小与人们在家中生产产品的数量下降联系起来。家里不再需要放置棉被、罐装蔬菜和嫁妆以为他日之用。甚至家政专家也说，家庭主妇如今是一个消费者，而不再是一个生产者了。现在，食物供应充足，厨房中不需要储备长期食用的食品了。

严父慈母式的严肃家庭生活已经越来越少了。由于就餐礼仪比以前松散，卧室和餐厅之间的门很少关闭，有时两个房间之间的墙干脆被拆掉，二者合为一个房间。饮食简单了许多，就餐时间也有所缩短，早饭往往是现成的食品或谷类，家庭主妇把它们放在早餐桌上，午餐就是主妇准

---

① W. N. 肖夫人：《家庭生活中的科学》（“Science in the Household”），载于埃利斯·雷文黑尔（Alice Ravenhill）、凯瑟琳·希夫（Catherine Schiff）编：《家政管理——在妇女高等教育中的地位》（*Household Administration*：*Its Place in the Higher Education of Women*），纽约：亨利·霍尔特出版公司，1911 年版，第 74 页。

② 琳达·戈登（Linda Gordon）：《妇女的身体，妇女的权利——美国生育控制的社会史》（*Woman's Body*，*Woman's Right*：*A Social History of Birth Control in America*），纽约：维京出版社，格鲁兹曼出版公司，1976 年版，第 154 页。

备的三明治或沙拉。比起上一代人来，家庭晚餐的食物变少了，因为在年轻人中间，以瘦为美成为风尚。门廊不再是迎客的必需场所。未来的女婿不再上门拜访，女儿会和男朋友一起去逛街购物。《妇女之家》、《家居美化》和《木工与建筑》一致认为，客厅矫揉造作，浪费空间，完全过时了。

家庭也不再是教育儿童的主要课堂。上学期限延长了，而且规定严格执行义务教育法，越来越多的妈妈选择把孩子送进幼儿园，在那里接受专业的早期教育。相比 1898 年，1914 年的高中数量翻了一番，学校为男生提供木工之类的手工技艺，女生则可以学到厨艺，在那里可以学到家庭生活必不可少的技能。[1] 在校外，孩子们或许会参加童子军（Boy Scout）或美国营火少女团（Campfire Girl）的聚会。因此，许多妈妈在家中见不到自己的孩子。

在越来越多的情况下，主妇们孤身一人在厨房忙碌。从 1900—1920 年的 20 年间，美国家庭佣工的数量下降了一半，从每千个家庭 80 人下降到 39 人[2]（大多数佣工是日班工人，通常是已婚黑人妇女，而非住家佣人）。然而，没有建筑商会想到建造开放式厨房来结束主妇孤单地忙碌厨房的工作。恰恰相反，他们追求空间更小、设备更全的厨房，这种厨房由家政专家设计，她懂得最有效的家务方法，如此一来就不需要家庭佣工了。这样设计出来的厨房是一个现代化的"家庭实验室"，不能供儿童嬉戏，也不能招待来访的邻居。

进步主义时代之所以流行小型厨房和廉价的建材，一个重要的原因是中产阶级妇女需要更多属于自己的时间远离家务。到 1900 年，据调查统计，各行各业都出现了女性的身影。尽管其中大多数是未婚女性，而且四分之一分布在家政领域或工厂，但不容否认的是，受过高等教育的妇女的确开始进入专业领域。其他年轻女子打扮得像是吉布森少女（美国插图画家查尔斯·达纳·吉布森描绘的 19 世纪 90 年代的美国妇女形

---

① 哈罗德·福克纳（Harold U. Faulkner）：《寻求社会正义，1898—1914》（*The Quest for Social Justice, 1898-1914*），芝加哥：四角图书公司，1971 年版，第 194—195 页。

② 戴维·卡兹曼（David M. Katzman）：《一周七天——工业化进程中美国的妇女和家务》（*Seven Days a Week: Women and Domestic Service in Industrializing America*），第 55—57、126 页。

象——译者注)，穿着浆洗过的仿男式女衬衫和长及脚踝的裙子，在办公室工作，或是接待员，或是文秘，或是打字员（“打字员”与“打字机”是同一个单词，可以指机器，也可以指操作机器的人）。

没有固定工作的中产阶级妇女往往投身慈善事业或市民组织，打打义工，抑或为全国消费者联盟(National Consumers' League)或当地的妇女俱乐部推进改革贡献力量，有时也帮助宣传改革立法或者为建立街心公园奔走。她们仍然把家居生活视为自己首要关注的话题，但现在她们以整个城市作为自己的家。1910年，全国妇女俱乐部联合会(General Federation of Women's Clubs)主席宣布，联合会的纲领是保护“妇女儿童，以及她们的家园，家园既指城市，也指家中四壁之内”。[1]

私人住房仍然是争论的焦点。女性需要将更多的时间用在家之外的事情上，她们需要更简洁的住房，家中要有省力的现代设施，还要易于打扫。《芭莎尚品》抨击单户型住房“是监狱，是负担，是耗人心力的怪兽”。[2] 费城经济学家罗伯特·汤普森(Robert E. Thompson)以及夏洛特·珀金斯·吉尔曼等激进的女权主义者呼吁建造没有厨房的住宅和公共儿童教养设施，以便减轻妇女的家务负担。

针对上述这些随着新的性别角色而发生的住房变化，有些人表达了不同意见。“现代女性”身上特有的快节奏，打翻了保守主义者心中的五味瓶。记者、医生和政客们挥舞着“种族自绝”和“去性别化”的大棒，将其与白人妇女间不断下滑的出生率联系起来。在《家庭的仇敌》(*The Foes of Our Own Household*, 1917)和发表在《妇女之家杂志》上的文章中，西奥多·罗斯福大肆渲染妇女放弃为人妻母的传统角色而走出家庭寻找刺激所带来的危险。由于拥有大学学历的妇女常常选择单身，即便结婚，

---

① 玛丽·伍德(Mary I. Wood)：《全国妇女俱乐部联合会史》(*The History of the General Federation of Women's Clubs*)，纽约：全国妇女俱乐部联合会，1912年版，第249—250页。

② 《时尚芭莎》(*Harper's Bazaar*)第45卷(1911年)，第57页，转引自丹尼尔·罗杰斯(Daniel T. Rogers)：《美国工业时代的工作伦理，1859—1920年》(*The Work Ethic in Industrial America, 1850-1920*)，芝加哥：芝加哥大学出版社，1978年版，第195页。

也只生育一两个孩子,因而针对妇女的高等教育饱受诟病。现代化的住房中设施齐备,干家务活需要的时间少,公寓更是如此;二者似乎都助长了妇女上述活动的趋势参与。

尽管心怀不安,但建筑师、建筑商和妇女杂志的编辑们还是意识到了劳工妇女这块正在增大的市场。即便是那些已婚女工也未必被视为社会的边缘人。《妇女之家杂志》上刊载了数篇文章,传授在家庭内外的谋生之道;1911 年 2 月号还用一个整版的彩色插图向已婚妇女推介最适合在家中工作的住房规划。这样的平顶房有两个入口,起居室比一般房型大一倍,以便兼做顾客接待室之用,并配有许多简化家务劳动的现代化设备。1910 年代,杂志和家政教科书中着重推出了多种适合"商务女子"和"单身女子"的平房户型。设计者考虑到烹饪和洗衣之类的工作往往靠专业的服务业完成而不在家中,因此在这些住房中,这类工作的空间很小。无论是妇女参加工作这一趋势的支持者还是批评者,都赞成给未婚独立女性设计此类住房。

1910 年代,全国各地都出现了上述房型的"精装"版,即平房花园。每个这样的住房小区包括 10 或 20 栋几乎一模一样的住宅,起初是南加州冬季的过冬房屋。由于每户平房面积有限,因而在这样的小区中会有一个社区"棋牌室"("Playhouse"),居民可以在那里招待客人,也可以组织晚会。平房花园的促进者们相信,住在这里可以让单身女工习惯家庭生活,展示给她们家庭生活进步的那一面。在许多支持者看来,平房花园中的设置足以证明"社区问题解决了"。[①] 统一和谐的审美理念、共享的户外空间、棋牌室以及车库足以证明,居民们相互间已经建立起很强的社会联系。

---

① 《美术学院:社区问题的解决》("Beaux-Arts:The Community Problem Solved"),《平房》(*Bungalows*)(西雅图)第 2 卷(1913 年 7 月),第 13—29 页;尤娜·霍普金斯:《30 座平房搭建的美丽花:针对女性的社区理念》("A Picturesque Court of 30 Bungalows:A Community Idea for Women"),《妇女之家杂志》(*Ladies' Home Journal*)第 30 卷(1913 年 4 月),第 99 页。卢娜·蔡斯(Laura Chase)大度地允许我阅读她未曾发表的论文《花园与贫民窟:洛杉矶 1910—1930 年间的平房花园与住宅小区》("Gardens and Slums:Bungalow Courts and House Courts in Los Angeles,1910-1930")(加利福尼亚大学洛杉矶分校城市规划系,1977 年)。

图 9—6 加州帕萨迪纳市的亚历山大利亚平房花园小区(Alexandria Bungalow Court),建于 1925 年,由阿瑟·海涅曼(Arthur S. Heineman)设计建造,融合了庄严的建筑风格、审美约束以及追求有效性和社区感。

建筑风格能够吸引平房花园居民的眼球,意味着在一个现代的城市或郊区中,邻里间的接触并不频繁。1900 年之后,对孤独的恐惧以及对小城镇一样的田园生活的罗曼蒂克式的乡愁充斥在人们关于住房的探讨中。大多数中产阶级都想知道,左邻右舍的人谁和自己关系好,谁和自己有相同的价值观,还有谁能成为自己的朋友。居民们时常呼吁卫生和禁酒立法,要求清理街道和整理草坪,因而出现了越来越多的市民改进协会和郊区邻里组织。在邻里俱乐部或街区组织,在建市的郊区或平房花园,人们希望找到知己。中产阶级女性,无论单身与否,曾被束缚在家中,如今她们站在促进社区交流和改善居住环境的前列。

与中产阶级相比,农场妇女陷入极端的孤独中,并且只有最简单的家务和烹饪工具,她们的困境引起了社会的特别关注。社会学的研究成果显示，农场妇女中抑郁症的发病率高于其他人群，而家政学家和建筑师则在思考何种住房能让她们心情舒畅，能让她们同意自己的女儿留在农场而不进入城市。1913年，明尼苏达州艺术协会资助了一场竞赛，旨在从已经公布的住房规划中选出能让农场主低价购得的"进步的农场住房"。这12个房间的布局以能减轻妇女的工作负担为宗旨，将农场主一家与农场雇工分开，并且能够美化田间景色。建筑师们强烈推荐样板住房中的新设备和电话，声称这些东西能开阔农场妇女的眼界。

1910年时，尽管全国有超过半数的农场主拥有了自己的住房，但非农业家庭中，只有三分之一可以居者有其屋，在费城这一比例是四分之一，而在辛辛那提则只有五分之一。[①] 对于美国人来说，拥有自己的家是一件越来越困难的事情，特别是越来越多的单身男女通常选择租房而不是买房。要解决购房的经济难题以及与之多少有关的未婚人口数量上升的问题，那些在公共小区而不是私家大院中的更小更朴素的住房是一个不错的选择。自1909年始，全国城市规划会议年年召开，而全国住房会议也在两年后登台亮相，这些会议的参加者们希望，既能找到别具一格的增加住房拥有率的方法，又不会删减任何一种联邦补助。他们推崇用建筑学的方法来解决经济和社会难题。1904年圣路易斯博览会展示的模范街区，1913年全国自然资源保护大会上在印第安纳州议会大厦展出的样板平房以及风风火火的理想郊区规划大赛都显示出，"进步住房"的热潮席卷全美，但无论何时何地，这些进步住房却都大同小异。

对于希望靠住房建筑鼓励社会合作的人来说，这些风格单一的设计极有吸引力。维多利亚式的郊区被称作"错乱的迷宫"，代表了那个时代的"偏激民主"以及社会和审美标准。[②] 社会改良人士简·亚当斯（Jane

---

① 《1910年美国第13次人口普查》（*Thirteenth Census of the United States in the Year* 1910）第1卷，表格6，第1300—1301页。

② 凯瑟琳·巴斯比（Katherine G. Busbey）：《美国的家庭生活》（*Home Life in America*），纽约：麦克米伦出版公司，1907年版，第373页；乔伊·惠勒·道（Joy Wheeler Dow）：《美国文艺复兴》（*American Renaissance*），纽约：威廉·科姆斯托克公司，1904年版，第41页。

Addams)和小格雷厄姆·泰勒(Graham R. Taylor, Jr.)、家政学家马里昂·塔尔伯特(Marion Talbot)、统计学家阿德纳·韦伯(Adna Weber)和政治记者赫伯特·克罗利(Herbert Croly)一致认为:打上个人烙印的住房会拉大阶级差距,鼓励邻里竞争。他们建议住房采用通用的建筑标准,这样,他们构想的那种男女之间和谐、平等的社会生活便更为强化了。女性主义者和保守主义者都坚信,通过更为合理的改善居住环境的方法来解决"妇女问题"是完全可能的。1912年,格罗夫纳·阿特伯里(Grosvenor Atterbury)在《斯克里布纳尔杂志》上撰文呼吁进步的住房规划。此人是昆斯区福里斯特希尔斯花园这个理想郊区的设计师,也是工业城镇规划的拥护者,同样认为家居设计可以提高用户的社会价值观,让个人利益与公共美德和谐共存。"真实情况是,"阿特伯里写道,"随着各种形式的控制烟消云散,随着无法无天的奇异举止灰飞烟灭,随着人们不再关注建筑的美观,美德开始变得重要起来。"①

推荐阅读书目

几本关于进步主义的建筑的书值得找来一读,其插图的价值丝毫不亚于文字。马克·佩斯克(Mark L. Peisch)的《芝加哥学派》(*The Chicago School*)(纽约,1964年版)、艾伦·布鲁克斯(H. Allen Brooks)的《牧场主学派》(*The Prairie School*)(纽约,1964年版)、格兰特·曼森(Grant C. Manson)的《弗兰克·劳埃德·赖特在1910》(*Frank Lloyd Wright to 1910*)(纽约,1958年版)、艾斯特·麦克伊(Esther McCoy)的《五个加利福尼亚建筑师》(*Five California Architects*)(纽约,1975年版)、萨利·伍德布里奇(Sally Woodbridge)主编《湾区住房》(*Bay Area Houses*)(纽约,1976年版),以及威廉·乔迪(William H. Jordy)《美国建筑及其建筑师》(*American Buildings and Their Architects*)第3卷《20世纪初的进步主义和学

---

① 格罗夫纳·阿特伯里(Grosvenor Atterbury):《美国的理想城》("Model Towns in America"),《斯克里布纳尔杂志》(*Scribner's Magazine*)第52卷(1912年7月),第26页。

院派观念》(*Progressive and Academic Ideals at the Turn of the Twentieth Century*)(纽约花园城,1972年版)都将住房置于社会背景中加以探讨。

工艺美术运动受到特别关注,尽管大多数今日的支持者贬低这场狂热的宣传运动。请参见罗伯特·贾德森·克拉克(Robert Judson Clark)编:《美国的工艺美术运动》(*The Arts and Crafts Movement in America*)(普林斯顿,1972年版),约翰·弗里曼(John Freeman):《被遗忘的叛逆者——古斯塔夫·斯蒂克利和他的手艺人家具》(*The Forgotten Rebel: Gustav Stickley and His Craftsman Mission Furniture*)(纽约沃特金斯峡谷,1966年版),蒂莫西·安德森(Timonhy J. Anderson)、尤多拉·穆尔(Eudorah M. Moore)和罗伯特·温特(Robert W. Winter)合编:《1910年加州住房设计》(*California Design* 1910)(加州帕萨迪纳,1974年版)。奥斯卡·洛弗尔·特里格斯(Oscar Lovell Triggs)的早期著作《工艺美术运动史节选》(*Some Chapters in the History of the Arts and Crafts Movement*)(芝加哥,1902年版)和《新工业主义》(*The New Industrialism*)(芝加哥,1902年版)敏锐地把握了时代气息。《手艺人》(*The Craftsman*)一书中关于住房设计的内容重印了,如今可以看到。

克莱·兰开斯特(Clay Lancaster)的《美国郊区平房》("The American Bungalow"),《艺术学刊》(*Art Bulletin*)第40卷(1958年);M. H. 拉齐尔(M. H. Lazear)的《郊区平房的发展》("The Evolution of the Bungalow"),《家居美化》(*The House Beautiful*)第36卷(1914年);亨利·塞勒(Henry H. Saylor)的《郊区平房》(费城,1911年版);以及这一时期的其他模板书和郊区平房类杂志都探讨了郊区平房现象。关于郊区平房庭院,请参见皮特·怀特(Peter Wight)的《加州的平房庭院》("Bungalow Courts in California"),《西部建筑师》(*Western Architect*)第28卷(1919年版);罗伯特·布朗(Robert Brown)《洛杉矶的加州平房》("The California Bungalow in Los Angeles")(加利福尼亚大学洛杉矶分校博士学位论文,1964年);詹姆斯·泰斯(James Tice)和斯蒂芬诺斯·波利佐伊迪斯(Stefanos Poyzoides)合著《洛杉矶庭院》("Los Angeles Courts"),《卡萨贝拉》(*Cas-*

abella)第412卷(1976年)。亦可见于R. 温特(R. Winter):《加州郊区平房》(“*The California Bungalow*”)(洛杉矶,1980年版)。

关于郊区的地位,请参见达纳·巴特莱特(Dana Bartlett):《更好的城市》(*The Better City*)(洛杉矶,1907年)以及《斯克里布纳尔杂志》(*Scribner's Magazine*)第52卷(1912年)的“新郊区”专刊。米尔·斯科特(Mel Scott)的《1890年以来的美国城市规划》(*American City Planning Since 1890*)(伯克利,1971年版)仍然是对城市和郊区规划需求最好的概述。

近年来,家政科学受到特别关注,请参见芭芭拉·埃伦赖希(Barbara Ehrenreich)和戴尔德丽·英格丽希(Deirdre English)合著:《为了自己的利益——150年来专家对妇女的建议》(*For Her Own Good: 150 Years of the Experts' Advice to Women*)(纽约花园城,1978年版),希拉·罗斯曼(Sheila M. Rothman)的《妇女合适的地位——1870年至今的观念与实践转变的历史》(*Woman's Proper Place: A History of Changing Ideals and Practices, 1870 to the Present*)(纽约,1978年版),以及戴维·哈丁(David P. Handlin):《效率与美国住房》(“Efficiency and the American Home”),《建筑协会季刊》(*Architectural Association Quartrly*)第5卷(1973年)。这一时期的文本,尤其是克莉丝汀·弗雷德里克(Christine Frederick)和艾伦·理查兹(Ellen Richards)的文章,今天仍值得一读。塞缪尔·哈勃(Samuel Haber):《效率和上升——进步时代的科学管理,1890—1920年》(*Efficiency and Uplift: Scientific Management in the Progressive Era, 1890-1920*)(芝加哥,1964年版)将这一运动与其他提高效率的改革联系起来。海迪·哈特曼(Heidi Hartman)《资本主义和妇女在家中的工作》(“Capitalism and Women's Work in the Home”)(耶鲁大学博士学位论文,1971年)分析了工业对家庭的影响。爱德华·伯克(Edward Bok)《爱德华·伯克的美国化》(*The Americanization of Edward Bok*)(纽约,1924年版)是这位《妇女之家杂志》编辑的自传,讲述了他改变美国人品味和家居的努力。关于妇女杂志和家庭装修类杂志,请参见弗兰克·莫特(Frank

L. Mott):《美国杂志史》(*A History of America Magazines*),4卷本。

多洛雷斯·海登(Dolores Hayden)的《伟大的家居革命——美国家庭、邻里和城市的女性主义设计史》(*The Grand Domestic Revolution:A History of Feminist Designs for American Homes, Neighborhoods, and Cities*)(马萨诸塞州坎布里奇市,哈佛大学出版社,1981年版)用对集体的、女性主义者的研究代替了更为传统的家居布置。海登的书告诉我们,许多美国妇女和男人不但通过住房设计的讨论来引发关于主流社会价值观的疑问,也通过建造住房和社区支持自己的观念。

第十章　福利资本主义与公司城镇

在商店中追求最高效率的人也会在家中实现自己的梦想。

——查尔斯·里士满·亨德森：

《工业中的人》(*Citizens in Industry*),1915 年

1894 年,社会学家威廉·托尔曼发动纽约许多社会科学领域的专家学者成立了共同俱乐部(Get-Together Club),以便探讨当代的公民和社会问题。几年后,该俱乐部吸收了几位商界领袖,试图以此方法为工业时代的美国社会寻求解决福利问题之道;该俱乐部成员同意职业社会学家加入其行列,也愿意为他们提供研究机会。托尔曼和乔赛亚·斯特朗倡导一种更为系统化的"福利工作"方法,尤其是对工业城镇进行规划,1898 年,他们建立了社会服务联盟和纽约社会博物馆,试图通过这样的平台向全国宣传其理念,即通过上述方法实现"工业改进"。[①] 他们针对工业管理开出的现代化药方的应用范围极广,涉及工人生活的方方面面,不仅适用于工厂,还可用于学校和家庭生活。

全国公民联盟(National Civic Federation,NCF)是促进工业生产和工人生活系统化的福利工作的又一个助推器。1900 年,艾尔伯特·加里(Elbert H. Gary)、乔治·铂金斯(George W. Perkins)、安德鲁·卡内基(Andrew Carnegie)以及马库斯·汉纳(Marcus A. Hanna)等商业大

① 参见威廉·托尔曼(William Tolman):《工业改进》(*Industrial Betterment*),纽约:社会科学出版社,1900 年版以及《社会发动机——记录美国实业家改善 150 万人民的所作所为》(*Social Engineering:A Record of Things Done by American Industrialists Employing Upwards of One and One-Half Million People*),由安德鲁·卡内基作序,纽约:麦格劳希尔集团,1909 年版。

佬,美国劳联的塞缪尔·龚帕斯(Samuel Gompers)、矿工联合会的约翰·米切尔(John Mitchell)等赞同商业大佬目标的劳工领袖,共同组建了这个组织,旨在以向工人家庭提供福利的方法来消解激进政治组织的要求。参与该组织的企业老板承诺,将为劳工生活的诸方面提供"优质服务",以此来促进"劳资间的和谐"。[①] 资方通过提供服务,可以将工人与企业联系得更紧密。尽管 NCF 的官员可以扮演劳资冲突的调停人,但他们无不希望彻底杜绝罢工,解决之道就是鼓励资方赢得工人的信任和依赖。仅仅开设学徒训练和提供劳动保护仍显不足,改善工作条件必须与改善劳工住房和家庭生活水准的措施相配合才能相得益彰。

1904 年,NCF 成立了专门的福利部门来宣传其改革目标。NCF 将给予有志于此的企业主相应的帮助,给他们提供社会服务的说明,为公司自建住宅、俱乐部等设施提供设计图纸。NCF 福利部的另一个职能是提供就业服务。企业可以通过该部门发布招工信息,由"福利秘书"或曰"社会秘书"负责。担此重任的人不论男女,都要具备社会工作、慈善事业、公共卫生、教育事业和宗教工作的经验。在工厂城中,他们的角色如同道德警察、统计学家、教师、娱乐设施规划者和法律顾问。NCF 福利部的会员数量 1904 年只有 100 人,两年后增加到 250 人,到 1911 年已达到 500 人。[②] 从此,大工厂、林业城镇和矿业城镇中普遍设立了专司解决社会问题的部门,甚至百货商店也不甘落后。

有些企业对员工住房的整洁、生活习惯、寄宿制度等家居事务作出了规定,社会秘书的主要职责就是确保员工遵守这些规定,他们往往通过开设课程、教育培训、竞争和奖励的办法达到其目的。他们也经常到工人家

---

① 约翰·帕特森(John H. Patterson)致全国公民联盟主席塞斯·洛(Seth Low),1912 年,转引自詹姆斯·温斯坦(James Weinstein):《自由之州的企业理想,1900—1918 年》(*The Corporate Ideal in the Liberal State,1900-1918*),波士顿:培根出版社,1968 年版,第 19 页。

② 丹尼尔·尼尔森(Daniel Nelson):《劳心者和劳力者——美国新工厂制度的起源,1880—1920 年》(*Managers and Workers:Origins of the New Factory System in the United States,1880-1920*),麦迪逊:威斯康星大学出版社,1975 年版,第 111 页。

中走访,以考察这类规定是否真正落到实处。工业福利运动的领袖们声称,调查结果既有利于整个社会,也有利于某个企业。斯特朗认为,社会服务联盟的任务就是"通过人类的全部经验来研究生活中的科学"。[1] 但对于工人而言,此举无异于将他们置于专业的社会秘书的监视之下,不啻于对他们隐私的侵犯。家庭和工厂双双变为阶级冲突的场所。

20世纪初的工业城镇给专业城市规划者提供了足够的机会来按照现代城市组织理论进行规划。规划者对土地使用原则、分区制、卫生设施和交通规划都可以加以分析和实践,也可以拿来与其他模式进行比较。企业管理者也给予了充分支持,使得规划者有足够的权力来规划基础设施建设和道路铺设,安置人口,按照高雅的学院派风格走向安排厂房和工人,充分考虑社会学、统计学、公共卫生和管理学等方面的专业建议。对这个正在冉冉升起的城市规划专业来说,工业城镇(或者由工厂控制、支配的地段)无疑为其提供了很好的实验机会。

阿拉巴马州的库尔顿(Kaulton)就是工业城镇规划的一个实例。库尔顿建于1912年,是塔斯卡卢萨市(Tuscaloosa)近郊的一个木材城镇,由波士顿城市规划专家乔治·米勒(George H. Miller)负责规划。米勒为该城镇设计了扇形场地,宽敞气派的大路连同曲径通幽的小道一起布满了整个城镇。实际上,构成扇形场地细小轴线的是一些肮脏的小道,但米勒仍然在这里进行了精心的规划,安置了包括机工车间、工厂和铁路线等大型设施,开辟了巨大的运动场,还预留了一片空地作为市民中心,这些都构成了这座工业城镇的突出特色。尽管规划者也为其他类型的郊区引入了分区制,但他们从未试图在公司城镇中将工业、娱乐和居住分隔开来。在这里,主要的问题不是保护个人的房地产投资,而是如何维护工人物质上的福利。米勒主张由企业主导的规划,完全依照理性来执行。他强调,"对于如何让工人适应加班或如何维持这种适应,科学管理尚未给予足

---

① 乔赛亚·斯特朗(Josiah Strong):《什么是社会服务:社会和工业改进运动中的明确经验》("What Social Service Means: A Clearing House of Experience in Social and Industrial Betterment"),《手工艺人》(*Craftsman*)第9卷(1906年2月),第21页。

TAKE YOUR CHOICE

If you and your wife and your babies lived in this unhealthful hovel do you think you would work as cheerfully and well as you could if —

You all lived in this handsome modern home where you could hold up your head and your children would not be ashamed?

The Connecticut Mills Company in Danielson, Conn., offers you a beautiful, modern home at the same rental you often have to pay for tumble-down shacks in many mill-housing colonies. It offers better incomes.

It Is Called "The Village Beautiful"

It offers an opportunity for its operatives not only to work FOR the company, but WITH it!

图 10—1 康涅狄格州丹尼尔森市的康涅狄格工厂城的一则广告，1919 年的《工人之家》给予了特别报道，视之为实业家改进住房以招募技术工人的经典案例。

够关注,而这个问题决定着工人承担工作量的大小"。[①]

无论是大公司老板,还是矿场主,抑或是只有百十名工人的制造商,无不向社会秘书和规划专家征求咨询意见。尽管不同公司提供的社会福利有高有低,但都意识到了居住规划和厂址规划的潜在价值。一份报告指出,1917年,有2000家美国企业提供"福利",而美国劳动统计署则在同一年估计,至少1000家美国工业企业为员工提供住房。[②] 然而,芝加哥社会改革协会的小格雷厄姆·泰勒(Graham Taylor)批评"尽可能少做"这种被大多数公司创立城镇时所采用的方法,并且抨击了美国钢铁集团的高层,指责他们1905年建立印第安纳州加里城(Gary)时没有出钱聘请规划专家的行为极为短视。[③] 结果,加里变成了湖边孤单的网格状城镇,长达11英里,成千上万的工人挤在质量低劣的框架结构公寓中,或是住在简陋的混凝土平顶房内。泰勒预言,加里城所有居民的家庭关系、政治观点和工作效率都会受到环境问题的影响。

20世纪初,美国社会对工业城镇规划不乏赞美之词,但事实上这类经过规划的工业城镇早就诞生了。自1820年代始,洛厄尔便蜚声海内外。19世纪中期以来,新英格兰的许多小型工厂村落也开始为工人提供住房和部分社会服务。德国的埃森(Essen),英国的索尔太尔(Saltaire)、阳光港(Port Sunlight)以及伯恩维尔(Bourneville)等欧洲城市都为美国提供了可资借鉴的先例。尽管如此,进入20世纪后,工厂城镇发生了很大变化。规模更大就是其中之一。1836年,坐落在洛厄尔的8家公司一

---

① 乔治·米勒:《阿拉巴马州库尔顿:按照规划标准建造的南部松木业城镇》("Kaulton, Alabama: A Southern Pine Manufacturing Town Built along Model Lines"),《工人之家》((*Homes for Workmen*)),新奥尔良:南部松木业协会,1919年版,第10页。

② W. 杰特·劳克(W. Jett Lauck)、埃德加·赛登斯特里克(Edgar Sydenstricker):《美国工业中的劳工状况》(*Conditions of Labor in American Industries*),纽约:芳瓦纳出版社,1917年版,第229—230页;里弗尔·马格努森(Leifur Magnusson):《美国雇主建造的住房》("Housing by Employers in the United States"),《美国劳工统计署每月评论》(*Monthly Review of the U. S. Bureau of Labor Statistics*),1917年11月,重印于《工人之家》(*Homes for Workmen*),第39页。

③ 格雷厄姆·泰勒:《卫星城——对工业郊区的研究》(*Satellite Cities: A Study of Industrial Suburbs*),1915年,重印版,纽约:阿诺出版社,1970年版,第8—10页、168页。

共拥有工人6000名。而1901年，科罗拉多燃料与铁制品公司共有38个分厂，工人多达7.5万人；加州的克林奇福特（Clinchford）、田纳西州的俄亥俄铁路城镇埃尔文（Erwin），仅这两座由格罗夫纳·阿特伯里设计的工业城就容纳了4万人口。① 即便只为三分之一或一半的员工提供住房，工厂城镇的规模比起19世纪的也堪称巨大。

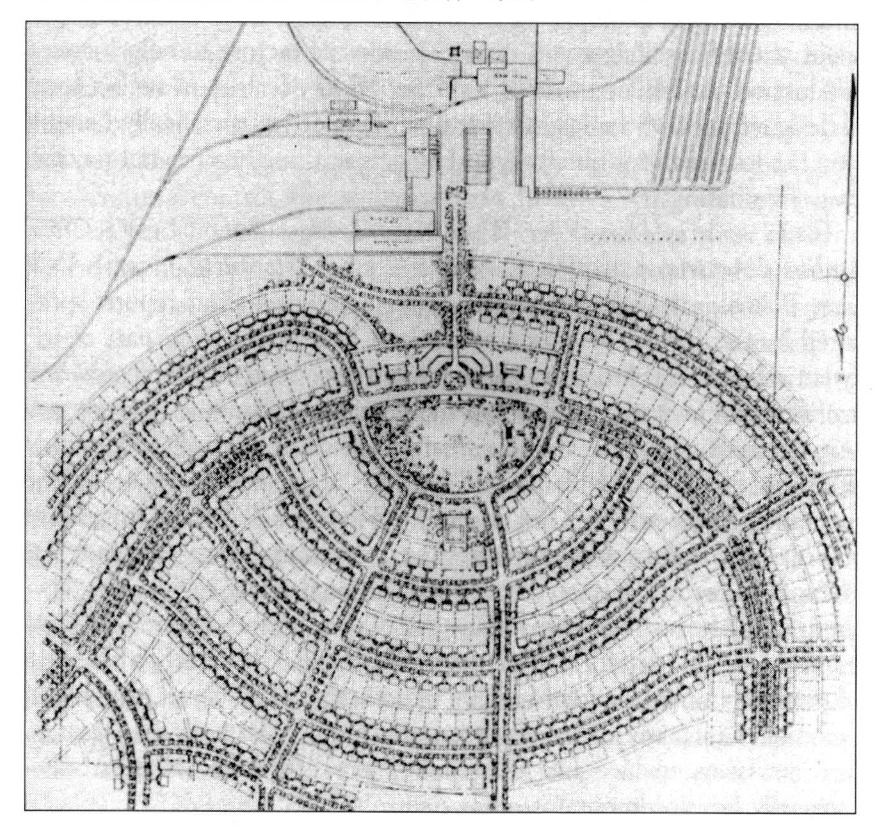

图10—2　阿拉巴马州的库尔顿，1912年由波士顿规划专家乔治·米勒设计。遵循学院派建筑风格的原则，整个工厂城镇肮脏的街道上布满了朴素的木制平顶房。

---

① 托马斯·达布林（Thomas Dublin）：《外出工作的妇女》（*Women at Work*），纽约：哥伦比亚大学出版社，1979年版，第20页；《矿营与工厂》（*Camp and Plant*）第1卷（1901年12月14日），第1页；乔治斯·贝努瓦-莱维（Georges Benoit-Levy）：《美国的花园城市》（*Cities Jardins d'Amerique*），巴黎：亨利出版社，1905年版，第72页；《工人之家》（*Homes for Workmen*），第135页。

美国实业家们相信,20 世纪新型的工业规划不是慈善事业,而是有利可图的商业投资。《工人之家》(*Homes for Workmen*)是 1919 年出版的一部当时美国工厂城的概要,书中引用规划专家的话说,生活在标准工厂城中的工人,其工作效率比其他工人高 25%—33%。[①] 专业规划者和社会学家相当于工厂内的编外科学管理专家,他们能够促进生产。就像米勒笔下的库尔顿那样:"这个城镇中的每一个特征都是用来促进工人生产的,工人不付出就什么也得不到,因而清除了工厂中的家长式管理。"[②]

《工人之家》、乔治·贝努瓦-莱维的《美国的花园城市》、维克·库克(E. Wake Cook)的《改进》(*Betterment*)(1906 年)、威廉·托尔曼的《社会发动机——记录美国实业家改善 150 万人民的所作所为》等著作,以及联邦政府资助的众多研究报告,都肯定了 20 世纪初,美国企业管理依靠社会学和建筑学研究成果来提高管理劳动力的能力。工人罢工和暴力活动在 19 世纪末此伏彼起,工业巨头们万分担忧,他们同样也想预防某些进步主义的改革运动。政府和消费者团体呼吁对工厂进行监督、设立劳保措施、立法限制工时和保护女工童工,这些要求促使企业推动自我改革。更重要的是,某些工业部门中熟练劳动力的短缺和生产技术的日益复杂使眼光长远的管理者立志找到新方法来吸引和留住技术工人,提供福利尤其是住房,就是其中之一。

伊利诺伊州的普尔曼(Pullman)为 20 世纪初有意为工人提供福利的实业家提供了最为重要的案例。1884 年,乔治·普尔曼(George Pullman)在芝加哥近郊建起了这座工厂城镇的模板,内森·巴雷特(Nathan F. Barrett)负责景观设计,索伦·比曼(Solon S. Beman)设计建筑,该模板耗资 800 万美元,占地 4000 公顷。普尔曼建造这座城镇的目的,是使那些为他建造火车车厢的熟练机工免受芝加哥这座城市"罪恶

---

① 《工人之家》(*Homes for Workmen*),第 11、173 页。

② 同上,第 10—11 页。

的影响”,尤其是那里的激进政治运动和强大的工会。[①] 普尔曼想牢牢控制住自己的工人。为此,他建造起了超过400栋居住单元,熟练机工住在风格统一的砖砌排屋中,公司管理层则享有独栋住宅。这些住宅,连同城镇中的教堂、图书馆、商店等都归普尔曼所有,他把所有住房都出租出去以收取租金。工厂中的非熟练体力工人大多是斯拉夫移民,他们居住的1800个租屋已经摇摇欲坠,这些同样是普尔曼的资产。只有为数不多的人批评普尔曼的“封建主义”作风,称这座模范城镇为“奴隶围栏”,并向世人展示这些工人的特殊困难。[②]

1894年,随着经济萧条的来袭,认为社会福利既是家长式管理又是有利可图的慈善事业的观点被证明失败了,二者成为风马牛不相及的两件事。由于普尔曼压低工人工资、收取高额房租(经济萧条来临时普尔曼并未改动租金),以及对企业一贯的威权控制,普尔曼工厂的工人们在尤金·德布斯(Eugene V. Debs)和美国铁路工人工会的支持下发起一场大规模的罢工运动以示抗议。格罗夫·克利夫兰总统派遣联邦军队前去干预,结果却适得其反,暴力活动有增无减,劳资双方相互谴责。许多美国实业家已经对工业规划能否改进社会秩序的论调心存疑虑,但普尔曼大罢工后,工业界仍在推行系统的福利工程,并继续为工人建造住房,这着实令人称奇。舆论界认为,是普尔曼本人的独断专行点燃了这次大罢工。普尔曼想要把整个模范城镇转变为赚钱机器,对庞大的企业发号施令,这种过时的管理模式是逆工业福利运动而上的逆流。

同一时期,也有几个成功的规划案例弥补了普尔曼为人诟病的过失。范德格瑞特(Vandergrift)是阿波罗钢铁公司的工厂城镇,位于宾夕法尼

---

① 见普尔曼在1894年美国罢工委员会上的证词,转引自西摩·柯里(Seymour Currey):《芝加哥的历史和建筑者》(*Chicago: Its History and Its Builders*),3卷本,芝加哥:S. J. 克拉克公司,1918年版,第3卷,第205页。

② 理查德·埃利(Richard T. Ely):《针对普尔曼的社会学研究》(“Pullman: A Social Study”),《哈珀斯月刊》(*Harper's Monthly*)第70卷(1885年2月),第452—466页;乔治·谢林(George Schelling):《芝加哥论坛》(*Chicago Tribune*),1886年3月22日,转引自斯坦利·巴德尔(Stanley Buder):《普尔曼》(*Pullman*),纽约:牛津大学出版社,1967年版,第140页。

亚州,这里的规划者和管理者相信,生活在“整洁、卫生而美丽的城镇”中的人们能够成为模范公民和安心工作的工人。[①] 这里的小路曲径通幽,公园小巧玲珑,独立式民居也令人心旷神怡,参观访问者赞不绝口。位于伊利诺伊州勒克莱尔(Leclaire)的N.O.尼尔森公司主营生产管道设备,该公司在城镇中为工人建造住房,提供社交、娱乐和教育设施,甚至还曾推行过利润共享计划,以杜绝工人的不满情绪,可惜的是推行没多久便夭折了。公司认为,城镇居民的共同利益足以消解任何严重的冲突,因而在勒克莱尔,既没有成文的法规,也没有警察。这里有的是崭新的住房,基本上人人都有机会拥有自己的家,这为尼尔森赢得了工人们留下来的认可。上述几个成功案例得到了NCF和社会服务联盟的大力宣传。

美国收银机公司的工厂城占据了俄亥俄州戴顿市(Dayton)的大部分,这里是美国最著名的模范工厂城镇。该公司创始于1882年,8年后,公司老总约翰·帕特森任用小弗雷德里克·劳·奥姆斯特德监造一所俱乐部,把其命名为绩效大厦。这座石砌楼宇按照田园风情般的手工匠人风格建造,原木裸露在外以显粗犷自然,公司还为员工及其家人提供健康保健课程,有时也开设家政、手工艺和传统技艺的培训,以满足其具体工作的需要。帕特森也像尼尔森公司那样,鼓励工人运用在工艺课上学到的技术在家中装上精美的板瓦,安上支架和护栏,甚至鼓励他们在自家后院中养花种草。但这些蝇头小利却不足以抵抗工会对工人的诱惑。工人的罢工运动激怒了帕特森,后者说服罢工领袖到纽约的NCF总部接受仲裁,最终双方同意在公司设立帕特森亲自主管的劳工局,负责调解纠纷。在这次罢工中,工人的主要收获是公司答应为他们建造住房,可以出售也可以出租,大抵满足了半数工人的生活需求。

到1910年,在NCF和社会服务联盟的极力公关下,现代工厂城镇规划的新浪潮山雨欲来。改革者、记者和联邦劳工统计署的调查员走访了

---

① 艾达·塔贝尔(Ida M. Tarbell):《企业界的新观念》(*New Ideals in Business*),纽约:麦克米兰出版公司,1916年版,第154页。

众多工厂城。在他们的报告中,常见与企业经理和老板的谈话纪要,记录了后者在企业中推广福利工程的动因。他们之所以要资助住房,最主要的原因是希望以此控制工人。其中一份报告中记载了350名制造业老总的谈话,他们无不认为,"为工人提供住房就是为企业提供能控制的工人"。[①] 企业管理人员解释到,心满意足的工人对企业更加忠诚,参加罢工的几率很小,还可以给企业省去培训新员工的费用。为他们提供良好的住房能够有效提高工人成婚的比例,而已婚工人要比游荡的单身汉更稳定,破坏性更小。为了招募熟练工人,招聘广告中常常会强调在由企业提供住房的模范城镇中生活,对自己的妻子儿女大有裨益等内容。企业之所以要花钱建造工人住房,是为了让员工全家依靠公司来改善生活。

倘若企业拥有住房的所有权,将其以低于市场价格的租金出租给工人,那么员工对企业的依赖性将更强(租金往往是一周的薪水)。在这种情况下,雇佣员工和解雇或是威胁解雇对员工的影响会更有效果。然而,避免重蹈普尔曼悲剧的覆辙,很多实业家不再全盘控制整个工厂城,像费城的斯泰森制帽厂和辛辛那提附近象牙谷的保洁公司都鼓励员工自己购买住房。有些公司之所以这样做,不仅仅是出于员工的压力,还有别的原因,例如俄亥俄州阿克伦近郊的费尔斯通公园和固特异山庄,就是因为两家公司的迅速扩张使得阿克伦市无法满足其住房和娱乐的需求。两家公司的老板在自己的工厂城开设银行,以低于其他银行5%的贷款利率向工人提供购房贷款,每月只需偿还20—30美元。[②] 他们相信,有钱购买私人住房的工人必定希望社会和政治稳定;这样的工人必将慎重处理自己的资金,行事小心谨慎,而且参加工会运动的可能性更小。

模范城镇规划关注的另一个目标是改进工人的健康。卫生条件好的

---

① 《工业时代的住房》(*Industrial Housing*),密歇根州海湾城:阿拉丁公司,1918年版,第31页。

② R. S. 怀廷(R. S. Whiting):《住房与工业》(*Housing and Industry*),芝加哥:全国木材制造商协会,1918年版;阿尔弗雷德·利弗(Alfred Lief):《费尔斯通的故事》(*The Firestone Story*),纽约:惠特西书屋,1951年版,第79—83页;休斯·艾伦(Hugh Allen):《固特异的住房》(*The House of Goodyear*),克利夫兰:科迪—克鲁斯,1943年版,第296页。

住房意味着受病痛折磨的日子非常短。在任何有关工厂城镇的文字记载中,都突出了先进的管道设施。在南部,改进过的管道大多只铺设至路上而没有接入住宅,在黑人和阿巴拉契亚山区工人的住房中尤其如此。规划者特别留心供水系统、上下水设施、排水通路,诸如窗纱这样的细节也没有逃过他们的法眼。在城镇中,专门对家庭主妇开设了家庭医疗、护理和食物营养搭配课程,禁酒运动也成为"建设性福利工程"的老旧话题。在那里,经营酒馆是非法的,俱乐部和交谊厅也"不能售酒"。

企业老总们注意到,可以在规划周密的社区和特殊服务方面大做文章。雇佣了许多女工和童工的企业特别在意塑造自己是负责任雇主的形象。管理者声称将保护这些弱势群体,以使其免于繁重、乏味且有些邪恶的工业生活。幼儿园和企业资助的学校让少年儿童每天得以有几个小时的时间阅读、写作和学习手工技艺。位于圣路易斯的瓦格纳电气公司雇佣了女监工,把女工操作的车床全部漆成白色,以"辉映女性的整洁和与生俱来的清秀"。[①] 大多数企业为男工和女工作了不同的工作安排,通常都会提供食堂和膳食宿舍,还为女工提供端庄的工作服、教授仪表规范并开设俱乐部。

1917年,里弗尔·马格努森对350名实业家进行了调查,里弗尔注意到,他们无一例外地认为,模范工厂城"是公司的名片,为公司在公众面前赢得了美好形象"。[②] 贾奇·加里(Judge Gary)和乔治·铂金斯是美国钢铁集团福利项目的幕后推手,他们力图以此为公司打造一诺千金的诚信形象,同时又能吸引熟练工人,预先杜绝工会的诱惑力。洛克菲勒基金会的社会卫生局在全国进行了一项范围广泛的调查研究,分析了良好的住宅对包括工人和管理层在内的所有人的益处。《矿营与工厂》(*Camp and Plant*)是洛克菲勒家族旗下的科罗拉多燃料与铁制品公司社会部的刊物,该杂志自1901年创刊,到1904年停售,几年间这份周刊就登载了许多地方

① 丹尼尔·尼尔森:《劳心者和劳力者——美国新工厂制度的起源,1880—1920年》(*Managers and Workers:Origins of the New Factory System in the United States, 1880-1920*),第146页。

② 里弗尔·马格努森:《美国雇主建造的住房》("*Housing by Employers in the United States*"),第46页。

的八卦新闻和企业广告，曾在封面刊登模范住房和模范工厂。

然而，即便是在最优良的模范工厂城，也不是所有的工人都会受到建筑师和社会秘书的双重眷顾。大体上，只有熟练工人才有资格搬进企业建造的住房，才能获准参加企业资助的社交活动。创建福利工程的目的之一，是要加强公司员工中的等级制，鼓励他们力争上游（低收入工人的妻子有时需要到一个大型的模范住房社区参加家政课程，这样做是为了鼓励她们追求更高的家政标准，渴望拥有自己的住房）。如果工厂员工中的大多数是外来移民或黑人，那么土生土长的白种美国人明显会获得更多的好处。1920 年，模范工厂城平均只为三分之一的工人提供住房。[①] 在南部纺织村落和西部矿业营地，企业为工人建造住房的比例明显偏高，这反映了这些地区的独特性。

在任何一座工厂城中，非熟练工人只能住在拥挤的住宅区。尽管规划者和企业管理者都反对工人将住房变成寄宿公寓，认为这将破坏家对核心家庭的“影响力”，但许多家庭却不得不如此，以便贴补家用。由于出租公寓的条件实在让人难以恭维，单身汉更喜欢住进寄宿公寓，与主人一家生活在一起。选择寄宿公寓的人往往希望省钱以便把家人从欧洲接到美国，或是等待有朝一日买下一套属于自己的房子。主人家庭也理解房客选择寄宿公寓作为临时中转站的做法，希望以此改善自己的财政困境。然而，经济困境却不相信眼泪，在城市和工厂城镇中，有大约四分之一到二分之一的工人家庭成为包租公。[②]

---

① 《美国雇主建造的住房》（“Housing by Employers in the United States”），《美国劳工统计署通报》（*Bulletin of the U. S. Bureau of Labor Statistics*）第 263 卷，1920 年 10 月，第 11 页。

② 温思罗普·哈姆林（Winthrop A. Hamlin）：《美国的廉价住宅》（*Low-Cost Cottage Construction in America*），马萨诸塞州坎布里奇市：哈佛大学社会博物馆，1917 年版；G. W. W. 汉格（G. W. W. Hanger）：《美国雇主为工人提供的住房》（“Housing of the Working People in the United States by Employers”），《美国劳工统计署通报》第 54 卷，1904 年版；罗伯特·蔡平（Robert C. Chapin）：《纽约市工人家庭的生活标准》（*The Standard of Living among Workingmen's Families in New York City*），纽约：慈善机构出版委员会，1909 年版，第 63 页；弗兰克·哈奇·史特莱霍夫（Frank Hatch Streightoff）：《工业时代美国人的生活标准》（*The Standard of Living among the Industrial People of America*），波士：，霍顿·米夫林出版公司，1911 年版，第 78—85 页。

图 10—3 科罗拉多燃料与铁制品公司发行的《帐篷与工厂》周刊的封面，强调公司官员对员工的工作条件和居住条件一视同仁。

在大多数工厂城镇中，斯拉夫移民的住宅区被称为“匈牙利村”(Hunkeyville)，那里面临着最为严重的拥挤问题。在宾夕法尼亚州的霍姆斯泰德(Homestead)，非熟练炼钢工人日工资平均只有1.65美元，因此必须逼着他妻子成为包租婆，否则生活无以为继。[①] 社会学家调查发现，有许多家庭把一个房间提供给多个房客居住。有时候，一张折叠床甚至提供给两个人用——一个白天用，一个晚上用。然而，寄宿公寓却不像公司的社会工作者预想的那样脆弱。许多寄宿者之间有亲戚关系——或是单身的叔叔，或是鳏居的祖父，也可能是远房的兄弟姐妹。还有些移民寄宿者在欧洲时生活在同一个村子里(意大利人更倾向于保持密切的同村老乡的纽带，把在老家时的朋友称为“金巴利”Compari，或者叫神父，以便加强联系)。有些家庭共用寓所后面的庭院，经过仔细调查便会发现，他们可能是同一族裔的移民，甚至可能有姻亲关系。在工业化初期，工人可以让亲戚朋友来工厂与自己一同工作；但到了19世纪末20世纪初，共同国籍和兄弟会组织在联系大家庭和种族关系时发挥了巨大作用。

各种各样的社交活动都发生在家庭之外。在婚礼或洗礼上，同院子或是同一街区的人一起载歌载舞。在两周的耶稣受难日节庆中，巡回乐队和狂欢的人群游荡在街头巷尾，商店彻夜不关门。教会、联谊会或者族裔组织资助并发起了许多活动。五分钱娱乐场(一种旧式自动点唱机——译者注)、溜冰场、舞厅和酒吧也像公寓一样拥挤，热闹非凡。男人们把大部分的休息时间用在了社交活动上，或是在酒吧休闲，或是在联谊会俱乐部闲谈，有时也会去工会大厦约朋友打发时光。这些公共活动经常演变为冲突和对峙的舞台。酒吧里出没着各个族裔的人群，很可能上演一幕幕“全武行”。赌场和妓院是许多工厂城镇中为数不多的公开允许黑人参与的行当，但这类场所中人们不时爆发火拼，也常常引来警察的突然检查。

---

① 玛格丽特·拜因顿(Margaret Byington)：《霍姆斯泰德——一座工厂城的住宅》(*Homestead: The Households of a Mill Town*)，1910年，重印版，匹兹堡：匹兹堡大学国际问题研究中心，1974年版，第135—144页。

许多移民者，尤其是意大利和爱尔兰移民，几乎不允许女性走出家门。很少有意大利妇女在工厂工作，即使有，也是未婚女子；父兄绝不会让未婚的女儿或单身的妹妹去舞厅之类的社交场所。年轻女子或许会参加公司发起的家政课和营养培训课，她们在那里学到的家庭知识与家中其他人明显不同；虽然如此，大多数人仍会尊奉母亲教给自己的“习俗”，之所以如此，部分是因为维持一种“科学的”的生活习惯所费不赀。即便她们参加教会活动、慈善组织、在幼儿园工作，即便加入镇上的女性服务俱乐部，住房和家庭都是她们生活的重中之重。

对大多数工人来说，他们对雇主提供住房的善举或许已经知足了，若是可以购买住房，更是心满意足。房产和职位决定了员工的地位。好多家长常常不同意孩子上学时间太长，而是希望孩子们可以尽早挣钱养家；妇女在家里做些额外的工作挣点外快；男人甚至要身兼多份工作，若是在一份工作上熬资历，很难攒钱买下属于自己的房子。因无法偿还房屋抵押贷款而被收回房屋的案例很少，除非在大量失业的经济萧条时期。

在公司拥有住房产权的城镇中，或是在员工无力购买住房的情况下，对住宅的维护就成了核心问题。空间狭小的住房虽然极为拥挤，但从中可以看出主人对房屋外观和细节之处的良苦用心。玛格丽特·拜因顿(Margaret Byington)曾调查过一个生活在霍姆斯泰德的斯拉夫家庭，他们与寄宿者共同生活在这座工厂城镇典型的两居室公寓中，她的记载既传达出一种持续的挫败感，又不乏家庭生活的欢愉：

厨房有15英尺长、12英尺宽，中间的椅子上放着一个大大的洗衣盆，突突地冒着水汽，弥漫着整个房间。女主人在洗衣服的同时，却不得不照看两个小孩，以免他们不慎跌入滚烫的水中。厨房的一侧放着一张蓬松的床，上面有两块毛毯，一块作褥，一块当被；窗户下有架缝纫机；角落里有座风琴——除了这些，厨房里还有一个灶台，这个神圣的地方正炖着晚饭的汤。楼上是全家人的第二个房间，住在这里的寄宿客和男主人正酣酣睡去。有两位寄宿者正在工作，到了晚上，睡觉的人起身工作，工作的人卧榻而眠。①

上述这些描述以及刘易斯·海因为拜因顿的研究所拍摄的照片,告诉读者移民家庭尽力在家中营造欢乐气氛的几种方法。即便是再穷的人,也会攒钱买架风琴甚至钢琴。他们家中的墙上挂着画,客厅摆着舒适的椅子和小饰品。新婚夫妇在规划新居时,喜欢购买装饰精美的家具。蕾丝窗帘、宗教神像、家族纪念品以及披肩和桌布摆在桌椅上,将房间装饰一新,尽管这个房间白天是客厅,晚上却变成了私密的卧室。许多家庭的墙上贴着破碎的墙纸;这些墙纸相互交叠,就像穷人家糊墙的旧报纸,形成了又一种隔离。住房是家庭生活和娱乐的重要场所。到了夜晚,亲戚朋友聚在厨房或是起居室,一起唱歌、跳舞、打牌,男人在这里向心仪的女子献殷勤,大家欢聚一堂,谈笑嬉闹。

大多数观察者都没有登门造访这些家庭,不了解其内部陈设,在他们眼中,每个工厂城镇中的住房都有统一的外观,即便没有经过规划亦然如此。建筑商出于经济考虑,在建设中只运用了统一的类型;规划师也不采用多种类型的住房,是因为他们相信种类越少,越能够维持秩序、节省成本。许多工厂城镇要求居民使用相同材料装修墙面,甚至油漆的颜色也要一致。纽约冷泉的J. B. 康奈尔公司的员工住房由公司老总亲自设计,全部呈直线排列,一楼的墙面漆成白色,二楼装饰着上色的木瓦,风格统一。与之类似,N. O. 尼尔森公司的员工住房则全部用黄白两色装饰。有些建筑师在整个工厂城中只使用一种建筑风格,在威斯康星州月蚀公园,完全采用殖民地复兴风格;在新墨西哥州蒂龙市,那里的泥砖房颜色柔和,无一例外都是布道复兴风格。对于企业家而言,住房环境的大一统是现代工业秩序的象征,既满足了居民舒适的居住环境,又满足了公司对员工的控制。

---

① 玛格丽特·拜因顿:《霍姆斯泰德——一座工厂城的住宅》(*Homestead:The Households of a Mill Town*),第145页。

图 10—4 宾夕法尼亚州谢南多厄市一位矿工家庭的客厅,由弗朗西斯·约翰逊摄于 1892 年。该图显示主人试图利用照片、手工家具来营造传统,表现出生活在这里的自豪感。

对模范工业城有过调查研究的社会学家同样赞美上述这种统一的住房风格,指责多样的建筑风格和造型会让城镇秩序混乱、布局杂乱无章。有些城镇缺乏统一规划,建筑物随意安放,他们对此提出了批评。1904 年,联邦统计学家 G. W. W. 汉格分析了模范工厂城镇的现象,分析了为何科罗拉多燃料和铁制品公司建造的居民区规模更小,并与此前矿工自行建造的住房做了对比。他写道,"无论与旁边的老旧建筑相比,还是与当地杂乱的住房相比,公司建造的住宅整齐地排在路旁,丝毫不必掩饰自己的优势。"[①]《矿营与工厂》中充斥着公司新建住房的照片,与它们摆在

① 温思罗普·哈姆林:《美国的廉价住宅》(*Low-Cost Cottage Construction in America*),第 29 页。

图 10—5　联合煤矿福利部拍摄的宾夕法尼亚州加尼尔市的公司城镇，大约摄于 1915 年。加尼尔市是工业福利工程中的样板。如图所示，新建的篱笆把风格一致的住房隔离开来。居民在私家花园中栽种花卉和蔬菜。尽管这里的建筑重视居民的隐私，但仍有很多家庭接纳寄宿者，由于这里的住房面积较大，这种情况更为普遍。

一起的，是木料搭起的粗糙小屋、搅打的泥土地面和弃之不用的废墟，下面标着这是意大利人、纳瓦霍人、墨西哥人或是威尔士矿工自己建造的房屋。

公司之所以在工厂城镇中修建住房，既是为了控制工人，也是为了让人们看到公司的绩效。然而，面对恶劣的工作环境，员工需要的不仅仅是更舒适的住房。正是因为某些工厂城镇对居民的控制太过严格，酿成了一场极为严重的劳工抗争运动，足以写入美国工业史册。为了预防此类事件再度发生，科罗拉多燃料和铁制品公司一方面花巨资添设武备和安保，另一方面下大力气改善工人住房。1913 年，因为工资和工作安全的纷争，勒德洛铸排机公司的保安杀害了几名工人。这场勒德洛惨案引起全国民众对该公司员工及其罢工斗争的同情。马瑟·琼斯（Mother

Jones)赶到科罗拉多,帮助组织起勒德洛公司中不同国籍的工人。纽约的《租客周刊》呼吁将这家矿厂收归国有,宣称若是企业如此高压地控制工人,那么为工人建造住房丝毫不会缓和双方的关系。[1] 尽管该公司的大老板洛克菲勒家族激烈反对国有化,但他们在国会前作证说正在筹划更多的改革。伴随着普尔曼和霍姆斯泰德的罢工,越来越多的人开始关注企业对工人及其住房的控制,越来越多的人对这一全国性的大辩论投入热情。对于某个工厂城镇如何规划和管理这类细节问题的争论遍布全美;但无论是改革者、实业家,还是工会领袖,都在质疑工人是否有权力享有企业"福利工程"提供的良好居住和工作条件。

推荐阅读书目

要了解20世纪初工厂城镇的信息,最好的来源仍是当年留下来的报告,尤其是美国劳工统计署和全国住房协会发布的报告。非政府组织受托撰写的报告包括《工人之家》(*Homes for Workmen*),新奥尔良,1919年;威廉·托尔曼(William H. Tolman):《工业改进》(*Industrial Betterment*),纽约,1900年版以及《社会发动机——记录美国实业家改善150万人民的所作所为》(*Social Engineering: A Record of Things Done by American Industrialists Employing Upwards of One and One-Half Million People*),本书由安德鲁·卡内基(Andrew Carnegie)作序(纽约,1909年版);E. 维克·库克(E. Wake Cook)的《工业改进》(*Industrial Betterment*),纽约,1906年版;格雷厄姆·泰勒(Graham Taylor):《卫星城——对工业郊区的研究》(*Satellite Cities: A Study of Industrial Suburbs*),1915年,纽约,1974年重印;巴格特·米金:(Budgett Meakin)《模范工厂和村庄》(*Model Factories and Villages*),费城,1906年版;埃德温·舒耶(Edwin Shuey):《工厂里的雇工和雇主》(*Factory People and Their Employers*),纽约,1900年版;阿拉

[1] 《科罗拉多州的煤矿》("The Colorado Coal Mines"),《租客周刊》(*The Tenants Weekly*)第1卷(1914年7月27日),第1—4页。

丁·康帕尼(Aladdin Company):《工业时代的住房》(*Industrial Housing*),密歇根州海湾城,1919年版。尤其应当关注第一次世界大战期间政府资助的住房,可参见R.C. 菲尔德(R.C. Feld):《让工业人性化》(*Humanizing Industry*),纽约,1920年版;克林顿·麦肯齐(Clinton MacKenzie):《工业时代的住房》(*Industrial Housing*),纽约,1920年版;莫里斯·诺尔斯(Morris Knowles):《工业时代的住房》(*Industrial Housing*)纽约,1902年版。乔治斯·贝努瓦-莱维(Georges Benoit-Levy)《美国的花园城市》(*Cities Jardins d'Amerique*)是一份关于美国工业时代花园城市的报告,提供了丰富的细节描述。专项研究包括美国收银机公司的出版物,如《田园、工厂和家》(*Nature, the Factory and the Home*),戴顿,1903年版;玛格丽特·拜因顿(Margaret Byington):《霍姆斯泰德——一座工厂城的住宅》(*Homestead: The Households of a Mill Town*),匹兹堡,1910年版以及她对于匹兹堡的其他调查报告;奥古斯特·科恩(August Kohn):《南卡罗来纳州的棉花工厂》(*Cotton Mills of South Carolina*),南卡罗来纳州查尔斯顿市,1907年版;哈丽雅特·赫林(Harriet L. Herring):《工厂村镇的福利工程》(*Welfare Work in Mill Villages*),教堂山,1929年版,这部著作同时也涉及南部的工厂城。

研究同一时代加里市的两篇文章分别是约翰·金伯利·芒福德(John Kimberly Mumford):《遍布机遇的土地——从沙漠废墟中崛起的加里》("This Land of Opportunity: Gary, the City That Rose from a Sandy Waste"),《哈珀斯周刊》(*Harper's Weekly*)第52卷(1908年);亨利·富勒(Henry B. Fuller):《工业时代的乌托邦》("An Industrial Utopia"),《哈珀斯周刊》(*Harper's Weekly*)第51卷(1907年)。乔治·米勒(George H. Miller):《费尔菲尔德——一座前途无量的城》("Fairfield, A Town with a Purpose"),《美国城市》(*American City*)第9卷(1913年);A. T. 鲁斯(A. T. Luce):《模范矿业城镇——伊利诺伊州金凯德市》("Kincaid, Illinois—Model Mining Town"),《美国城市》第13卷(1905年);《新墨西哥州蒂龙市——新型的矿业城镇》("The New Mining Community of Tyrone,

New Mexico"),《建筑评论》(*Architectural Review*)第6卷(1918年);莱奥纳德·埃利斯(Leonora B. Ellis):《一座样板工厂城市》("A Model Factory Town"),《论坛》(*Forum*)第32卷(1901—1902年),分析了南卡罗来纳州佩尔策市(Peltzer),是这类文章的代表作。

近来,关于工厂城镇的作品包括罗伯特·史密斯(Robert S. Smith):《达恩的工厂》(*Mill on the Dan*),北卡罗来纳州达拉姆市,1960年版;詹姆斯·艾伦(James B. Allen):《美国西部的公司城镇》(*The Company Town in the American West*),俄克拉荷马州诺曼市,1966年版;约翰·瑞普斯(John Reps):《企业修筑的城镇》("The Towns the Companies Built"),载于约翰·瑞普斯(*John W.Reps*):《美国城市的形成》(*The Making of Urban America*),普林斯顿,1965年版;利兰·罗斯(Leland Roth):《麦金、米德和怀特设计的三个工厂城镇》("Three Industrial Towns by McKim,Mead & White"),《建筑史学家协会杂志》(*Journal of Society of Architectural*)第38卷(1979年),该文深刻揭示了1890年代建筑规划师的角色。转向研究包括约翰·加纳(John S. Garner):《伊利诺伊州勒克莱尔——一座模范公司城镇,1890—1934年》("Leclaire, Illinois: A Model Company Town (1890-1934)"),《建筑史学家协会杂志》(*Journal of Society of Architectural*)第30卷(1971年);雷蒙德·莫尔(Raymond A. Mohl)、尼尔·贝滕(Neil Betten):《工厂城镇规划的失败——以1906—1910年间的印第安纳州加里市为例》("The Failure of Industrial City Planning: Gary, Indiana, 1906-1910"),《美国城市规划者协会月刊》(*Journal of the Society of Architectural Historians*)第38卷(1972年);弗里曼·钱普尼(Freeman Champney):《艺术与荣光——艾尔伯特·哈伯德的故事》(*Art and Glory: The Story of Elbert Hubbard*),纽约,1968年版,该书研究了纽约东奥罗拉(East Aurora)的罗伊克罗弗特斯(Roycrofters)。关于普尔曼,请参见斯坦利·巴德尔(Stanley Buder):《普尔曼》(*Pullman*),纽约,1967年版;艾尔蒙特·林赛(Almont Lindsey):《普尔曼大罢工》(*The Pullman Strike*),芝加哥,1942年版。

关于工厂城中工人日常生活的记载所见甚少。请参见戴维·布罗迪(David Brody):《美国的炼钢工人》(*Steelworkers in America*),马萨诸塞州坎布里奇市,1960年版;苏珊·克莱因伯格(Susan J. Kleinberg):《技术与妇女的工作——1870—1900年匹兹堡女工的日常生活》("Technology and Women's Work: The Lives of Working Class Women in Pittsburgh, 1870-1900"),《劳工史》(*Labor History*)第17卷(1976年);科琳娜·阿泽·科林斯(Corinne Azen Krause):《永不衰竭的城市化——1900—1945年间匹兹堡的意大利、犹太和斯拉夫妇女》("Urbanization without Breakdown: Italian, Jewish and Slavic Women in Pittsburg, 1900 to 1945"),《城市史》(*Joural of Urban History*)第4卷(1978年)。

第十一章 有规划的居住社区

当代美国人正面临的一个挑战是,使尽可能多的人拥有属于自己的住房。如今已有很大一部分家庭购买了自己的房子,他们是维系一个合理的社会经济体系的力量之源,也正是依靠他们,美国社会才能合理地持续发展,满足环境变化的需求。

——赫伯特·胡佛(Herbert Hoover),

美国商务部出版《如何拥有住房》(*How to Own Your Home*)(1923年)前言

尽管在许多时候心胸豁达,但乐观如胡佛者,也不能不对 1920 年代的住房形势感到些许忧虑。虽然自第一次世界大战结束以来,住房建设量大为增加,但这累累青砖的基础却并不牢固。繁荣与萧条在房地产市场上拉锯式交锋;不过十年,住房贷款增长了两倍有余;20 年代末丧失抵押品赎回权者的数量已然为数可观。此外,拥有住房的人数在总人口中的比例持续下降;而且,伊迪丝·埃尔默·伍德等住房改革者们声言,全国有三分之一的人口居住条件恶劣。[①] 胡佛为此深感忧虑。对他而言,安全稳定的住房是成为良好公民的必经之路。拥有自己的住房有助于公民个人的独立;而住房建设和房产投资在国民经济中扮演着关键角色。

---

① 伊迪丝·埃尔默·伍德(*Edith Elmer Wood*):《非熟练工人的住房》(*The Housing of the Unskilled Wage Earner*),纽约:麦克米兰公司,1919 年版,第 7 页。

1920年代，一种新的住房形式流行开来，这是在不发生彻底改革的前提下解决美国住房系统的一种新尝试。但这种新形式仍有所不周，它将个性化的设计和大一统的规划这两个水火不容的因素结合起来。结果，尽管配有茅屋式样屋顶或地中海风格庭院的住房设计精巧独特，也与时代的审美情趣相契合，但这种极具个性的住房外观却不免让人心有不安。大多数新建住宅单元只是大面积规划社区的一部分，通常这类社区整个都是住宅区，风格比较单一。

1920年代的住房模式被一个范围广阔的大联合所主导，其中既有开发商和销售商、建筑师和建筑商的联合，也有政府官员和社会学家、室内装潢师和家庭主妇的合作，甚至不乏工会领袖与城市改革者的联盟。没有一方不在寻求办法，以维护核心家庭的存在、促进经济发展，以及为大众提供更多可以负担得起的住房或鼓励社区参与其中。所有人都认为，应当将居住区规划得更为紧密。因此，联邦机构、城市分区规划委员会、房主联谊会及各地区的城市风貌协会纷纷出台建筑标准，负责建筑物的修建、外观以及居民生活的社会环境。他们甚至在颂扬人人拥有自己的住房时，也要凸显邻里同质性是必不可少的环境。

1920年的人口统计显示，只有46%的美国家庭拥有自己的住房，而在大都市区，这一比例更低，比如新奥尔良，只有27%，亚特兰大25%，波士顿和纽约市更少，分别为18%和12%。[①] 1921年的经济萧条让本已短缺的战后住房市场雪上加霜，许多正待开工的住宅不得不推迟建设，而在建住房的价格也节节攀升(新住宅的平均价格上涨了1000美元，从1921年的3972美元上涨到1928年的4937美元)。《建筑时代》(*Building Age*)认为，保守估计，20年代早期需要新建住房50万套，而建筑业却备

---

① 《1920年美利坚合众国第14次人口统计数据》(*Fourteenth Census of the United States, Taken in the Year* 1920)，第2卷，第14章；亦可见于阿莫斯·霍利(Amos H. Hawley)：《美国大都市的转型——1920年后的碎裂化》(*The Changing Shape of Metropolitan America: Deconcentration Since 1920*)，伊利诺伊州格兰克市：自由出版社，1956年版；R. D. 麦肯齐(R. D. McKenzie)：《大都市社区》(*The Metropolitan Community*)，纽约：麦格劳希尔公司，1933年版。

图 11—1 明尼苏达州圣保罗的一条街道，两旁的住房建于 1920 年代中期，凸显了那个时代流行的小规模和仿古建筑风格。尽管房屋设计精美，但开发商却在整个街区的规划中一再重复运用同样的风格。

受经济危机打击，步履蹒跚。[①] 参议员詹姆斯·沃兹沃斯(James Wasworth)发起一项议案，为住房合作和研究美国历史上的住房合作提供资金，他认为美国正面临严重的住房短缺，低比例的拥有住房人数已威胁到美国社会。伊迪丝·埃尔默·伍德坚信，若是考虑到穷人和工人阶级居住的低劣住房，统计数据明显低估了住房拥有量。

---

① 阿瑟·格里森(Arthur Gleason):《住房短缺》("The Lack of Houses"),《国民》(*Nation*)第 110 卷(1920 年 4 月 17 日),第 511 页;布兰奇·哈尔伯特(Blanche Halbert)编:《良好住房手册》(*Better Homes Manual*),芝加哥:芝加哥大学出版社,1931 年版,第 53 页;范德富尔特·沃尔什(H. Van dervoort Walsh):《建造小型住房》(*The Construction of the Small House*),纽约:查尔斯·斯克里布纳尔之子公司,1923 年版,第 2 页。

分析统计数据可以发现，大部分美国人被分成了城市居民和郊区居民两种属性，这在美国历史上尚属首次。大都市区外围或郊区的人口比中心城市的增长更为迅速。1920年代的十年间，郊区人口增长速度是中心城市的两倍，到1930年时已达1700万。比佛利山庄人口增长了25倍，沙克山庄增长了10倍，这些地区魔幻般的增长速度令人目不暇接。[①]整个佛罗里达州似乎一夜间就布满了速成式大都市区。这些成功的地产投资如同一场豪赌的盛宴，争相介绍自己的楼盘不仅景色优美、社交活动丰富，而且经济价值非凡——所有这些，都是典型的郊区标准。

迁往郊区的家庭无不希望那里既有个人自由，又不乏社会稳定。在许多社会学家和规划专家眼中，郊区积聚了美国生活的优雅，在精心规划的环境中又融合了小镇的淳朴和城市便利快捷的设施。

但也有人并不热衷于此，刘易斯·芒福德就是其中之一，他批评郊区生活代表着自私自利和盲目性。"住宅管理专家"克里斯汀·弗雷德里克向《远景》(*Outlook*)的读者解释了自己为何要"抛下郊区的迷幻"搬回城市公寓。她本想在郊区找到安闲和社区精神，结果发现的却只是"整洁的小房子像玩具一样，摆在整洁的小块草坪上，这里的人们住在整洁的殖民地风格的小家里，遑论家中整洁的小妇人和整洁的孩子们——所有这一切整洁地排好，就像孩子们用积木搭起的城市。"[②]其他批评涉及郊区能否真的自觉促进居民身心健康，郊区社会和经济的同质化，生活在郊区的开销，以及郊区完全人为的社交生活和过多的个人隐私所导致的孤独感。然而，大多数中产阶级通俗文学作品、住房指南，甚至包括建筑师

① 查尔斯·格拉布(Charles N. Glaab)：《大都市区与郊区：变化中的美国城市》("Metropolis and Suburb: The Changing American City")，载于约翰·布雷曼(John Braeman)、罗伯特·布雷默(Robert H. Bremner)和戴维·布罗迪(David Brody)主编：《20世纪美国的变化与延续——20年代卷》(*Change and Continuity in Twentieth Century America: The 1920's*)，哥伦布：俄亥俄州立大学出版社，1968年版，第404页。

② 刘易斯·芒福德(Lewis Mumford)：《郊区荒野》("The Wilderness of Suburbia")，《新共和》(*New Republic*)第28卷(1921年9月7日)，第44—45页；克里斯汀·弗雷德里克(Christine Frederick)：《郊区居民生活在幻想中吗？》("Is Suburban Living a Delusion?")，《远景》(*Outlook*)第148卷(1928年2月22日)，第290页。

手册都称赞郊区是一处避难所，让生活在那里的人回归“常态”——正是回归“常态”的政治理念帮助胡佛的前任哈丁（Harding）和柯立芝（Coolidge）坐上总统宝座。

身为前两届政府的商务部长，赫伯特·胡佛推动联邦政府在提供更好的住房方面发挥了作用，以此实现“常态”的政治理念，其目标是促进政府、商界和公民组织结成自愿互助的合作关系。胡佛相信，虽然政府在战时已经参与到为国防工人建造住房单元和为急需物资制定标准等活动中，但即使政府涉及的范围再广，也不会威胁私有企业。他的计划正是要让政府支持那些与私人企业和地方协会相关的机构和委员会。州将发挥信息交换所的功能，而商界和社区组织将开发新的市场，以促进美国经济的持续繁荣。

胡佛的第一把火是支持一个合作项目，以缓解20年代的住房短缺，给垂死挣扎的建筑业打一针强心剂。次年，胡佛担任商务部长，他将此类合作计划定为商务部的基本政策之一。他支持劳工部发起的“拥有住房”（Own Your Home）运动，鼓励人们买一套属于自己的住宅；这包括通过各地的房产经销商出售政府在战时资助国防工人的住房。他同样支持1921年的《加利福尼亚州退伍军人农地与住房购买法》，该法案提供了250个农场和5000套住房，以此来促进建筑业的发展。[①]

---

① 《第二届纽约自购住房展览会》（“The Second New York Own-Your-Home Exposition”），《建筑时代》（*Building Age*），1920年6月，第50页；全国小户型住房竞赛（National Small House Competition），载于《住房建造商规划宝典》（*Home Builder's Plan Book*），纽约：支持建筑规划协会，1921年；皮埃尔·珍妮特·戴维斯（Pearl Janet Davies）：《美国历史上的房地产》（*Real Estate in American History*），华盛顿特区：公共事务出版社，1958年版，第137—139页；伊迪丝·埃尔默·伍德：《近期的美国住房趋势》（*Recent Trends in American Housing*），纽约：麦克米兰公司，1931年版，第264—250页；《居住者的住房规划和改造》（*Plans and Elevations of Houses for Settlers*），萨克拉门托：加利福尼亚州政府印刷局，1920年版；爱德华·拉达（Edward L. Rada）：《卡尔-维特计划——一项对加利福尼亚州政府资助的住房的研究》（*The Cal-Vet Program: A Study of State-Financed Housing in California*），洛杉矶：加州大学洛杉矶分校房地产研究项目，1962年；罗伊·卢波夫（Roy Lubove）：《1920年代的社区规划——美国地区规划协会的贡献》（*Community Planning in the 1920's: The Contribution of the Regional Planning Association of America*），匹兹堡：匹兹堡大学出版社，1963年版，第24—25页。

胡佛的政策深刻影响了华盛顿的官僚机构。美国国家标准局（The Bureau of Standards，创始于一战期间，在20年代得到长足发展）对建筑用的耐火材料、防水技术、房屋隔音效果以及居家制品如银擦亮剂等许多产品进行了测试，鼓励制造商统一产品标准，减少床褥、砖材和地毯钉等产品的种类。成立于1923年的家政署（The Bureau of Home Economics）则向社会发布研究报告，内容涉及家庭生活质量和家用产品。国家标准局组建了建筑规范咨询委员会，以此来改进850种各不相同的地方规划标准，并在全国推广统一的建筑规则。1921年在家政署下成立了建筑与住房处（The Division of Building and Housing），旨在实现美国建筑规范的现代化，负责监管指导一系列委员会，成员包括来自房地产、建筑和建材等领域的专业人士。他们的目标是帮助建筑业全面运转，承接大批量的工程项目，将过去季节性的工作流程变为年复一年的满负荷运转。他们的努力没有白费，逐步建立起美国第一套建材分级标准，并制定了一系列建筑行业统一的建筑细则。1924年，建筑与住房处发布了一套分区模板，为各州的分区规划制定了标准，1927年又推出了面向城市的模板，并通过图书、小册子和大量会议发布新的指导方针。

在胡佛的影响下，14个家政信息中心和7个新英格兰城市住房协会继续开设家庭预算、儿童护理和住房规划等方面的课程，并出版相关方向的出版物，其中的绝大部分机构是为了保护住房和家人免受战争摧残而在战时成立的。农技服务体系（Agricultural Extension Services）的建立部分是因为得到了农业部、《史密斯-休斯法》（Smith-Hughes Act）（1917年）和《乔治-里德法》（George-Reed Act）（1927年）的支持，该服务体系包括为乡村妇女开设培训课程。全国农场和花园妇女联合会以及格兰奇协会（National Grange）也在为促进居者有其屋而尽自己的绵薄之力，同时极力推广舒适和健康的农场住宅以及乡村美化运动。

胡佛的目标之一是在政府与私人企业自愿合作的基础上实现公共利益，美国改进住房协会满足了胡佛的这一愿望。改进住房运动诞生于1922年，妇女杂志《图章》（*The Delineator*）编辑、该运动领袖威廉·布朗夫人(Mrs. William Brown)邀请胡佛担任协会主席,副总统卡文·柯立芝(Calvin Coolidge)担任协会咨询委员会主席。不到一年时间,该组织在500多个社区中成立了分支机构,并将总部设在华盛顿特区,以便建立起与联邦政府的密切联系。尽管协会的总部资助会议、开设课程、发行出版物,但地区委员会才是协会的关键之所在。到1930年,共有7279家改进住房委员会遍布全国。[①] 在全国改进住房周期间(通常是每年4月的最后一周),该协会的每个地区委员会都会组织住房改进竞赛,为最方便的厨房设计颁奖,向人们介绍建造技术和重修技巧,并围绕好的建筑如何塑造好的性格这一主题举办讲座。

改进住房周活动的高潮是优秀住宅展览。在此前一年中,每个参与这一活动的社区建筑师、建筑商和家政学家携起手来,或是新建一座住宅,或是选择一个中档价位的模范住宅,然后将之装饰一新。这套供展览的住房完全对公众开放,既参加巡展,也会应某些特别活动的需要供人参观。在某些社区,当地建筑商将展览用的住房拿到家政课上做样板。在乡村尤其是南部乡村,改进住房委员会发起重装住房运动,矛头直指黑人家庭和白人劳工。在改进住房周期间他们支持粉刷、绘彩和维修住宅之类的工作。

在每年的展览中,大部分城市只展出一座模范住房,但圣巴巴拉却是个特例,每年要展出32座。[②] 1926年,超过200个社区建造了样板住房,平均价格为3500美元。4年后的1930年,就在股票市场大崩盘之后,还有平均造价为1885美元的682栋新建独户住宅(不含购买土地的费用)在全国各地展出,共有4000栋住宅供游人参观。[③]

---

① 詹姆斯·福特(James Ford):《在美国改进住房》("Better Homes in America"),载于《良好住房手册》(*The Better Homes Manual*),第743页。

② 《1929年改进住房运动指南》(*Guidebook for Better Homes Campaigns*, 1929),华盛顿特区:美国改进住房协会,1928年,第41页。

③ 《救救美国的住房建设》("Help for Home-Building America"),《独立》(*Independent*)第117卷(1926年8月14日),第181页;《住房信息服务委员会与住房建造和房产归属总统会议中心的临时报告》(*Tentative Report of the Committee on Home Information Services and Centers of the President's Conference on Home Building and Home Ownership*),华盛顿特区:美国政府印刷局,1931年版,第66页。

除了改进住房周,这项运动的拥趸并没有停下自己的脚步。在城镇,在郊区,甚至在乡村,他们聚在一起谈论分区、建筑标准、装修和公民的权利义务。男孩子学着建造"男孩建筑",然后由女孩子把它们打扮得更加漂亮。类似的改进住房论坛的主题还包括住房贷款、卫生设施、种族纷争以及共产党人对私人法权的威胁。人们相信,这些问题都会深刻影响到美国人的住房。

改进住房运动关注的焦点是乡村和郊区的住房。然而,城市工人家庭同样需要廉价舒适的公寓;只有少数人和公司关注这个问题。大都会人寿保险公司在马歇尔·菲尔德(Marshall Field)的地产上为纽约和芝加哥的中等收入工人建造住房。哈莱姆的保罗·劳伦斯·邓巴公寓和芝加哥的密西根花园大道公寓都带有慈善性质,也是得到资助的住宅区,这两处的主要居民都是低收入的黑人家庭,他们通过合作的方式解决膳宿。在纽约州长阿尔弗雷德·史密斯(Alfred E. Smith)的敦促下,州议会在1926年通过了《纽约州住房法》,这样一来,参与建造中等价位住房的公司虽然是非营利性的,但可以享受部分税收减免的优惠措施。

工会和慈善家都利用这部法律推行自己的事业。尽管双方都支持租客分享一个项目中所有住房的所有权,但这就要求租户收入中等而不能过低。1928年,制衣工人联合会在布朗克斯修建了5座砖砌住房,容纳了304个家庭。每个房间的入住者必须支付500美元,这样才可以加入这个合作社,然后每月缴纳11美元的房租,①想要加入者排起了长长的队伍。这些新的"合作者"很快开始建立自己的组织。不到5年时间,这个布朗克斯的合作社便有了自己的幼儿园,建起了专人看管的运动场,配备了校车,购买了发电机,还建了图书馆、诊所、洗衣店以及众多社交场所

---

① 《节日纪事——1927—1947年间制衣工人联合会的合作式社区》(*Festival Journal: Amalgamated Cooperative Community, 1927-1947*),纽约:美国制衣工人联合会,1947年;《制衣工人工会》("The Clothing Workers' Union"),《生活》(*Life*)第25卷(1948年6月28日),第79—87页。

和政治性俱乐部。社区内有一个合作社式的杂货店，其买进冰块、牛奶、鸡蛋等日常用品，然后以折扣价卖给社区的其他居民。

尽管这个合作社区不乏支持者，也有忠实的租户，许多人甚至直至今日仍住在那里，但在纽约市以外，依靠合作的方式提供中等价位的住房这一项目却缺乏坚实的基础。在郊区拥有独栋独户住宅仍然主导着美国人的住宅观念，无论是政府还是商界，无论是公民组织还是工会，无不奉之为圭臬。实际上，有几个劳工组织甚至筹款为其成员在郊区买房提供担保。明尼阿波利斯中央工会、美国铁路工人住房协会以及另外六个组织为其成员提供低息贷款。机车工程师兄弟会在佛罗里达州建起了一座城镇，全是独立的平顶屋。美国黑人的卧铺车厢工人兄弟会扎根在加州奥克兰，不惜与法律和公司规定抗争，以帮助成员购买住房，享受更多的天伦之乐。

由于投资地产存在着显而易见的风险，合作社区和工会资助购房贷款这两种方式并行不悖。房价急剧攀升，依靠传统的金融贷款机构买房恐将无能为力。一种房贷只够交付 50%—60% 的购房款，而且必须在 5—7 年内偿清。第二种房贷是那个时代的典型，需要在 3 年内偿还，利率 18%[①]，对大多数家庭而言这种房贷是不得不接受的方案。还有抵押贷款的方式，这种资助方式需要购房者每月支付两倍租金的偿还款，一直到房价偿清为止；如果购房者两个月没有偿还贷款，债权人有权拥有这座住房的所有权。

尽管有风险，但还是有越来越多的人愿意购买郊区的独户住宅。就在政府采取措施增加中等价格住房后不久，建筑界掀起一场运动，誓言要“重新占领”郊区住房市场（尽管从未控制过）。1921 年，建筑师小户型住房服务局在明尼阿波利斯宣布成立，志在垄断一部分郊区住房市场。这个市场发展迅速，在 1920—1922 年短短两年间住房就增长了两倍有

---

① 约翰·格里斯（John M. Gries）和托马斯·柯伦（Thomas M. Curran）：《选一个住房贷款机构》（“Choosing a Home Financing Agency”），载于《良好住房手册》（*The Better Homes Manual*），第 23—43 页。

余，在20年代中期达到高潮，每年新建住房高达5.72万套。[1] 该局的技术指导罗伯特·琼斯（Robert T. Jones）宣称，建筑界正在为美国人提供服务，挣得一份合情合理的收入，并且为住房业提供了一种合理的方法，通过这些所作所为，建筑界正向美国社会展示自己的公民责任感。这项计划得到了胡佛及其领导的商务部的热烈回应。

在该局的中心部门，建筑师和绘图员一起起草住房合作规划，他们设计的住房多则6个房间，少则3个房间，而且尽量将每个房间的价格降低到6美元。对于规模大于六居室的住房，他们则明确建议由专门的建筑师来规划。意识到该局提供给建筑业的巨大利益，美国建筑师协会公开支持住房服务局的活动，尽管有些成员认为标准化的建筑设计有害无益。

虽然此类设计由集体合作完成，而且只是普普通通的民居，甚至有意使之风格朴素，但小户型住房服务局并没有发起一场推广现代设计标准的运动，相比之下，前卫的欧洲人对此更为支持。针对不同的条件、预算和主人的品味，该局为超过250套住房提供过服务。不仅仅是位于明尼阿波利斯的住房服务局总部，其下属的地区分支机构也针对具体地区的历史文化传统、根据气候状况、运用天然建材来设计规划。这样设计出的并非金碧辉煌的建筑，几乎也没有吸收"现代建筑"的平屋顶和直线条风格，而是尽量与公众的审美相匹配，运用了诸如小型前庭、内置长椅、窗槛花箱和百叶窗等建筑形式，对殖民地风格的门厅进行了仔细筹划。这些规划方案通过家居杂志、专门的规划类书籍传遍全国，设计服务局自己的月刊《温馨小家》（*The Small Home*）也不吝惜笔墨，大力宣传推广。改进住房委员会支持并接受了该局的服务，同时也支持关于居者自建的课程，比如基督教青年联合会的"拥有住房"课。

20世纪20年代郊区房产开发商的住房规划涉及居住环境的方方面

---

① 立奥·格里布勒（Leo Grebler）、戴维·布兰克（David Blank）、路易斯·温尼克（Louis Winnick）：《房地产资本的形成》（*Capital Formation in Residential Real Estate*），普林斯顿：普林斯顿大学出版社，1956年版，第333页。

面。此时,“开发商”这个词不再仅仅指修筑房屋,而预示着与住房相关的大量工作。在他们划出地块准备出售之前,就已经为将来的建设定好了条条框框,划定了街道的宽度,决定了整个小区的布局是平直方正的还是曲径通幽的,规划了上下水系统和蓄水池的规模,敲定了保护还是推倒现有林地草木,甚至已经建好了交通设施,所有这一切基本上限定了进一步划分土地的规模,也决定了入住者的身份地位。事无巨细的各种规定规划好了住房类型和地块,也为车库等附属设施定下了规范,还决定了房屋到街道的视距,甚至建筑的风格和栅栏的高度都没有逃出规划者的手心。住房规划专家约翰·诺伦(John Nolen)称赞这样巨细靡遗的规划如“一道安全屏障,将一切不和谐之物统统拒之门外”;持相同看法的还有全国房地产联合会、全国住房业协会和美国改进住房协会,它们强烈推荐每一款像这样受到严格约束的住房。[①]

从那时起,无论在城市还是郊区,住房规划风靡全美。规划条例严禁广告牌长期挂在小区中,并要求尽快拆除花哨的建筑,为的是避免火灾、房产贬值等潜在的危险。南加州有许多社区可以运用“警察权”管理建筑的风格。[②] 圣巴巴拉和奥哈伊(Ojai)是早已建好的城镇,它们通过法令,要求本区域的新建筑必须装饰成西班牙殖民地复兴风格,营造浓郁西班牙风情的亭台楼阁,发展旅游业。圣菲牧场(Rancho Sante Fe)、圣克莱门特(San Clemente)、帕罗斯福德庄园(Palos Verdes Estates)这三个完全新建的小区就遵循了这一模式。其中帕罗斯福德位于洛杉矶以南,占地3000公顷,这里的艺术审核委员会大力支持具有浅色灰泥或水泥墙和低缓屋顶的“加州建筑”,而且有权审核所有住房规划。

---

① 约翰·诺伦(*John Nolen*):《新桃旧符——美国的新式住房》(*New Towns for Old*),波士顿:马歇尔·琼斯,1927年版,第107页。

② 罗林·麦克尼特(Rollin L. McNitt):《运用警察权管理建筑》(“Architectural Control Under the Police Power”),《社区建筑商》(*Community Builder*)第1卷(1928年1月),第26—28页。

图 11—2 小户型住房服务局为郊区的普通独栋住宅设计了成千上万套规划住房,本图就是其中之一:虽然风格传统、建筑成本低廉,但内设却完全现代化。

中上阶层社区更是有一系列约束建筑风格的法令。堪萨斯城郊外的乡村俱乐部小区(Country Club District),凭借其范围宽广、执行有效的居住控制闻名海内外。这里的开发商杰西·克莱德·尼克尔斯(Jesse Clyde Nichols)从 1908 年开始收购土地,1922 年启动了小区建设。到 1920 年代末,他已拥有 6000 公顷土地,监管着 33 个小块地皮上的 6000 套住房建设,还建有 4 家高尔夫俱乐部,仅为装点街角和公园而购买的外国艺术品就花费了 25 万美元。[1] 最初他规定,住房价格不得低于 3000 美元,在一公顷土地上最多只能划分六个地块;后来,这一价格和土地标准不断攀升。

---

① 《推销员杰西·克莱德·尼克尔斯传》("Portrait of a Salesman:Jesse Clyde Nichols"),《全国房地产杂志》(*National Real Estate Journal*)第 40 卷(1939 年 2 月),第 20 页。

尼克尔斯的主要创新之处在于他推出了永久性的行为约束,这使得开发商制定的条令永久存在,只有一个办法能使其失效,即某一小区的大部分业主在25年条款失效前至少5年内投票决定修改条令。由业主选举志愿者组成居民委员会,命名为住房协会(Homes Associations),负责执行条令,确保业主按时缴纳物业费,这笔钱将用来修缮街道、运营公园,也用来维护未出售的地块。住房协会也有权制定新的条款,管理房屋的转租和出售。这种集中的权力在当时并不鲜见,本章末尾将会详细探讨。乡村俱乐部之所以能吸引全美国,乃至英国、南美洲和澳大利亚的设计师,端赖于对建筑风格的约束,这里和谐的建筑风格令他们仰慕;这里对建筑式样、颜色和屋顶线条的规定令他们欣赏有加;这里的土地使用规划、住房协会的社区精神不能不令来访者啧啧称奇。

20年代的其他许多开发商和建筑商用同样的风格和主题规划新住宅区和住房地块,通过这样的方法营造和谐气氛和社区精神。其中大部分住宅区采用的是过去某个时代的风格,在此基础上融入当地建筑传统最突出的"英吉利"情调,这种式样的房屋屋顶陡峭,在建筑中石木共用。在西南部,灰泥住房效仿老式的土坯房和印第安人的小屋,在天井以及通向起居室和餐厅的拱廊处搭上厚重的原木横梁。在费城郊区,建筑师们将古老的德式农场住房修茸一新,而开发商们建造的新住房以砖石为料,外观精美,很像古老的农场。蒙特雷(Monterey)牧场主的住房有一个开放的露台,二楼的阳台与整个住房同宽,这种类型的住房是北加州地方风格的典型代表。在住房蓬勃发展的佛罗里达州,建筑师艾迪生·米兹纳(Addison Mizner)引领了地中海风格复兴的潮流,为这里的建筑涂上了度假胜地的色彩,无论是大庄园还是小房间,都设有阳台和喷泉,贴着花砖。

20年代后期,人们追求那种穿越时空的沧桑感,在新墨西哥州的圣菲(Sante Fe)、马萨诸塞州的科哈赛特(Cohasset)等许多城市,建立了为数不少的历史遗址保护和修缮工程。自1927年始,洛克菲勒家族资助威廉斯堡(Williamsburg)修旧如旧的工程,使其恢复殖民时代的原貌。杰西·克莱德·尼克尔斯成功地说服州政府为维护一所肖尼人(印第安人的一支——译者注)的会堂和内战前“殖民时代的住房”提供部分经费。那些走过时光的历史建筑,保存着真实的和后人想象的传统,唤醒了今人理想中的田园生活,让我们为自己取得的进步而自豪。

然而,并非所有新建郊区都是为富人准备的,辛辛那提郊外的玛丽蒙特(Mariemont)就是其中之一。玛丽·埃默里夫人(Mrs. Mary M. Emery)投资建立了这个郊区,死后由她的遗嘱执行人查尔斯·利文古德(Charles J. Livingood)负责,两人都力图将这里建设成为“所有阶层”服务的郊区,但主要还是要成为工人的家园。由于具体负责的玛丽蒙特公司的目的是塑造“一个面向美国大众、纯净简朴的住宅园区”而不是创办一个慈善项目,因而该郊区能否算作一个模范样板仍然众说纷纭。[①] 对建筑的控制并未引起类似纷争。玛丽蒙特的规划师约翰·诺伦将自己的方案称为“赐予此地幸福的新城镇”。[②] 该规划要求各种公用设施的管线都要埋在地下,一个中央蒸汽机为各个独立住房和集体生活区供热。诺伦邀请了16位建筑师共同设计玛丽蒙特,以便在审美风格多样化的同时,在整体上维持都铎王朝时期的建筑风格。诺伦想创造一个规划良好的郊区所需付出努力的代价不小,但这的确吸引了中产阶级的眼球。尽管埃默里和利文古德都希望将玛丽蒙特塑造成一个多阶层融合的郊区,但他们对市场调节作用的信任更为强烈,并没有干涉郊区在住房市场上的发展变化。由于他们自始便相信工人应当生活在工厂之外,因而玛丽蒙特很自然地成为辛辛那提中产阶级的家园。

---

① 《新式城镇玛丽蒙特——“全民样板”》(*Mariemont, the New Town, “A National Exemplar”*),辛辛那提:玛丽蒙特公司,1925年版,第19页,转引自约翰·洛雷特兹·汉考克(John Loretz Hancock):《约翰·诺伦和美国城市规划运动:一部文化和社会变迁的历史,1900—1940年》(“John Nolen, and the American City Planning Movement: A History of Culture Change and Community Response, 1900-1940”),宾夕法尼亚大学博士学位论文,1964年,第371页。

② 约翰·诺伦:《俄亥俄州玛丽蒙特:赐予此地幸福的新城镇》(“Mariemont, Ohio-A New Town Built to Produce Local Happiness”),《改进住房手册》(*The Better Homes Manual*),第735—738页。

由于大部分中等价位的郊区既没有规划师规划，也没有建筑师建筑，因而它们的"面容"要么单调乏味，要么芜杂繁复。向钱看的建筑师从开发商手中买下狭长的地块，建起一排排大同小异的平顶屋，面面相觑地看着空旷荒蛮的前庭，宽大寂寥的街道虽经过修葺，但却如棋盘一般方正呆板。建筑速度虽然很快，但不能保证质量，而单一的风格令人不适。在有些郊区，中产阶级居民自己聘请建筑商，结果就催生了多种多样的住房风格，令人咋舌。家居杂志提供了梦幻住房的样板：混凝土浇筑的印加神庙式住房；科茨沃尔德乡间别墅，"茅草"屋顶直直折下，屋子旁边有圆形的高塔；雄伟的意大利别墅，窗户上装有铁制网格，屋顶贴着花砖。这些格格不入的建筑寂寞地矗立在自家草皮上，一个挨着一个，让整个小区看上去有几丝古怪。

到20年代末，更有魅力的传统式样风靡各地，中等规模的投资型地产常常采用这种风格。整个郊区居住区都是古朴的传教士风格的平顶屋，有时是迷人的英式乡间别墅。1928年建成的西木山庄是洛杉矶郊区的一个独户住宅区，人们在宣传广告上隐约可见远处同样的西班牙殖民风格建筑，这样的构图凸显了邻里间同舟共济的安全感和社区的稳定性。很明显，这样的设计一定和房地产市场岌岌可危的局势密切相关。1925年后，住房抵押赎回的案例开始增多。随着投资者将资金投入股票市场等回报更高的领域，房地产开发商希望通过更有魅力的住房吸引潜在购房者的注意。

少数富有远见的人力求将地区规划、土地使用条例和建筑约束结合起来，希望能够稳定房地产业，实现郊区现代化，同时让更多的中等收入家庭迁入郊区。此类活动中最为著名的是由非营利性的纽约城市住房公司发起的。修建于1924—1928年间的阳光花园位于昆斯区，是该公司的第一个工程。建筑师克劳伦斯·斯泰因(Clarence Stein)和亨利·赖特(Henry Wright)没能说服昆斯区相关机构改变棋盘状的街道布局，便修建了一组砖砌排屋，环绕着一个巨大的庭院，由居民共同享用、共同维护。这个天井是作为运动场还是花园，还是留待将来将其划分为传统的后院，

图 11—3　洛杉矶西木山居住区广告，大约发布于 1928 年，让人们看到了一个经过规划的居住区的宁静。图中建筑的西班牙殖民时代风格是 20 年代南加州广为流行的一种设计风格。

这些都由居民自己决定。在赖特的设计下，每栋楼都各有特色，在屋顶线条、门廊和砖砌细节之处有些微不同。住在这里的居民经过了仔细筛选，大多数是教师或熟练技工，其中许多家庭一直住在这里，绵延几代人之久。[①]

① 詹姆斯·福特(James Ford)的论文，哈佛大学设计系研究生院(Graduate of School of Design)。笔者在此感谢布雷恩·霍里根(Brain Horrigan)提供这篇文献。

城市住房协会的下一个工程风险更大,也更有影响力。该工程位于雷德伯恩(Radburn),是新泽西州的一处郊区,其建筑是更为传统的殖民地风格,这使得该工程更容易被人接受。这里是专为有孩子的白领家庭建造的,入住者最好有私家车和一份说得过去但又不必很高的工资。整个郊区划分成三个"邻里",各有一个购物中心和学校。一个由城市住房协会任命的以专家组成的市政协会在当地市民组织的协助下管理雷德伯恩,尽管如此,管理权最终属于社区居民。设计者们相信,他们的规划将为这个城镇带来最好的管理,并且会增强社区居民间的社会凝聚力。就像斯泰因后来写的那样,"处处都有花园,人行道既平且直,到邻居家串门非常方便,这一切都会增进居民间的友谊和社区意识"。[①]

广告中的雷德伯恩是"一个汽车时代的城镇",这里的道路系统经过了仔细规划,将行人与车辆分隔开来。行车道围绕着一片"车辆禁行区",少则30公顷,多则50公顷。住房分布在禁行区内,每家后院都有个大花园和设计精巧的小径,通往这些住房的街道多半是专用的。孩子们不用穿过车道就可以走遍几乎整个郊区,大人们也可以很快找到自家的汽车。20年代最受赞誉的社区既要为居民作规划,也要为他们的汽车作规划。

机动车登记数量从1920年的900万跃升至1930年的2000万,[②]这种对汽车的依赖深深影响了居住区规划。纵观整个美国,工程师们在不断完善运输系统:划分高速公路、修建环形交叉、安装同步交通灯,完成霍兰隧道(Holland Tunnel)工程。郊区的开发商们铺设道路,安装水泥路缘,挖掘街沟。无论适合哪种阶层居住的郊区,车库已是不可或缺的一部分,甚至工人阶级家庭宁可贷款也要买车。许多开发商放弃了传统的直线网格式道路,建起宽阔而弯曲的道路和死胡同,以方便驾驶,同时也让司机不因景观的单调而乏味。带有路外停车场的郊区购物中心成了开发

---

① 克劳伦斯·斯泰因(Clarence S. Stein):《通向美国的新城镇》(*Toward New Towns for America*),1957年,修订版,马萨诸塞州坎布里奇市:麻省理工学院出版社,1973年版,第61页。

② 《美国历史统计》(*Historical Statistics of the United States*),华盛顿特区:美国政府印刷局,1952年版,第223页。

图 11—4　纽约城市住房协会资助的阳光花园，位于昆斯区，是当时的样板郊区，由排屋和独栋住房组成，建于 1928 年，是设计师克劳伦斯·斯泰因和亨利·赖特的杰作。他们力图协调公共需求和私人利益，建立了共有的大型庭院和私家的小型花园，在保持大一统建筑风格的同时，对每栋住房的砖砌细节做了不同处理。

商赚钱的新商机。地方政府通过发行公债为孩子们购买校车，这笔钱也被用来改进路况，使通向居住区的公路更加通畅。

20年代深刻影响家居生活的还有电力的应用。一位研究住房的历史学家声称，"20岁的房子已经是老古董了，它已不能满足今天人们对生活条件的需求，房内既不能安装新设备，也不能方便地使用它们。"①家用电器在美国产生的经济价值一路飙升，从1915年的2300万美元到1920年的8300万美元，到1929年，这一数字已增加到1.8亿美元。根据商务部的报告，尽管1912年时只有16%的人口居住在装有电灯的住宅里，到1927年这一比例已达到63%。② 除了电灯，家庭生活还需要真空吸尘器、电熨斗、电冰箱、电炉、风扇和地板打蜡机。插座安装在方便的地方，这样主妇就无须把电烤箱接入天花板的空插座上了。

随着商家宣传自己产品力度的加大，各种广告宣传铺天盖地、席卷而来。通用电气公司的广告宣扬"选举权"和"电闸"密不可分，为人们展示了一幅进步的画面。广告策划者深刻了解人们对落后于时代的恐慌。他们用四色的整版广告渲染"恐怖"气氛：孩子们在地下酒吧约会，是因为家里没有合适的家具；或是工匠失去了商机，因为爱炫富的邻居家需要现代化的喷漆工作。有些广告谴责丈夫没有购买新式厨房设备，结果妻子只能无助地在烟熏火燎的厨房中用着笨拙过时的厨具。还有些广告试图向人们灌输这样的思想，即要想融入如今这个社会，就必须安装现代化的卫浴工具，就必须购买新潮的装饰品。但是，大多数广告指责的是妈妈和主妇，批评她们不肯为厨房、孩子的小天地、浴室和起居室换上新式设备。

如果想让自己的家变得"舒适"、"有个性"，就不能忽视室内装潢师

---

① 伊迪丝·路易斯·艾伦(Edith Louise Allen)：《社会经济条件影响下的美国住房业》(*American Housing as Affected by Social and Economic Conditions*)，伊利诺伊州皮奥瑞亚市：巧手工艺出版社，1930年版，第148页。

② 《美国历史统计》(*Historical Statistics of the United States*)，第420页；美国商务部(U. S. Department of Commerce)：《1928年商务年鉴》(*Commerce Year Book for 1928*)，华盛顿特区：美国政府印刷局，1929年版，第275页。

图 11—5　新泽西州的雷德伯恩，始建于 1929 年，是城市住房协会的主打商品，将阳光花园的设计规范搬到了郊区。这里有面积较大的殖民地复兴风格的独栋住房，也有广阔的公用绿地。关于雷德伯恩的介绍发表在 1931 年白宫儿童健康会议的出版物《家庭和儿童》上，从中我们可以看到不过短短几年，该郊区已经成为全国居住区规划的样板。

的作用。20 年代的美国人偏好明亮的颜色，处理不同颜色的经验让人们相信，面对不同住户表达自己情感和信念的颜色不同，只有专业设计师才能使多种颜色相互融合，避免过于鲜艳的视觉冲击。装潢师也要顾及屋内环境对主妇心态的影响，他们常常使用诸如“满足”、“焦虑”和“状况”之类的心理学术语描述她们的心理状况。

艾米丽·波斯特（Emily Post）等装潢师们充分利用西格蒙德·弗洛伊德（Sigmund Freud）和艾理士（Havelock Ellis）的理论，将其发展为一套针对装潢和建筑的“性别心理学”定理。“男人喜欢的房间”涂上深色，配上大号家具，用粗犷的材料建造。书房或起居室一角也可以这样。“女性房间”更为普遍，常常摆放着印花棉布，用花纹图案装饰，配有精致的家具和蕾丝窗帘，不过有些大胆前卫的女性也会通过殖民时代的古董展示自己的女性特征，或是摆上现代派的“摩天大楼家具”。

这一时期，妇女的性渴望和避孕方法已不再是禁忌，卧室成了女性杂志话题的焦点。电影的影响渗入到日常生活中，银幕上总是用双人床暗喻床戏，这种床也随之风靡一时。女子的梳妆台总有一个大大的圆镜相伴，连同化妆品和香水瓶一起，渲染着放纵的淫欲。尽管有些记者仍旧将父母的卧室看作孩子小天地的延续，但大多数人相信，卧室已完全是成人的世界了。

亲密的一家人再度受到关注，而这影响了住房的方方面面。由于供热设备放在地下室，那里成为全家人消闲的地方。就像《美国改进住房指南》所言，在房间里放上小暖炉，摆上桌球台，或是举办家庭聚会。宣传收音机的广告上，画着一家人围坐在新买的收音机旁听广播，脸上洋溢着满意的微笑。家电商信誓旦旦地说，新型家电设备省时省力，让母亲有更多的时间陪孩子玩耍。实际上，20 年代的孩子们不愿意把太多时间花在家里（1929 年罗伯特（Robert）和海伦·梅里尔·林德（Helen Merrel Lynd）的经典研究《中城》描述了父母和子女在性、酒、夜间活动、电影和朋友等方面的冲突）。一些广告宣传某些新式产品能够拉近家庭成员间的关系。

郊区之所以吸引人，与时人在儿童教育上的焦虑密切相关，为人父母者不知该如何既给孩子充分的自主空间，又能约束他们在社会上的所识所见和所作所为。郊区住房不像公寓那样狭小，而是有广阔的空间，足够孩子们每人拥有一个房间，报刊杂志劝告父母，如果想让孩子多待在家里，就应该辟出几个房间做洗照片的暗房、健身房，或者专门拿出一个房间供孩子们发展业余爱好之用。社区氛围和环境决定了家人的社会地位，抑或限制孩子加入他们心仪的团体。20 年代的美国，性解放、时髦女子、走私酒和外国危险分子都是热议的话题。郊区居民希望远离市中心的郊区能为孩子们健康成长营造良好的外部环境。

这一时期郊区流行的建筑风格也蕴含着深深的种族偏见。昔日的法国城堡、老式英国乡舍和北美殖民地时期多种多样的住房虽已走入历史，但它们的缩小版在郊区重现，渲染着怡人的文化乡愁和审美情趣。美国人正踌躇满志，试图建立起垂范后世的传统，并为自己在人间找到合适的

图 11—6　1928 年《家居美化》刊登的一幅幼儿园广告。图中，宽大的郊区住房宛如抚养孩子的理想场所，有足够的空间供孩子们玩耍。

位置。小户型住房服务局铸造了一个融合多种设计风格的"建筑熔炉"，但投进去的主要是英式风格。[①] 洛杉矶建筑师联合会宣称，地中海风格是该地区设计的首选，因为"这个地方种族混杂"。[②]

---

① 罗伯特·琼斯(Robert T. Jones)编:《小户型住房的建筑特征——小户型住房服务局设计的规划方案》(*Small Homes of Architectural Distinctive*:*A Book of Suggested Plans Designed by the Architects' Small House Service Bureau*),纽约:哈珀—布鲁斯,1929 年版,第 78 页。

② 哈伍德·休伊特(Harwood Hewitt):《请求在南加州建立具有地方特色的建筑》("A Plea for Distinctive Architecture in Southern California"),洛杉矶建筑师联合会(Allied Architects Association of Los Angeles),《会刊》(*Bulletin*)第 1 卷(1925 年 3 月 1 日),转引自罗伯特·福格尔森(Robert M. Fogelson)):《破碎的大都市——1850—1930 年间的洛杉矶》(*The Fragmented Metropolis*:*Los Angeles*,*1850-1930*),第 157 页。

图 11—7 纽约清洁协会发表在 1928 年《妇女之家杂志》上的广告，凸显了郊区的父母需要常常关注建筑外观。

美国郊区建筑风格古朴典雅，样式繁多，掩饰了对少数族裔的敌意。1921年和1924年，国会相继通过法律对移民人数加以配额限制。配额的多少来自1890年的统计数据，自那以后，移民人口从英国、德国和斯堪的纳维亚国家转向了东南欧。中国移民在20年代之前就被禁止进入美国，这时轮到日本。三K党高举"本土、白种、新教"至上的大旗，不断用暴力和宣传传播自己的理念；随着大约100万南方黑人移居北方，在芝加哥、底特律、纽约市等北方城市中不断爆发种族骚乱。

在整个1920年代，限制性的购房契约得到了广泛运用，各地纷纷禁止亚洲人、墨西哥人、黑人和犹太人购买住房。一百年来，针对居民的行为约束早已覆盖一个地块或是分销地段，而新条款的约束范围已涉及已建好的住宅区，甚至不再有具体年限的规定，而是"直到永远"。1917年，最高法院否决了城市制定的居住隔离的法令，但地产机构和业主联合会转而采取了在消费者之间达成合约的方式避开了最高法院的禁令，他们的这种行为一直延续到1948年才由最高法院判定为非法。在许多城市，销售商公然支持这种合约，以这样的方式确保每个社区种族的单一性。帕罗斯福德住房协会宣称："我们在这里执行保护性约束政策和高层次设计规划，自然而然地控制此地居民的社会等级。"①美国改进住房协会也支持这类合约，希望以此使居民安心，不必对谁将成为自己的邻居而惴惴不安。

对建筑式样的规定，比如规定了地块的最小面积和房屋价格的下限，强化了郊区的经济隔离。克利夫兰郊外沙克山庄的开发商范·斯威灵格兄弟对那里的建筑和居民作出了严格的规定，禁止在山庄建设两家合住的住房和公寓，不允许有酒吧，而且只有他们认可的社会阶层的居民才能入住。与此相反，伊利诺伊州的西塞罗（Cicero）毫无规划可言，那里住满

---

① 帕罗斯福德文档，转引自罗伯特·福格尔森（Robert M. Fogelson））：《破碎的大都市——1850—1930年间的洛杉矶》（*The Fragmented Metropolis: Los Angeles, 1850-1930*），第324页；亦可见于《帕罗斯福德的保护性约束》（*The Palos Verdes Protective Restrictions*），洛杉矶：帕罗斯福德住房协会，1929年。

了外国出生的移民,大多是工人家庭。成千上万座小型平顶屋拔地而起。那里可以开设寄宿公寓,而大多数东欧移民家庭也确实这样做了。大工厂可以在这里落户,西部电气公司的哈撒韦分厂就坐落于此,与一片小房子(许多容纳了两户人家)比邻而居,坐落在酒吧和旅馆中。

城市分区规划分隔了工业区和居住区,同时也强化了阶层分化。分区与限制性契约相似,起源于19世纪,意在阻挡某些社会问题如噪声和污染侵害公民,也可以限制某些特殊人群,如中国洗衣工和日本捕鱼者。然而,20世纪初,地方政府运用分区规划阻止建筑商在有污染的工厂附近建造住房,禁止他们在开阔的旷野中建造绵延数里的紧凑型住房和铺设方格街道,直到那时这些法令才得到广泛运用。胡佛主政时的商务部和美国改进住房运动都将分区规划视作促进房地产业发展的合理手段,可以让更多的人拥有住房。分区规划的核心是保证独栋住房在居住区的独立性。1971年,一份提交给环境质量总统委员会的报告清楚说明了分区规划的意图所在,即20年代分区的支持者"只是在寻找办法,防止土地被不当使用,以至于降低周边土地的价值"。[①]

1909年,洛杉矶通过了第一个区划法令,将城市分为居住区、轻工业区和重工业区三部分。由于第五大道的商人不满意邻近服装店里的移民工人,纽约市在1916年制定了一个区划法,规定了建筑物的高度、占地面积和土地用途。然而,区划法令深深影响到小城市和郊区,却是在20年代。加州伯克利市接受了当地制造商的建议,严禁在工业区内建造新住房,因而工人的宜居住房数量随之下降。在新泽西州,纳特利镇制定了禁止移民在居住区开设食品店的法令,公民投票表示支持。俄亥俄州的郊区城镇欧几里得(Euclid)凭借1926年赢得了最高法院的一纸诉状而蜚

---

① 弗雷德·波塞尔曼(Fred Bosselman)、戴维·卡利斯(David Callies):《土地用途控制中的寂静革命——向环境质量总统委员会的报告》(*The Quiet Revolution in Land Use Control: Report to the Presidential Council on Environment Quality*),华盛顿特区:美国政府印刷局,1971年版;转引自小莱奥纳德·唐尼(Leonard J. Downie, Jr.):《美国的住房贷款》(*Mortgage on America*),纽约:瑞爵出版社,1974年版,第89—90页。

声全国，那里的区划法令规定独户住宅是最高等级的土地利用方式，其他类型的住房或其他用途的建筑不能进驻那里。规划者言之凿凿地声称，居住区、商业区和工业区是一种“自然”的分离。相关报告认为，公寓“污染”了独户住宅区，商店“破坏”了邻里。到 1930 年，区划影响了全美国 4600 万人口，在 981 个城市、城镇和乡村中发挥着作用。①

由于禁止布局轻工业和商业，郊区弥漫着浓郁的生活气息。区划委员会只允许在分销地块外缘的商业区中经营食杂店、成衣店、汽修店和电影院，居住区内只有少数商店和“便民”杂货铺。郊区区划的目的就是将大商店职员排除在外，并且将大部分主妇禁锢在家里，使她们几乎没有外出工作的机会。随着规划者在郊区铺设的干线将居住区和购物中心乃至更远的工作场所连接起来，人们对私家车的依赖更为严重了。

1920 年代，人们对住房的关注集中在独户的郊区住宅上。美国人既要保护地产商在郊区的投资，也要捍卫家庭生活、维持社会地位，因此他们制定了新的控制居住区的方式。但这并非这类住房唯一的价值，也并非所有住房都会如此修筑和管理。20 年代充满各式各样的选择，不仅仅有多种历史风格的住房供人选择，也有不同类型的住宅区和购置住房的模式。此外，20 年代的美国人乐于尝试不同的房型。凭借我们今日的后见之明，不难发现让这十年成为住房史上重要时代的是住房类型的多样化，而非被人们忽视的解决住房问题的方法，也不是古雅的郊区。这一时期，解决住房困境与其他许多问题一起，成为美国政坛热议的话题。1928 年，当赫伯特·胡佛与纽约州州长阿尔弗雷德·史密斯竞争总统宝座时，住房是他们政见相左之处。史密斯代表城市，他曾在纽约建造廉租小屋和低价住房以容纳更多穷人。然而，大选的结果却是史密斯无缘白宫，是建筑商和中产阶级把胡佛抬上了总统宝座。

---

① R.D.麦肯齐：《大都市社区》（*The Metropolitan Community*），第 299—301 页。

推荐阅读书目

探讨1920年代住房繁荣的作品有很多。路易斯·平克(Louis Pink)《住房业的新时代》(*The New Day in Housing*)(1928年,重印版,纽约,1974年版);《城市委员会向全国资源委员会的补充报告》(*Supplementary Report of the Urbanism Committee to the National Resources Committee*)(华盛顿特区,1939年);以及全国房地产业联合会(National Association of Real Estate Board)的《建造住房和分销地块》(*Home Building and Subdivisions*)(芝加哥,1935年)既涉及开发商个人,又波及一个更大的现象。《美国房地产业杂志》(*National Real Estate Journal*)、美国公民协会的《会刊》(*Bulletins*)和《土地和公共事业经济状况杂志》(*Journal of Land and Public Utility Economics*)刊登了很多关于分销地块的文章。哈兰·保罗·道格拉斯(Harlan Paul Douglas)的《郊区是未来的趋势》(*The Suburban Trend*)(纽约,1925年版)值得一读。

政府出版物都有明确的目标。请参见约翰·格里斯(John Gries)和詹姆斯·福特(James T. Ford)编:《住房建造和住房所有权总统会议文件汇编》(*Publications of the President's Conference on Home Building and Home Ownership*),11卷,华盛顿特区,1932年;儿童健康白宫会议报告《住房和儿童》(*The Home and the Child*),纽约,1931年;T. S. 泰勒(T. s. Taylor)的《建筑与住房的分离及其服务》(*The Division of Building and Housing and Its Services*),华盛顿特区,1925年版;《如何成为房主》(*How to Own Your Home*),华盛顿特区,1923年版。美国改进住房协会出版了许多小册子和指南,也发行了大型图书,包括布兰克·哈尔伯特(Blanche Halbert)主编的《良好住房手册》(*The Better Homes Manual*)(芝加哥,1931年版)。埃利斯·霍利(Ellis W. Hawley)《商务部长赫伯特·胡佛和一个"合作式国家"的展望,1921—1928》("Herbert Hoover, the Commerce Secretariat, and the Vision of an 'Associative State', 1921-1928"),《美国历史杂志》(*Journal of American History*)第61卷(1974年),该文对胡佛的住房政策

目标做了杰出研究。

这一时期的建筑指南介绍了住房设计理念的变化。《温馨小家》(*The Small Home*)以及罗伯特·琼斯(Robert T. Jones)编《小户型住房的建筑特征——小户型住房服务局设计的规划方案》(*Small Homes of Architectural Distinctive:A Book of Suggested Plans Designed by the Architects' Small House Service Bureau*)(纽约,1929年版)等模板图书展示了小户型住房服务局的成果。罗伯特·斯蒂芬森(Robert L. Stevenson)的《时代住房》(*Homes of Character*)(波士顿,1923年版);G. H. 艾杰尔(G. H. Edgell)的《今日之美国建筑》(*The American Architecture of To-Day*)(纽约,1928年版);埃德温·邦特(Edwin Bont)《小户型住房启蒙》(*The Small Home Primer*)(波士顿,1925年版);厄内斯特·弗兰格(Ernest Flagg)《小户型住房》(*Small Houses*)(纽约,1922年版);玛西亚·米德(Marcia Mead)的《时代住房》(*Homes of Character*)(纽约,1926年版);以及众多专门研究如雷克斯福德·纽科姆(Rexford Newcomb)《美国的西班牙式住房》(*The Spanish House for America*)(费城,1927年版)和R. W. 塞克斯顿(R. W. Sexton)《美国建筑和装潢中的西班牙因素》(*Spanish Influence on American Architecture and Decoration*)(纽约,1926年版)鼓舞了许多住房建筑商。对20世纪20年代建筑的研究包括戴维·格布哈德(David Gebhard):《乔治·华盛顿·史密斯——加州的西班牙殖民地复兴风格》(*George Washington Smith:The Spanish Colonial Revival in Califronia*),圣巴巴拉,1964年版;格布哈德:《玩偶之家中的生活》("Life in the Dollhouse"),载于萨利·伍德布里奇(Sally Woodbridge)主编《湾区住房》(*Bay Area Houses*),纽约,1976年版;乔纳森·莱恩(Jonathan Lane):《1920年代的主流住房》("The Period House in the Nineteen-Twenties"),载于《建筑史学家协会杂志》(*Journal of the Society of Architectural Historians*)第20卷(1961年)。

涉及20年代郊区样板住房的论著无不乐观前瞻。最好的调查作品当属克劳伦斯·斯泰因(Clarence S. Stein):《通向美国的新城镇》

(*Toward New Towns for America*),纽约,1973 年版。亦可见亨利·赖特(Henry Wright):《美国城市住房更新》(*Rehousing Urban America*),纽约,1935 年版;罗伯特·惠顿(Robert Whitten)、托马斯·亚当斯(Thomas Adams):《小户型住房社区》(*Neighborhoods of Small Homes*),马萨诸塞州坎布里奇市,1931 年版。《劳工组织争取住房的举措》("Housings Activities of Labor Groups")探讨了工会提供的住房贷款,载于《每月劳工评论》(*Monthly Labor Review*)第 27 卷(1928 年);以及加州大学伯克利分校一篇关于卧铺车厢工人兄弟会的学生论文,作者苏珊·朗利(Susan Longley)。关于合作住宅区,请参见埃尔西·达南伯格(Elsie Danenberg):《用合作的方式拥有自己的住房》(*Get Your Own Home the Co-Operative Way*),纽约,1949 年;《住房——一个成功的故事》("The House—A Success Story"),《调查图表》(*Survey Graphic*)第 37 卷(1948 年);《合作计划:一个解决廉价住房问题的方案》("The Cooperative Plan: One Answer to the Low Cost Housing Problem"),《建筑论坛》(*Architectural Forum*)第 55 卷(1931 年)。罗伊·卢波夫(Roy Lubove)的《1920 年代的社区规划》(*Community Planning in the 1920s*)(匹兹堡,1963 年版)分析了这十年中许多先进的住房理念。

对分区制的研究倾向于呈现这一制度的正面效果。西奥多拉·金博尔·哈伯德(Theodora Kimball Hubbard)和亨利·文森特·哈伯德(Henry Vincent Hubbard)合著《今日与明日的城市》(*Our Cities To-Day and To-Morrow*)(马萨诸塞州坎布里奇市,1929 年版);《区划制的社会意义》("The Social Aspects of Zoning"),《调查》(*Survey*)第 48 卷(1922 年);以及托马斯·亚当斯和爱德华·巴塞特(Edward M. Bassett)《建筑——它们的用途和空间》(*Buildings: Their Uses and the Spaces about Them*)(纽约,1931 年版)介绍了区划支持者的意图。斯坦劳斯·马吉尔斯基(Stanislaw J. Makielski)的《区划政治学》(*The Politics of Zoning*)(纽约,1960 年版)和西摩尔·托尔(Seymour I. Toll)《区划后的美国》(*Zoned America*)(纽约,1969 年版)突出介绍了区划制控制建筑和居民的功能。

《住房建造和住房所有权总统会议文件汇编》(*Publications of the President's Conference on Home Building and Home Ownership*)的第6卷题为《黑人住房》(*Negro Housing*),其中包括涉及居住隔离的材料。贝西·阿文·麦克莱纳汉(Bessie Averne McClenahan)的《变化中的城市社区》(*The Changing Urban Neighborhood*)(洛杉矶,1929年版)以与居民的访谈形式进行写作,内容涉及种族等问题。

有许多论及20世纪20年代社会背景的著作,其中最生动详细的当属罗伯特(Robert)和海伦·梅里尔·林德(Helen Merrel Lynd)的经典著作《中城——对当代美国文化的研究》(*Middletown: A Study in Contemporary American Culture*),纽约,1929年版;弗雷德里克·刘易斯·艾伦(Frederick Lewis Allen):《只有昨天》(*Only Yesterday*),纽约,1959年版;马克·沙利文(Mark Sullivan):《我们的时代》(*Our Times*)第3、4卷,纽约,1926—1935年。有价值的学术专著包括威廉·洛克滕堡(William Leutchenburg)的《繁荣的噩梦》(*The Perils of Prosperity*)(芝加哥,1958年版);普雷斯顿·斯洛森(Preston Slosson)《大改革及其余韵》(*The Great Crusade and After*)(芝加哥,1971年版);以及约翰·布雷曼(John Braeman)、罗伯特·布雷默(Robert H. Bremner)和戴维·布罗迪(David Brody)主编《20世纪美国的变化与延续——20年代卷》(*Change and Continuity in Twentieth Century America: The 1920's*)(俄亥俄州哥伦布市,1968年),书中由查尔斯·格拉布(Charles N. Glaab)撰写的关于郊区的文章极为精彩。这一时期最权威的调查毫无疑问仍然是社会趋势调查委员会(President's Research Committee on Social Trends)编撰的《近期美国的社会趋势》(*Recent Social Trends in the United States*)(华盛顿特区,1933年)。

第五部分　美国家庭住房的官方标准

进步运动时期政府的信息统计和胡佛时代的政府机构为20世纪后期更为全面的联邦住房项目奠定了基础。到1930年代，联邦政府机构对相当一部分美国住房的资助和建设实施监管，二战后这种监管更为广泛彻底。在此过程中，政府扶植长期疲软的建筑业，给住宅融资业提供担保，并且间接支持包含从汽车产业到郊区购物中心的许多相关领域。政府也实行旨在稳定核心家庭、维持一种“有序的”，也就是分开、分区的发展模式政策。该政策虽然含蓄，却有相当的一致性。

到20世纪下半期，联邦政府开始在城市和乡村地区实施公共住房项目，并且对郊区进行更全面的资助。联邦政府的这种参与偶尔会拙劣不堪，但常常有其道德动机，看上去几乎没有保障，甚至缺乏必要的民主，在反对联邦政府对穷人资助的那些人看来更是如此。事实上，对公共住房的抗议之声此起彼伏，反对者高呼“在我的社区里千万不要有公共住房”，这种抗议随着贫民问题的日益凸显而变得更为激烈。此外，联邦政府旨在通过帮助住房建筑业来支持中产阶级家庭的项目相对来说不成问题，即便是那些声称不支持任何干预市场的人也没有什么异议。

这并不是说关于家庭生活有一套官方认可的单一统一的标准，也不是说联邦政府的设计蓝图只有一个模板。事实上，正是由于迄今为止缺乏一个全国性政策，才使得美国的住房建设支离破碎。每一个项目都有其独特的历史，虽然是同一个机构规划，但时间不同，政策和建筑样式就不同，这些项目也就各有特色了。尽管如此，在1930年代大萧条后，美国的住房显然一直在联邦政府指导方针的框架之内演进。联邦政府已针对房屋的建设、融资、土地使用规划，某种程度上，也针对家庭和社区生活制定了一套标准。

上述这种干预滥觞于1930年代，从一开始就是一个孤注一掷的理想政策。美国人通过改善住宅环境来提高家庭生活质量的愿望又一次与商业利益相连。这无论是从理论基础出发，还是顾及大居住区以及个人住宅的考虑，都是无可非议的。

通过观察每个联邦住房项目，我们可以发现某些共性。其中，最明显的是一种反城市化的情绪，他们坚信郊区才是建立家庭的最优选择，而城市街区和廉价破败的住房有害身心。这种信念促成了各种高层公共住房的建设，后者使得今日之美国人一提起城市，仍不免联想到暴力、单调和贫穷这样的字眼。

对于阶级和种族隔离的纵容，不仅仅是联邦政府住房政策引起的后果，还是每个公共住房项目公认的原则。公共住房区位的选择和住户的甄选均以种族为基础。清理贫民窟和建设高速公路对少数族群的影响比对白人深得多。尽管有悖于他们希望公共住房租户变成有房一族的初衷，但联邦住房署对郊区发展的规划还是支持了隔离。

最后，是一种关于时间的奇特态度。公共住房，作为建筑物，显然是永久的，是用纳税人的钱进行的可靠投资。然而，这些个体单元通常很小，条件也很艰苦，因为规划公共住房的目的并不是鼓励人们常住于此。相反，郊区的住房却追求永恒。每个人都认为事物会一成不变地存在下去，会有更大的汽车和更多的公路，会有更新的房子和更好的学校，一直到永远。然而，现实沉重地打击了这两幅场景。

第十二章　为确有所需的穷人提供公共住房

本法案特为联邦政府及其下属部门提供财政资助，用于消除存在安全隐患、卫生状况不佳的住房；根除贫民窟；向低收入家庭提供体面、安全、卫生的住所；减少失业，刺激经济活动。

——《瓦格纳-斯蒂格尔住房法》（1937年）

美国首次由联邦政府斥资、为穷人提供公共住房项目的诞生，实属万不得已。1933年春，有1500万人失去工作，400万个家庭接受救济，有些州甚至有半数以上的人口接受联邦政府救助。失业者中，居然有三分之一来自建筑行业，这一事实促使富兰克林·罗斯福总统痛下决心，审慎地支持在城乡兴建住房和清理贫民窟的联邦计划。妇女身处这场运动的最前线，支持这些项目的改革，著名人物有伊迪思·厄尔默·伍德（Edith Elmer Wood）、凯瑟琳·鲍尔（Catherine Bauer）、海伦·阿尔弗雷德（Helen Alfred）和玛丽·斯姆科维奇（Mary Simkovitch），她们坚持认为向穷人提供体面而又能令其负担得起的住房是政府的职责。然而，帮助穷人只是早期公共住房理念的一个次要考虑。

从一开始，一个颇具影响力的不动产院外活动集团就在全国房地产委员会联合会、全美住宅建筑商协会、美国储蓄与贷款联盟、抵押贷款银行家协会和美国银行家协会的支持下，抨击公共住房是社会主义的做法，且没有远见。这个院外活动集团的代表坐镇华盛顿和芝加哥，声称公共住房会侵蚀诸如个人尊严、自给自足之类的高尚品德；他们利用人们种族偏见之类的情感在社会上进行宣传：“帮别人付租金，你有这个能力吗?”“公共住房若行得通,萨瓦纳就不会存在种族隔离了”(萨瓦纳是美国南部种族隔离严重的城市,此处暗喻公共住房目标太大,是不可行的——译者注)在当地的广告牌上这样的话语几乎铺天盖地。[①] 改革派人士伊迪思·伍德和凯瑟琳·鲍尔等人抨击说:至少在20多年时间里,私人市场几乎无一例外地为占总人口三分之一的上层人士提供住房,而下层居民的住房却无人问津。[②] 尽管如此,上述院外活动集团还是煞有介事地表示担心公共住房可能截留建筑商、房地产商和银行的潜在收入。他们也担心政府在公共住房以外日见增加的其他干预,并把这些看成是“通往社会主义之路”的灾难,这个趋势对于他们而言,意味着纳税人要供养有仰赖性的穷人,意味着国家将控制而非资助银行和房产业者。

新政启动了一些住房建设项目,这些项目在当时还没被官方划定为公共住房的范畴。在执行这些项目的过程中,联邦政府机构买地,建设居住单元,并实施相关举措,以改善居家生活的质量。应对危机是首当其冲的任务,这种意识使早期某些新政项目的设计师有一点自主权。一般而言,这群规划师富有理想色彩,他们试图为穷人建造一个富有活力的社区,而不单单用来遮风挡雨。在这些社区,居民是精心挑选的,其工作和家庭生活巧妙地结合在了一起,社区中还建有公共广场和合作商店等公共设施,这就反映了设计者们的理想理念。但批评者则认为这有些激进,甚至把他们看作是“颠覆美国团体”。[③]

---

① 在许多城市都有类似的重要广告,引自理查德·戴维斯(Richard O. Davies):《杜鲁门政府的住房改革》(*Housing Reform during the Truman Administration*),哥伦比亚:密苏里大学出版社,1966年版,第127页。

② 伊迪思·厄尔默·伍德(*Edith Elmer Wood*):《住房指南——数据与准则》(*Introduction to Housing: Facts and Principles*),华盛顿特区:美国住房总局,1939年版,第84、90页。

③ 布莱尔·博尔斯(Blair Bolles):《在美国重新安家》(“Resettling America”),《美国导报》(*American Mercury*)第39卷(1936年11月),第338页。

图 12—1　美国储蓄与贷款联盟连篇累牍，大肆鼓噪，为反公共住房定下宣传基调。它们的一个主要说辞就是政府的改革派会将中产阶级辛苦赚来的钱耗费在穷人身上，到头来毫无回报。

许多新政时期的公共住房都建在城市之外，通常由某个机构向农村地区供电。同时拟订了一项复兴计划，为那些濒于被收回抵押权的农业家庭提供贷款，并帮助农场主建设住宅及附属设施。做这些的目的并非改变乡村生活方式,而是助其度过这段艰难时光。其他农村住房机构的要旨是将人们重新安置在经过精心规划的社区内。新政时期共建立了99个社区,其中有40个是在农村或郊区。[①] 那些为贫困地区的农业工人设立的试点农区,由宅地管理处来资助,它也促成了产业工人搬到政府管理的农村新社区。弗吉尼亚州的阿瑟代尔住宅区和新泽西州海茨敦附近的泽西宅地分别向西弗吉尼亚州以前的矿工和新泽西州的犹太服装工人提供住房或社区建筑。按设想,这些家庭多半在从事农业之余,也在轻工业部门兼职打工。

新政时期农村的另外两个项目则更强调有力的政府掌控、现代化设计和合理规划。1935年,雷克斯福德·特格韦尔(Rexford Tugwell)被任命为再安置署署长,且只对罗斯福总统负责。马里兰州靠近华盛顿特区的格林贝尔特(Greenbelt)、威斯康星州密尔沃基附近的格林代尔(Greendale),以及距离俄亥俄州辛辛那提不远的格林希尔(Greenhill),这三个"绿带城镇"是再安置署工作的重点,也是新政时期最重要的建设社区。该机构挑选居民的条件是看其经济是否稳定,对社区活动是否积极。他们中的大多数是到毗邻城市通勤的白领家庭(特格韦尔试图使每个城镇既有工业,又有商业)。他们本可以拿着全额住房补贴去私人市场买房,如今却得到了公共住房,这下可就激怒了房地产商和建筑商。二战后不久,美国住房与家庭资助管理署就发布了一号公共监管令。监管令宣布,为了鼓励小投资者拥有自己的住房,绿带城镇将划分成小地块,以现金形式出售,退伍军人享有优先购买权。

1937年成立的美国农业安全署(简称FSA)取代了特格韦尔麾下的再安置署,它帮助租佃农场主购置土地。紧接着发生的1937年沙尘暴迫使350万流离失所的农业家庭与在西海岸和西南部逐"水草"而居的墨西哥裔美国人和亚洲劳工为伍。这些地区间的移民随即成为FSA社会

---

① 保罗·康科恩(Paul K. Conkin):《明日新世界——新政社区计划》(*Tomorrow a New World: The New Deal Community Program*),伊萨卡:康奈尔大学出版社,1959年版,第6页。

住房方面关注的另一个焦点，该署为后来美国经济机会局（简称 OEO）管理下的 1960 年代移民项目奠定了基础。FSA 希望以早期犹太复国主义运动时期的基布兹（Zionist Kibbutzim，基布兹是指以色列的合作居留地，尤指合作农场——译者注）为模板，创立自给自足的生产合作社，该署的建筑设计师为 30 多个移民点中的 15000 个家庭设计建造了住宅、社区中心、合作社、日托中心和诊所。[①] 在预算极少的情况下，他们采用木框架结构，省去了每一堵不必要的山墙和每一寸多余的地面空间。在此过程中，他们试验了预制构件住房，希望能实行工业化生产，用来建设部分永久性设施。平行线的布局安排，是以前卫的德国系统为基础，既要考虑到朝阳，又要有一种视野平等的表达。这种简洁明快的现代建筑挑战了很多人的审美，尤其是当它与这个项目激进的社会改革观念和政府对拥有土地所有权相联系时，更容易受人诟病。1946 年，FSA 被农场主住宅管理署（简称 FmHA）取代。与 FSA 不同的是，后者帮助个体农场主购买传统房屋，正如 FHA 帮助郊区家庭投资其房产一样。

在政府早期为公共住房所付出的努力中，清理贫民窟和建设廉租房的公共工程管理署（简称 PWA）最是广为人知。起初，该署的住房处只能给那些住房建设资助者少许的红利或为非盈利性公司提供不高于 30%的政府津贴，其中也包括劳工工会。例如在费城，美国针织工人联合会在该项目的资助下兴建了卡尔麦克利住宅区。该联合会领袖约翰·埃德尔曼（John Edelman）与建筑师奥斯卡·斯通诺洛夫（Oscar Stonorov）、劳工住房会议的首席顾问兼执行秘书凯瑟琳·鲍尔的想法一致，他们不想只为工人提供经济适用房，而是希望能够促进全美工人对体面住房的渴求。1934 年鲍尔的《现代建筑》一书提出，如果要让政府资助住房这一设想在美国变成现实，工人就要在政治上组织起来。麦克利住宅区的设计表达出上述团体的信仰。常见的娱乐服务设施，如屋顶操场、网球场、

---

① 阿瑟·林克与威廉·卡顿合著（Arthur S. Link and William B. Catton）：《美国新纪元：1900 年以来的美国史》（三卷本）（*American Epoch: A History of the United States Since 1900*, 3 vol.），纽约：阿尔弗雷德·A. 诺普夫出版公司，1973 年版，第二卷（1921—1945），第 164 页。

游泳池、图书馆、洗衣房及各种会客厅，比起284套小居住单元来说，更受人们的关注。他们也鼓励居民组织论坛，讨论关于社会化医疗及政治问题。正如鲍尔所希望的那样，对他们而言，住房补助是政府应该确保每个公民享有的许多基本权利之一。

图12—2　在大萧条期间，FSA为从得克萨斯州移民到加利福尼亚州的农业工人建造住宅及其他设施。本图摄于1938年，是得克萨斯州罗斯顿市的移民营地。

PWA成立后不到一年，就开始购置土地、清除贫民窟和兴建住房。在随后的4年中，该署主持了59个不同的工程，拆除了1万多套标准以下的住房单元，建立了2.2万套新住房单元。① 在这一过程中它所面临的一大难题就是购买土地。该署官员拒绝了郊区的拆房建房申请，理由

① 罗伯特·莫尔·费舍尔（Robert Moore Fisher）：《公共住房20年——从经济角度评价联邦政府项目》（*Twenty Years of Public Housing: Economic Aspects of the Federal Program*），纽约：哈珀&布鲁斯出版公司，1959年版，第82—91页。

是那些地方太小，无法配套设施，因此没有意义。而且普通低收入家庭在这样的地区既找不到住处又无法就业。城市却不同，那里既能将清理贫民窟与建设新住宅结合起来，又能在更大的地块上规划、建设。然而要从几十甚至上百的贫民窟业主中聚集相当数量的小地块既难以实现，又代价不菲。在1935年，这样的任务几乎不可能完成。因为那一年，很多地区法院裁定联邦政府无权征用私人土地来建设低成本住房，理由是这种行为不是为了“公共目的”。

由于州和城市确有购买和拆除不动产的权力，因此PWA设立地方性住房管理机构，负责决定在何处建设公共住房及入住人员的资格。这种地方化的举措限制了联邦政府促进黑人和白人、穷人和富人融合的能力。尽管如此，由地方作出抉择确实有很多益处。当政府的指导方针变得越来越僵化和一成不变时，各地住房管理局及其所雇佣的建筑师经常从宽或者重新解释严苛的政府准则。联邦与地方争夺控制权的斗争从一开始便备受瞩目。

PWA将一半的住房分配给黑人，但规定要以不改变种族关系现状为限。如果某地主是白人居民，就不会允许黑人入住该地的公共住房。如果某地的居民种族混杂，那么新建住房就会遵照现状。PWA要求提供给黑人的住房要和白人的一样舒适。为黑人家庭而建造的住宅区同样提供操场和社会服务，还有舒适的小型一二层建筑。

居住在PWA公共住房的住户，无论是白人还是黑人，都不是赤贫者，而是“值得帮助的穷人”，且收入中等，工作稳定。负责PWA公共住房项目的有关人员偏向于那些在大萧条中受挫的中下层家庭，很多社会工作者认为，这些家庭会从联邦政府的公共住房改革中获得最大的收益。PWA并没有规定其旗下公共住房必须接受那些因清理贫民窟而失去家园的人，而事实上，他们中的绝大多数也付不起PWA设定的租金。从芝加哥“简·亚当斯之家”搬离的533个家庭中，只有21个有能力负担得起新建公共住房的租金，其他家庭只能蜗居在遍布城市各个角落的廉租房里。[①] 由于住房申请比公寓数量多得多，通常是12∶1的比例，负责PWA公共住房项目的工作人员不得不严格甄选。[②] 他们认为公共住房是一个可以让一度陷于贫困的居民暂时栖身的中转站，他们对这个差强人意的住所还是很有感情的，还可以在这里重新振作起来。

由社会工作者帮助成立的租户组织在社区建设中扮演着重要的角色。一些由工联主义者控制的组织提倡参与式的社会主义。然而，公共住房的住户挑选原则实际上有利于那些温和且明显乐于向上流动的工人，考虑到这一点，即便是上述这些社群也倾向于采取自由合作的态度，而非提出激进的要求，许多租户都恪守这一底线。由佐治亚州亚特兰大的一个公共住房租户出版的《铁克伍德消息报》(*The Techwood News*，铁克伍德之家是美国第一个公共住房工程——译者注)就反映出了社会工作者的原则。"为廉租家庭编织生活的梦想，这正是公共住房工程那高尚目的之所在"[③]，即便是那些对公共住房持有异议的人看到这句话，也心有慰藉。提高社区居民的社会化参与程度正在成为公共住房租户团体关注的焦点，其管理者希望把个体聚拢起来，目的当然是互相帮助，而不是进行易受人诟病的激进活动。

批评之声自一开始就困扰着PWA的项目。全国木材经销商协会(简称NLDA)向国会反映，政府对住房建设的干预严重削弱了私人建筑业的发展。这些商人谴责作为PWA项目一部分的许多临街店面和合作性小卖店对他们构成了不平等竞争。查尔斯·库格林(Father Charles E. Coughlin)神父在煽动人心的广播节目中就批评整个PWA的所作所为都是国家社会主义。甚至连公共住房的建筑设计标准也容易引起他们的不

---

① 路易斯·谢尔曼(Louise D. Sherman)：《公共住房项目里的生活》("Life in a Public Housing Project")，载于斯科纳普尔编(M. B. Schnapper)：《美国公共住房》(*Public Housing in America*)，纽约：H. W. 威尔逊出版公司，1939年版，第92页。

② 同上，第99页；另见全国公有住房会议出版物《公共住房进程》(*Public Housing Progress*)的统计数据。

③ 引自《房业杂志》(*Journal of Housing*)第2卷(1945年10月)，第173页。

满——PWA只顾提供工作,却不计成本。高质量的设计缘于建筑师想建造“样板工程”,显示优质房子与贫民窟的区别。纽约市的威廉斯堡住宅区就采用了考究的现代化外观,用深色混凝土横条装饰,还在住房转角处设置窗户。就连最小的公共住房项目中,屋顶常有铜质构件,砖墙也经过精心制作,在每个入户门档上都有精致的雨篷。公共振兴局(简称WPA)的雕刻家对门口和前庭的雕梁画栋做了许多装饰,处处体现了20世纪30年代充满阳刚之气的风格。屋内随处可见厚石膏墙、瓷砖走廊、宽大的窗户和最新的设施。尽管负责这些项目的官员坚称他们用批发价购买相关产品来节约开销,但屋内配备电冰箱和繁复装饰还是显得有点奢侈。实际上也确实如此,PWA的住房往往在质量和设计上优于大多数私人住房,这一点尤其使建筑商和房产经纪人感到不满,他们认为公共住房影响了私人拥有住房的比例,因为“公共租房的魅力太大,以至于没多少人愿意买房了”。[①]

1937年《瓦格纳-斯蒂格尔住房法》生效后,权力更多地转向了地方。美国住房总局(简称USHA)向地方政府提供基本指导方针和贷款担保,而非拥有和管理公共住房,为此国会专门拨款8亿美元。如果一个新公共住房项目被批准,市政府将承担总开支的10%,其余由联邦政府以为期60年的低息贷款形式提供,这笔钱最终由联邦政府帮助地方偿还。为确保租金低廉,USHA还保证为住房管理机构提供年度拨款用以弥补租户租金(占其收入的1/5)和实际运营费用的差额。截至1940年年底,全美国有350个USHA项目已完成或正在建设中。

公共住房的拥护者相信,建造设计良好的住房和清除贫民窟并举可以缓解社会问题。他们把贫民窟清理和新房建设结合在一起,要求根据新建住宅单元数量“等量清除”不达标的住房。这意味着房屋储备总量不会增加,故而使私人开发商感到宽慰。如此一来也就必然让穷人迁往

---

① 蒂莫西·麦克唐纳尔(Timothy McDonnell):《瓦格纳住房法》(*The Wagner Housing Act*),芝加哥:罗耀拉大学出版社,1957年版,第189页。

城郊外缘或城市其他地方。USHA 事实上巩固了内城贫民区,因为它只是让穷人从不达标的住房搬进略好一些的住房,却没有从根本上改变城市中既定的社会秩序和居住区分离模式。

与 PWA 迎合“暂时贫困者”要求的公共住房不同,USHA 的新方案是为赤贫者而设。这对于建筑商、房地产经纪人和改革者来说是双赢。对公共住房租户收入水平的限制,其标准是,他们的收入比起那些能够负担最廉价私人住房者的收入至少低 20%。这种方法也有严重的缺点。一户家庭如果收入超过所设限制,就强行要求其搬离,这在客观上反而起到了抑制收入增加的作用。在一个由芝加哥法庭受理的案件中,一位租户就抗议因收入因素而被驱逐出公共住房,这表明,对那些“被遗忘的 20%”而言,要在私人市场所提供的最廉价房屋和有收入限制的公共住房之间找到可以租赁的房屋,是极为困难的。该法庭裁决,在政府担保的抵押贷款的帮助下,租户还是有足够的钱在郊区买一栋住房。这个裁决也支持了这样的观点,对于正在沉沦的中产阶级而言,本来应该鼓励他们融入郊区的有产阶级,即使他们并不想如此,然而公共住房只是临时的“有希望的贫民窟”[①]。

1940 年代兴建的公共住房是牢固且实用的,足以保证在政府的 60 年还贷期内正常使用。它也有意地在变得便宜和简洁。国会规定政府不应支持那些“从设计到选材既繁复又昂贵”或是那些价格超出当地私人开发商所建住宅单元均价的项目。弗吉尼亚州参议员哈利·伯德(Harry Byrd)支持支出限制条款,该条款控制支出以阻止政府所建设住房中出现任何“奢侈”建筑。[②] 尽管在大城市设置的上限略高,但住房管理机构在

---

① 查尔斯·斯托克斯(Charles Stokes):《贫民窟理论》(“A Theory of Slums”),《土地经济》(*Land Economics*)第 38 卷(1962 年),第 187 页;将出租的房屋描绘为移民融入所在国文化的中转站,引自劳伦斯·弗里德曼(Lawrence M. Friedman):《政府与贫民区住房》(*Government and Slum Housing*),兰德·麦克纳利政治科学丛书(Rand McNally Political Science Series),芝加哥:兰德·麦克纳利公司,1968 年版,第 8 页。

② 国会档案第 81 卷(*Congress Record* 81),1937 年 8 月 4 日;引自劳伦斯·弗里德曼:《政府与贫民区住房》(*Government and Slum Housing*),第 112—113 页。

图 12—3　这是 1939 年《新奥尔良小人物时报》上的一幅漫画社论，它传达了这样一种观念，即清理贫民窟和住房改善将会使城市摆脱许多社会问题。

每套家庭单位上的花费不得超过 4000 美元，每个房间不得超过 1000 美元。对这些限制持有异议的议员，几乎没人考虑到这样一个观点，即高档的城市建筑既使整个城市受益，又能给居民提供舒适的住房。

一些公共住房管理机构还是冲破这些约束，建设保质的住宅。在他们看来，最好的公共住房应该注重体现地区文化传统，而不是现代建筑的通用理念。这样公共住房项目才能在这一地区显得不那么唐突。新墨西哥州阿尔伯克基的沙乌梅萨住宅区就是这样的例子，那成排的粉灰色寓所，很像当地的传统住宅；新奥尔良的马格诺里亚大街和圣托马斯住宅区将高大的窗户与19世纪路易斯安那排屋的铸铁阳台相融合来体现地方特色；与之相似，东部城市则参考从前的砖制排屋来设计建造现代的公共住房。

二战前的公共住房规划强调充足的室外活动空间和方便成人行走的人行道，而非像1930年代中期的前卫设计那样注重朝阳。洛杉矶自1938年至1941年期间建设的12个联邦政府项目，均采用廉价的原料，但所有项目楼层低缓、规划良好且布局率性。芝加哥的公共住房项目还包含球场和市政府管理的运动场地。

许多早期的公共住房价格低廉、兼具创新。例如，在旧金山，设计师威廉·威尔逊斯特（William Wurstuer）的巴伦西亚花园设有内走廊，从那里可以俯瞰宽敞巨大的天井。玻璃砖与光洁的混凝土墙体外观使其看上去简洁高雅以至于现代艺术博物馆挑选它作为现代化建筑的杰出代表；在佛罗里达州，迈阿密的“爱迪生庭院”小区在单元楼顶安装了许多太阳能供暖装置；在萨瓦纳，其住房管理部门规定所有的公共住房都要使用太阳能供暖系统。由于公共住房能给予设计师和建筑师机会进行尝试，故而他们的建筑经常有高水准的设计和科技含量，并且是“宜居”的。

尽管有规定指出公共住房管理机构只能接收赤贫者，但这些机构却置若罔闻，继续在很大程度上控制着租户的筛选。许多官员只接收“完整家庭”即由父母双方和几个孩子组成的家庭。这样的家庭之所以受偏爱是因为当局相信公共住房的生活经历会让孩子们成长为未来的好公民。申请人将接受社会工作者面试，确认其就业情况，核对其警方记录，并进行家庭走访。通过这些办法来评估该申请人家庭的现有居住条件，同时评估其是否做好了应对新环境的准备。一旦入住公共住房，该家庭的生活就受到严格约束。得克萨斯州科珀斯克里斯蒂住宅区专门设置了烧烤设备，以便家人经常团聚在一起。除此而外，其他公共住房理念的实践都不尽如人意。比方说，公寓没有安置自行车、行李箱等较大物件的空间，因为规划者们认为，这些公共住房的租户本不该享受如此安逸的生活。为了节省成本、保持整洁，厨房是开放式的。父母的卧室特意设计得很小，以避免孩子和成人住在一起。当时的改革者对个体住宅单元的考虑落脚于卫生设备、通风条件、个人隐私和社会秩序等问题。建筑师、社会工作者和住房机构的官员都希望，当然是一厢情愿地希望通过培养某些习惯来改善租户的家庭生活，其实他们却对那些因经济状况而不得不入住这些公共住房的家庭缺乏真正的理解和尊重。

图 12—4　1940 年美国住房总署在新奥尔良兴建的圣托马斯公共住房项目，将政府资助住房的现代理念与当地建筑传统相融合。

图 12—5 弗兰克·麦切特(Frank Merchant)夫妇所居公寓的起居室,位于“艾达·威尔斯之家”(Ida B. Wells Homes),由芝加哥住房署建于 1940 年。麦切特先生是卡内基钢铁厂的一名工人。对于公共住房将帮助穷人跻身中产阶级行列的梦想而言,这间屋子无疑是有诱惑力的广告。

由于担心政府过多干预市场而导致社会主义因素生根发芽,商界坚持要在住房项目中发挥作用。然而他们并不想直接提供廉价住房,而是在衰败的城市社区进行改造,将原有的贫民窟彻底改造,以增加城市的房地产税收。在《1949 年住房法》(Housing Act of 1949)颁布最初数年内,商人们还是热心支持联邦政府资助的城市更新计划。该法案第一款规定,各城市可以对其完全衰落或部分恶化的地段进行更新改造,改造费用的三分之二由联邦政府来提供。对于想通过清整土地以建造高档公寓、会展中心和写字楼的商人来说,这一揽子规定和后来在 1954 年通过的《城市更新法案》为商人们提供了绝佳的机会,而且又可以规避金融风险。市政府的税收来源得到了保障,而投资者也赚得盆盈钵满,二者可谓双赢。

失去家园者的声音却被湮没了。因为在更新区，只有20%的住房被定义为“衰败的”，而房地产开发商和市政官员却摧毁了许多低收入有色人种的社区。很少有曾居住在此的家庭能够负担得起搬入新居的费用。社会学家赫伯特·甘斯(Herbert J. Gans)以波士顿的西区(West End)为例，研究了这个“衰败区”在被推土机夷为平地之前不久的状况。但他选取的是一个意裔美国人的社区，而不是典型的贫民窟。按照甘斯的说法，租户们并没有把住房看作是身份地位的象征，反过来说，他们租住的公寓内部非常干净，因此没有人在意住房建筑的外观如何。拥挤的街道和公寓并没有使西区的住户感到困扰，就像一位住户说的那样：“人们之间相互说话的声音都能听得到，可是没有人留心别人说什么，而且也不过多干预邻居的私事。”[①]这就是城市社区中的自由自在和紧密联系，但这里要被拆除了，人们被迫离开其家和朋友。因此，波士顿失去的不仅仅是2300个私人廉租住房单元，随之一并消失的还有真正的邻里文化。因为这里的老住户几乎没人愿意住进公共住房，他们不得不花更多的钱来寻找城市其他地区的私人住房。

到了1950年代，公共住房的条件开始严重恶化。朝鲜战争的开支越来越大，对穷人的特别服务也日渐引起不满，导致的结果就是公共住房单元建设数量的减少，而且住房条件变得更加窘迫。房间变小了，楼房和楼房之间密集了，社区的活动空间和社交场所也减少了。住房管理机构一时无法满足大家庭的需要，因为新建公共住房项目只能提供小单元。过去入住的最低标准如今变成了最高标准。现在，当地社区可以在一定程度上参与公共住房项目的决策，能够对很多公共住房开发的动议提出否决，这就加剧了对补贴性住房的需求。

居住区隔离与种族之间的紧张关系亦成为核心问题。每个地区的住房管理机构不得不沿袭原有的种族隔离模式(直到1962年，联邦政府颁布的一项行政命令才明令禁止挑选公共住房租户时以种族作为标准)。但

① 赫伯特·甘斯：《城市村居民——意大利裔美国人生活中的社团和阶层》(*The Urban Villagers: Group and Class in the Life of Italian-Americans*)，纽约：格兰克自由出版社，1962年版，第21页。

图 12—6 1951 年华盛顿特区当地官员视察芝加哥市中心旧贫民窟的清理。他们已经将该区交由纽约人寿保险公司开发一栋有 1404 个单元的公寓大楼。

是,他们突然之间接到一份长长的黑人租户等待名单,其原因之一就是二战期间大量黑人移居城市。然而城市更新,即后来通称的"黑人搬家"运动,才是黑人申请租用公共住房数量暴增、一房难求的主要原因。1949—1968 年间,42.5 万个原本是低收入者(其中大部分是贫困少数民族家庭)居住的住房被拆毁重新开发,但最终建成的住房仅够提供给 12.5 万个住户,而其中的一大半还是奢华公寓,一般民众无力问津。① 与此同时,高速

① 马丁·迈耶(Martin Mayer):《建筑商:住房、居民、邻里、政府和资金》(*The Builders: Houses, People, Neighborhoods, Governments, Money*),纽约:诺顿出版社,1978 年,第 120 页。

公路建设工程也清除了少数民族社区，这样一来，申请公共住房的黑人数量又有所增加。然而住房机构优先考虑的是因联邦政府项目建设而失去住房者的申请。结果，为数众多的人被驱离家园，可供他们重新安家的地方却很少（那时黑人还不能租住以白人租户为主的社区）。比起无法重新定居的家庭数量，更为重要的是这些人的情绪。这些家庭原本希望改善居住条件，结果却重新搬回传统意义上的住房。如此一来，公共住房不再被看作是一个临时居所，反倒变成那些满怀失望和不满的人的最后避难所。

许多住房部门的官员仍然认为，可以通过将贫困家庭安置在良好的环境中来改善其生活质量，但是人们对于新环境的理念以及塑造新环境的方式都发生了巨大变化。公共住房的拥护者声称，如果住房管理机构管理得当，就会降低死亡率，消灭嫖娼业，减少犯罪和避免青少年犯罪。人们对兴建公共住房社区的赞颂声小了，谈论更多的是秩序的维持。大城市的住房机构愿意建设风格统一、外观壮观气派的大型项目，而不是那些穿插在原有社区、淹没在周边建筑之中的零零碎碎的小项目。他们认为规模的变化会帮助住户与他们过去的环境和认知决裂。在1936年出版的《贫民窟与住宅》一书中，哈佛大学"住宅问题专家"詹姆斯·福特（James Ford）支持上述观点，他认为，"由于大型项目庞大的规模可以支配邻里，且防止其自身堕落为贫民窟，因此更能够维持自身的特性"。[1]已担任芝加哥住房局局长多年的伊丽莎白·伍德（Elizabeth Wood），在1945年也持相同立场，规划"必须是大胆的、综合的，否则它就是无用的，是一种浪费。如果不够胆大，其结果就是一系列的小项目，这些孤悬在贫民窟汪洋中的小岛，会淹没在烟火、噪音和恶臭的包围之中"。[2]她的计划中包含了超级公共住房塔楼社区间占地80英亩的车辆禁行区。该社

---

① 詹姆斯·福特（*James Ford*）：《贫民窟与住房业》（*Slums and Housing*），两卷本，康涅狄格州格林伍德：黑人大学出版社，1936年版，1972年重印，第2卷，第772页。

② 美国市政工程协会前的演讲，以《城市再开发的现实》（"Realities of Urban Redevelopment"）的题目重印，发表于《房业杂志》（*Journal of Housing*）第3卷（1945年12月—1946年1月），第12—14页。

区内既没有交通干道，也没有公共交通停靠线对社区的打扰。

全国公共住房官员在1950年代更加雄心勃勃地规划更大的项目，某种程度上是为了回应上述争议，同时也为了削减成本以及提供更多的住房。尽管PWA坚称楼宇不得高于4层（除纽约市外），但USHA还是同意公共住房建得更高、规模更大。即使在1950年前，纽约皇后桥住宅区的Y型6层带电梯的建筑就容纳了1.1万人。当纽约的楼层限高增至10—12层时，其他大城市均纷纷效仿。芝加哥的迪尔伯恩住宅区由16个带电梯的建筑组成；旧金山与耶尔巴布埃那广场毗邻的维多利亚风格排屋，是高大的11层粉色混凝土建筑，阳台长度和该排屋临街沿面的长度一样。

图12—7 图为俄亥俄州克利夫兰市的14层公共住房塔楼——松园公寓，规模宏大、朴素简洁，标志着1950年代之后城市公共住房政策和建筑风格的转型。

住房官员声称，建设高层住宅既经济，又能给孩子们提供更多活动空间，何乐而不为呢。但迪尔伯恩住宅区比与之相距几街区的艾达·威尔斯之家每单元造价贵两倍。艾达·威尔斯之家比迪尔伯恩住宅区早十年建成，而且还拥有非常大的公寓间和更多的社会服务。尽管按照市中心的土地、建筑成本和维修保养费用计算，高楼似乎更合算。但事实上，它们比建造排屋贵得多。就孩子的需要而言，这些项目也很失败。空阔的院落操场因为不能给人以安全感，而成为无人光顾的空地；少数"不易损坏"的金属攀爬架也没有吸引来孩子们；操场上没有长椅，比赛也就没有观众且母亲们宁愿将孩子们一整天都关在家里，也不愿让他们在外玩耍却无人看管。然而对于1950年代早期的住房管理机构的官员来说，高层建筑很明显地体现了经济效益和社会秩序；对建筑师来说，是现代设计的突破。当小城镇继续建造低层简易的住宅时，高楼就成了大城市的新象征。

某调研项目的访谈显示，与偏爱高层住房的居民相比，竟然有多于其两倍的居民倾向于小规模的、低层的公共住房，尤其是那些大家庭成员。这项调查的研究者关注的是犯罪率和破坏公物行为的上升，他们往往将其归咎于没有人情味的高层建筑。然而批评有时是不得要领的。当租户们抱怨安全、维护费用和人情冷漠等问题时，其实他们谈论的往往不只是眼前的环境问题。社会学家李·瑞恩沃特（Lee Rainwater）从事一项关于圣路易斯市名声不佳的普鲁伊特-艾戈住宅区（Pruitt-Igoe）的研究，他发现绝大多数居民都认为自己现在居住的公寓比之前的家要好；但他们不喜欢大型项目，这更多是出于社会因素而非环境因素。正如一位居民解释的那样，尽管官僚们"试图清除贫民窟，但他们做的很有限。他们在出租公寓内部做到了这一点，却忽视了公寓外部"。[①]"外部"既指建筑本身，又指管理政策。隔层停靠的电梯对年幼的孩子来说不方便，又长又黑的

① 李·瑞恩沃特：《隔都内的世界——一个联邦贫民区的黑人家庭》（*Behind Ghetto Walls: Black Families in a Federal Slum*），芝加哥：阿尔德尼公司，1970年版，第12页。

走廊变成了危险的场所。房间很小，部分原因是设计者希望居民充分利用户外宽敞的空间。另一位租户告诉采访者："你会觉得窒息，到处都是人。当你在使用厕所时，孩子在盥洗室。屋内的椅子上坐满了人，就连吃饭都得轮着。"①

从对养宠物、外客留宿及墙壁油漆颜色的规定到使用洗衣机的时间表，居民生活的方方面面都受到约束，但这些管理者却表现出这样的态度，即在安全、维修及公共设施上花太多的钱是浪费，因为根本性的问题太尖锐。租户意识到，公共住房将提升居民修养的高尚信念与对他们的轻视结合起来，可以使他们更守规矩。建筑物自身及居民对它们的蔑称，反映了规划者和租户的矛盾关系。如旧金山的耶尔巴布埃那广场被戏称为"粉色宫殿"，芝加哥的泰勒之家小区被称为"刚果希尔顿"。

规划师凯瑟琳·鲍尔在其1957年的文章《公共住房沉闷的僵局》中明确抨击公共住房政策，引发了不小的骚乱。她曾是《瓦格纳-斯蒂格尔住房法》的起草人之一，是城市更新运动的忠实捍卫者，一个建筑和社会实验的赞成者。某种程度上，她批评新近出现的高层建筑"岛"或"公园中的塔楼"②概念的趋势。然而鲍尔将对建筑的批评置于社会和政治的语境中。这些高层建筑的造价要高于FHA中等住房的事实已经激怒了国会，故而其大幅度削减对公共住房项目的资助。高密度与单一标准化使得这些住房看上去很粗糙，这种施舍毋宁说是一种羞辱，不如说是贬低了住户的身份。

1960年代城市暴乱频发，联邦政府关于城市状况和住房问题的报告也附和了这些批评之声。全国城市问题委员会谴责公共住房不仅是不合

---

① 小威廉·莫尔(William Moore, Jr.):《垂直的隔都——一个城市住房规划项目内的日常生活》(*The Vertical Ghetto: Everyday Life in an Urban Project*)，纽约：兰登书屋，1969年版，第27页。

② 凯瑟琳·鲍尔:《公共住房沉闷的僵局》("The Dreary Deadlock of Public Housing")，《建筑论坛》(*Architectural Forum*)第106卷(1957年5月)，第140—142页。

适的、“反社会”的，而且把责任归咎于支持高层塔楼的建筑师。[①] 报告中称：“可能像科布希尔这些建筑师和城市规划师的理论对城市纵向发展也有责任，正是他们强调‘公园中的摩天大楼’的理念，才使得高层公寓的观点被广泛接受。”[②]中产阶级的说教者又一次指出这些住宅建筑引发了复杂的社会问题。这些报告对公共住房设计中的错误洞若观火，并且给出了切实可行的替代方案：针对规模较大家庭进行的规划回归到小型居住模式，还将公共住房分散布局以便使它们与一般社区相融合。但他们有意回避了此前公共住房项目开发过程中常见的租户管理和甄选租户程序，避开了敏感的政治问题。

20 世纪五六十年代对公共住房的消极反应并没有拆毁这些项目，却又一次改变了公共住房的政策和建筑，直到今天，它们仍发挥着主导作用。老年人的数量不断增加，与之相应，他们的政治影响力亦蒸蒸日上。1850 年，64 岁以上的老人仅占美国公民的十分之一，但到了 1953 年，该数字变成了六分之一。[③] 数州的“老年人游说团”要求更丰厚的养老金和更好的居住条件。1956 年国会设立了针对老年人公共住房的特别经费，几年后又向私人开发商和非盈利性组织提供了信贷担保；国会还增加了针对老年人公共住房的补贴，表示建设费用的增加反映了老年人的特殊需求。然而，在为老人提供护栏、斜坡通道、安全设施、诊所和花园的同时，贫困家庭的特殊需求并没有引起同样的怜悯或关注。老年人公共住房往往具有相当的吸引力，周边环境好；概言之，它们看上去不像公共住房。正如法律史学家劳伦斯·弗雷德曼所言，为老年人而设的公共住房

---

① 乔治·舒尔莫尔合伙公司（George Schermer Associates）编：《全国城市问题委员会调查报告：棚屋之外——中低收入阶层住房的社会问题》（*National Commission on Urban Problems, More than Shelter: Social Needs in Low and Moderate-Income Housing*），华盛顿特区：美国政府印刷局，1968 年，第 123 页。

② 《建造美国城市——全国城市问题委员会报告》（*Building the American City: Report of the National Commission on Urban Problems*），华盛顿特区：美国政府印刷局，1968 年，第 123 页。

③ 戴维·哈克特·费斯卡尔（David Hackett Fischer）：《美国人口的老龄化》（*Growing Old in America*），纽约：牛津大学出版社，1978 年版，第 145 页。

图 12—8 到了 1970 年代早期，老人成为新公共住房最受欢迎的住户。由于国会给予老年公寓更高的成本上限，它们往往类似那一时期传统的公寓建筑。

受欢迎是因为,“对于有着中产阶级行为规范的穷苦老年白人来说,那里是他们唯一的选择。街坊四邻不能容忍一幢住满依靠 AFDC 计划(家庭子女补助计划——译者注)谋生的黑人母亲的 10 层高楼,假设里面换成一群慈祥而贫穷的老人,他们是可以接受的。[①]

推荐阅读书目

城市规划者提供了大量关于公共住房的文献。纳撒尼尔·吉斯(Nathaniel S. Keith)的《1930 年以来的政治与住房危机》(*Politics and the Housing Crisis since 1930*)(纽约,1973 年版),戴维·曼德克尔(David R. Mandelker)与罗杰·蒙哥马利(Roger Montgomery)合著的《美国住房业》(*Housing in America*)(纽约,1973 年版),乔恩·派努斯(Jon Pynoos)、罗伯特·沙菲尔(Robert Schafer)和切斯特·哈特曼(Chester W. Hartmann)主编《美国城市住房》(*Housing Urban America*)(芝加哥,1973 年版),劳伦斯·弗里德曼(Lawrence M. Friedman)的《政府与贫民区住房》(芝加哥,1968 年版),莱奥纳多·弗里德曼(Leonard Freedman)的《公共住房——穷人政治》(*Public Housing:The Politics of Poverty*)(纽约,1969 年版)都是很好的通论著作。罗伯特·莫尔·费舍尔的《公共住房 20 年:从经济角度评价联邦政府项目》(*Twenty Years of Public Housing:Economic Aspects of the Federal Program*)(纽约,1959 年版)以及亨利·艾伦(Henry Aaron)著《棚屋和补贴——谁从联邦住房政策中获益?》(*Shelter and Subsidies:Who Benefits from Federal Housing Policies?*)(华盛顿特区,1972 年版)则更重视经济方面。李·瑞恩沃特的《隔都内的世界——一个联邦贫民区的黑人家庭》(*Behind Ghetto Walls:Black Families in a Federal Slum*)以及马丁·梅尔逊(Martin Meyerson)、爱德华·班菲尔德(Edward Banfield)合著《政治、规划和公共利益》(*Politics, Planning, and*

① 劳伦斯·弗里德曼:《公共住房与穷苦之人》(“Public Housing and the Poor”),引自琼·派穆斯、罗伯特·沙菲尔、切斯特·哈特曼(Jon Pynoos, Robert Schafer, and Chester W. Hartman)主编:《美国城市住房业》(*Housing Urban America*),芝加哥:阿尔德尼公司,1973 年版,第 454 页。

Public Interest)(纽约,1955 年版)是两个个案研究,堪称典范,前者研究了圣路易斯的普鲁伊特-艾戈住宅区,后者关注的是芝加哥关于公共住房位置的斗争。有几本大众读物描写了公共住房政策也非常有用——纳萨·斯托斯(Nathan Straus):《住房业的七大迷思》(*The Seven Myths of Housing*),1944 年版,纽约,1974 年再版;凯瑟琳·鲍尔:《公共住房公民指南》(*A Citizen's Guide to Public Housing*),纽约州波基普西,1944 年版;伊迪斯·厄尔默·伍德(Edith Elmer Wood):《住房指南》(*Introduction to Housing*),华盛顿特区,1939 年版。鲍尔的《现代住房业》(*Modern Housing*)(1934 年版,纽约,1974 年重印)向我们展示了这一时期公共住房之争的背景。斯科纳普尔(M.B.Schnapper)编《美国公共住房》(*Public Housing in America*)(纽约,1939 年版)对争执双方都有所涉及,内容包括改革者、政府和地产商三方的文章和演讲词。美国住房总局(USHA)的《公共住房设计》(*Public Housing Design*)(华盛顿特区,1946 年版)出版时,恰逢低层建筑和大范围社区服务时代宣告结束。

还有关于 1937 年之前联邦政府资助的住房的著作,如保罗·康科恩:《明日新世界——新政社区计划》(*Tomorrow a New World*: *The New Deal Community Program*),纽约州伊萨卡,1959 版;约瑟夫·阿诺德(Joseph L. Arnold):《郊区的新政——绿带城镇计划史,1934—1954》(*The New Deal in the Suburbs*: *A History of the Greenbelt Town Program*, *1935-1954*),俄亥俄州哥伦布,1971 年版。若要了解 PWA 项目,可参见《城市住房——PWA 住房处的故事,1933—1936》(*Urban Housing*: *The Story of the PWA Housing Division*, *1933-1936*),华盛顿特区,1936 年版;迈克尔·斯托斯(Michael W. Straus)、塔尔伯特·威戈(Talbot Wegg)合著:《公共住房时代来临》(*Housing Comes of Age*),纽约,1938 年版;哈罗德·伊克斯(Harold Ickes):《开始工作——PWA 的故事》(*Back to Work*: *The Story of the PWA*),纽约,1935 年版。理查德·普莫尔(Richard Pommer)的《1930 年代早期美国城市住房的建筑学》("The Architecture of Urban Housing in the United States during the Early 1930s"),在建筑史领域作出

了很好的回顾,发表于1978年《建筑史家协会杂志》(*The Journal of the Society of Architectural Historians*)第37期。

对于城市更新的抨击包括:马丁·安德森(Martin Anderson)的《联邦的推土机》(*The Federal Bulldozer*)(马萨诸塞州坎布里奇市,1964年版)给出了保守主义者的批评。斯科特·格里尔(Scott Greer)的《城市更新与美国城市》(*Urban Renewal and American Cities*)(印第安纳波利斯,1965年版),朱尔·布拉斯(Jewel Bullush)、马瑞·霍斯克耐克特(Murray Hausknecht)合编的《城市更新——民众、政治和规划》(*Urban Renewal: People, Politics, and Planning*)(纽约,1967年版),以及詹姆斯·威尔逊(James Q. Wilson)编《城市更新——档案与争论》(*Urban Renewal: The Record and the Controversy*)(马萨诸塞州剑桥,1966年版)则阐发了自由主义者的观点。马克思主义者也发出了自己的声音,如马克·维斯(Marc A. Weiss):《城市更新的起源与遗产》("Origins and Legacy of Urban Renewal"),载于皮尔·克里沃尔(Pierre Clavel)、约翰·福利斯特尔(John Forester)和威廉·古德史密斯(William W. Goodsmith)合编:《紧缩时代的城市与区域规划》(*Urban and Regional Planning in an Age of Austerity*),纽约,1980年版。查尔斯·艾伯拉姆斯(Charles Abrams)的《被禁锢的邻居们》(*Forbidden Neighbors*)(纽约,1955年版)严厉抨击了住房隔离政策。

伊丽莎白·科伊特(Elizabeth Coit)《租客眼中的公共住房》("Housing from the Tenant's Viewpoint")和《试论低收入家庭居住单元的设计与建造》("Notes on the Design and Construction of the Dwelling Units for the Lower-Income Family")分别发表于1940年、1941年的《建筑实录》(*Architectural Record*)第89期和第90期以及《八角形》(*Octagon*)1941年第13期上,是两篇对于公共住房设计作出评论的重要文章。关于鲍尔,可见玛丽·苏·库尔(Mary Sue Cole):《凯瑟琳·鲍尔和政府公共住房政策,1926—1936》("Catherine Bauer and Public Housing Government, 1926-1936",),1975年乔治·华盛顿大学博士论文(Ph. D. diss., George Washington University,1975年)。

第十三章　新郊区扩张与美国梦

我们希望能够展示出我们选择的权利及多样性。我们不愿看到由一位高高在上的官员作出决断，规定所有的房屋都要整齐划一……比起谈论火箭之类的战争机器，聊聊洗衣机不是更好吗？这难道不正是你们想要的那种竞争吗？

——1959年美国副总统尼克松与苏联共产党总书记赫鲁晓夫在莫斯科一间美国样板房中的"厨房辩论"

尽管美国的住房建筑商和提供抵押贷款的银行家反对"社会主义的"公共住房，但他们仍然希望获取政府的资助来规避传统住房建设投资中的风险。在经历了最初的激烈辩论之后，针对政府进入"私人住房"领域的抗议已成强弩之末，但问题是，政府在管理住房建造数量、控制银行房贷利率和甄选住户上到底有多大的权力。

正是住房建造业所面临的严重经济危机以及建筑商们有效的院外活动促使政府行动起来。到了1933年，美国经济已跌入谷底，平均每周会有1000人失去抵押住房赎回权。住宅单元的建设量从1925年的93.7万套下降至9.3万套，其中大部分还是面向富人的别墅或公寓。富兰克林·罗斯福总统就职典礼过后，联邦政府开始推行新政，重振建筑业是新政的重中之重。1934年颁布的《全国住房法》堪称里程碑，它不仅首创公共住房项目，而且还设立联邦住房管理署（FHA）来刺激中等价位的私人住房市场。该法案的倡导者希望制定一项确保长期低息贷款的计划。因为当时，贷款金额只能占住房预期价格的40%—50%，而且要在3—5年内偿还，利息在5%—9%。相反，FHA却可提供最高占房价80%的贷款，偿还期限也延长至20年，并以5%—6%的利息，按月分期小额偿还。若是债务人拖欠贷款，接受FHA这一计划的银行可确保获得一笔来自联邦政府的补偿。

起初，许多国会众议员反对这个项目，担心其会对住宅融资规律和自有住房格局有所影响，还会让美国变成一个福利国家。而该议案的支持者则认为，建筑及维修行业的复兴可以为失业者提供成千上万个就业机会。除此以外，他们还坚信，由FHA担保的客户将为金融机构注入更多的资金，如此一来，这些机构便可向依旧深陷停滞经济中的其他部门伸出援手。在给国会反对派和金融机构吃了定心丸之后，政府着手对私人住房领域展开援助。

第一个FHA改建贷款诞生于1934年8月，当时明尼苏达州克洛凯市一家银行向约翰·鲍威斯(John P. Powers)提供了125美元的贷款，用以支付其油漆房屋、修缮屋顶和购置水箱的费用。几个月后，由FHA担保的第一笔住房按揭贷款由新泽西州庞普敦平原市的一户人家获得。在短短不到一年时间里，就有4000家金融机构向与FHA签约的人家提供了将近7.3万美元的贷款，这些用来改善住房的资金，占了全国商业银行总量的7成以上。[①] 1938年以后，新房建设的脚步加快了，就在当年，一个新的团队掌管FHA，他们更关注中等收入家庭的需要，开始资助较为廉价的住房。尽管单个按揭贷款的上限是2万美元，但FHA当时资助的大部分住房造价在6000—8000美元之间。[②] 由于FHA官员在估计潜在转售价值时过于保守，因此，传统风格的设计，特别是殖民地风格的房屋盛行一时。

住房业还徜徉于大萧条的阴影时，二战爆发了，住房建筑量再一次锐减。此时住房工程聚焦于2万套由政府兴建的住宅单元上。这些住房是为迁往诸如洛杉矶、奥克兰、亚特兰大、底特律、波特兰和达拉斯这样的

---

① 《FHA总论》(*The FHA Story in Summary*)，华盛顿特区：美国政府印刷局，1959年，第9—11页。

② FHA档案(FHA Archives)，国家档案馆，华盛顿特区。

图 13—1 FHA 资助的早期住房仍然保留了相当传统的建筑风格,图为 1939 年得克萨斯州休斯敦的一处牧场式住宅。

"民主兵工厂"的国防工人及其家庭而准备的。[①] 1940 年的《拉纳姆法》(The Lanham Act)首次向战时住房提供资助,并给其他与住宅相关的服务提供资金。数万名战时女工在飞机制造厂和军需厂劳作,绝大多数是已婚妇女,并独自拉扯年幼子女。尽管有 10%的职业母亲选择将子女寄托在联邦政府新资助的托儿中心,然而这笔资金的初衷并不是要开此先例。此外,一份政府报告也指出:"儿童保育从未被看作是一种社会责任,而当时委员会的认可也仅仅表明这是一种战时的紧急需要。"[②]

1945 年,有 600 万人从军中退伍,1946 年又有 400 万人加入其中。有 2000 万妇女曾在战时受雇,然而她们中的许多人在战后立刻被解聘或降职,因为解甲归田的美国大兵需要工作。[③] 如果说找工作难,那么找个

---

① 全国住房署(National Housing Agency):《为即将到来的战争和工作建房》(*Housing for War and Job Ahead*),华盛顿特区,美国政府印刷局,1944 年;全国住房署:《第四次年度报告》(*Fourth Annual Report*),华盛顿特区:美国政府印刷局,1945 年,第 3 页。

② 威廉 · 蔡非(William H. Chafe):《美国妇女》(*The American Woman*),纽约:牛津大学出版社,1972 年版,第 137 页;联邦工程署(Federal Works Agency):《年度报告》(*Annual Report*),1946 年,第 27 页,引自霍华德 · 德拉克(Howard Dratch):《20 世纪 40 年代养育儿童的政治》("The Politics of Child Care in the 1940s"),《科学与社会》(*Science and Society*)第 38 卷(1974 年春季号),第 176—177 页。

③ 威廉 · 蔡非:《美国妇女》(*American Woman*),第 148 页。

安家之所更是难上加难。250 万个重聚的家庭和新婚夫妇只能和亲戚挤在同一屋檐下。昔日的临时防空建筑和匡西特小屋(Quonset hut,1941 年美国罗德岛匡西特海军航空基地出现的一种预制构件搭成的长拱形活动房屋——译者注)如今变成了人们的应急住房。参议院调查发现,成百上千的退伍军人居住在车库、拖车式移动房屋、畜棚,甚至是鸡舍里(FHA 曾为鸡舍提供改建贷款,并在《技术公告》附录中的"女性专页"提供了重新装修它们的创见)。全国住房署(National Housing Agency)的报告称,据最保守估计,目前全国至少急需 500 万套新住宅单元,在今后的十年中,还需共计 1250 万套。[①]

为了迎接战后突如其来的巨大住房需求,美国退伍军人管理署(Veterans Administration,简称 VA)于 1944 年制定了一个退伍军人抵押贷款担保计划。它在后来众人熟知的《退伍军人权利法》所提供的一揽子福利中,占有一席之地。在 FHA 的领导下,VA 住房项目确保退伍军人无须首付即可贷出住房预期价格的全部款项。但问题出在住房供应量不足上,退伍老兵只得耐心等待。只有等房子建好了,才能按照房产商确定的价格提供按揭贷款。

1947 年选举产生了共和党国会,在竞选活动中,他们曾这样质问,战时对价格和商品的掌控,你们"受够了吗"?新议员们追随众议员杰西·沃尔科特(Jesse P. Wolcott)以及参议员哈利·凯恩(Harry Cain)和哈利·伯德的脚步,一同支持房地产院外活动集团在住宅建设和房地产领域恢复"自由市场"的要求。[②] 他们向国会保证,一旦市场开始正常运作,住房短缺就会消失。房源会通过"向下渗透"现象而自然增加,因为一个家庭购置新房后,自然会将他们的旧屋卖给那些不如自己的人。

---

① 引自理查德·戴维斯(Richard O. Davies):《杜鲁门政府的住房改革》(*Housing Reform during the Truman Administration*),第 25 页。

② 通讯稿,1947 年 6 月 30 日,引自理查德·戴维斯:《杜鲁门政府的住房改革》(*Housing Reform during the Truman Administration*)。

图 13—2 1949 年刊登在《芝加哥太阳时报》的一则漫画社论，该漫画表明战后住房的持久短缺已经在人口出生率和家庭稳定问题上造成了灾难性的影响。

为了回应上述压力，1947 年，国会允许 15 个百分点的“自愿”加租，并取消了住房稽查员实施该规定的权力。此外，国会还挫败了任命 VA 和 FHA 评估人作为公务员的动议，这也就减少行贿受贿的可能，而且那些对建筑商的建设标准和建筑造价睁一只眼闭一只眼的评估人自然不会被雇佣了。国会也不再控制工资和物价。尽管1951年税法已经非常划算，全美住宅建设商协会还是成功地将所得税优惠扩大至房屋产权拥有者。储蓄与贷款机构也赢得了可观的税收优惠。

作为加快住房建设的一个手段，研究新的建筑技术赢得了大众广泛的支持。预制件住房似乎成了降低成本和增加住宅单元数量的一种可靠保障。在政府的财政支持下，战争年代试验了许多新材料，并且获得了成功："表层承力"的胶合板墙壁、层压式木屋顶、焊接的屋架、漆色铝护墙板、预先装饰好的石膏天花板都由工厂来制作。开发新技术的公司仍需政府的持续支持。当国会于1948年开始陆续降低对该研究的资助时，身为住房业联合委员会副主席的参议员约瑟夫·麦卡锡（Joseph R. McCarthy）成为要求政府继续资助的主要倡导者。预制构件住房的主要制造商——乐斯敦公司（the Lustron Company）曾付给麦卡锡1万美元的"润笔费"，请他起草一份传达上述观点的文章，虽然该文章最终没有发表。麦卡锡的支持为乐斯敦公司赢得了一笔为期三年的联邦贷款，共计2250万美元。按照该公司总裁的说法，像麦卡锡之类的国会议员之所以支持为其提供补助（back the subsidy），是因为乐斯敦的目标"听上去像自由事业"。[①]

政府向来认为，只要依靠先进的技术，即可解决复杂的住房问题，对预制件住房研究的支持便是一个很有说服力的例子。人们对科技创新的期望过多过快。这是因为，战时的房产公司在住房单元的生产速度和产量上都跟不上战后的住房需求。另外，当时的房价也很高。比如乐斯敦最便宜的住房也要价9000美元，这还不包括土地和安装费用。然而，政府的支持与民众的热情，使得乐斯敦和民族之家生意兴隆，它们做了大量的工作，并将预制件住房运往全国各地。美国钢铁公司在1955年制造了

① 《这里有工厂建造的住房，但并没有回答3300万美元的问题——怎样让它进入市场？》（"The Factory-built House Is Here, but Not the Answer to the 33 Million $ Question: How to Get It to Market?"），《建筑论坛》（*Architectural Forum*）第90卷（1949年5月），第109页。

200个预制件样板房，其中也包括身披蓝色嫁衣的“婚房”①，它是专为由《美丽家居》杂志协办的全国住宅建筑商大会提供的。

图13—3 预制构件房屋在1950年代早期风靡一时。全国住房公司在多处建立了样板房，人们为了能够亲身体验，常常排几个小时的队。

① 《预制件的促销》(“Prefabricated Promotion”)，《住房与家庭》(*House and Home*)第7卷(1955年4月)，第57页。

无论如何,预制件住房并未解决战后持续恶化的住房短缺问题。战争结束后的两年内,全国住房储备量仅增加了150万套新单元,然而同期每年有140多万个新组建的家庭。[①] 1949年,政府颁布了新的住房法,可以确保建筑商和银行家在开发新楼盘时获得充足的利润。因此在1950年,超过100万个新住房单元破土动工。

《1949年住房法》的起草者宣称,他们的目标是"尽快让每个家庭都能搬进体面的家,享受稳定良好的居住环境"。鉴于郊区的中等收入家庭享受了过多的补助,该法也拟订了一系列针对其他人群的项目。例如,FHA通过提高资助指标,吸引建筑商加入到利润丰厚的城市公寓建设。在《1949年住房法》第608款,即关于多户住宅的条款中,政府承诺将在未来8年内斥资54亿美元建造公寓住房,共计建设71.1万个居住单元。[②] 由于建筑商在劣质公寓建筑中塞入尽可能多的"小套间",以至于许多建筑物质量粗糙,有些甚至还存在危险隐患。新建的公寓中几乎没有一栋能为家庭生活提供足够大的空间,许多住房管理者甚至还禁止儿童入住。然而FHA执行第608条款的官员并没有就此提出抗议,因为他们也坚信郊区才是适合有孩子家庭居住的环境。杜鲁门总统在1948年白宫家庭生活会议上针对住房问题做了一次即兴演讲,他称赞郊区是美国家庭的梦想所在,并称"孩童与狗,如同华尔街和铁路一样,事关全民福祉"。[③] 可惜政府官员并没有全心全意贯彻《1949年住房法》中帮助城市贫困家庭的条款,因为他们已认定健康的家庭生活只有在郊区才能实现。

第608条款的真正受益者是建筑商,该条款允许他们抬高造价估算、土地价格以及各项费用。公寓建造商根本无须承担任何金融风险,

---

① 保罗·文特(Paul F. Wendt):《住房政策——寻求解决之道》(*Housing Policy—The Search for Solutions*),商业与经济研究院丛书,伯克利:加州大学出版社,1963年版,第164页。

② 《这就是FHA》(*This Is the FHA*),华盛顿特区:美国政府印刷局,1957年,第13页。

③ 《住房问题在家庭生活会议上最受关注》("Housing Gets No. 1 Spot at Family Life Conference"),《基督教科学箴言报》(*The Christian Science Monitor*),1948年5月14日,重新刊发于《房业杂志》(*Journal of Housing*)第5卷(1948年5月),第125页。

在开工前他们居然已经获得丰厚的利润。不到一年,美国已有70%的公寓获得FHA第608条款的担保。[1] 由于该项目牟取暴利的丑闻频发,以至于参议院最终于1956年立案调查。调查委员会发现,80%的建筑商都存在"贷款过量"的问题,也就是说,他们的借款比他们的成本要多得多,这样可以轻易发一笔横财。多出的贷款通常占其成本的25%,纳税人却要为此多缴纳5亿美元的税款。[2] 该项目因此被裁,取而代之的方案又因为太严格,没几个建筑商愿意申请。因此,城市中等收入家庭租房供应量萎缩,与此同时,郊区独栋住宅的建设量却在前所未有地迅速增长。

VA评估人员在审核郊区住房及整体发展时,时常发现使用劣质污水管道、没有铺设街道以及豆腐渣工程等问题,因此郊区建设也常常被丑闻和控诉所困扰。相反,FHA则试图通过控制郊区住宅的设计和建造来达到"社区稳定"的目的。FHA推行区划制以阻止多户型住宅建设,禁止独栋住房变成商店、办公室、幼儿园,或者将其租赁出去。

按照FHA的规定,"社区特色"是建立在当时还很明显的种族与族群隔离的基础之上。FHA在一份名为《有利可图的社区规划》技术性手册中建议开发商要根据年龄、收入、种族等情况进行房地产开发。然而FHA并不向那些受"黑人入侵"威胁的区域提供担保。他们在城市中用"红线"圈出一大块"正在恶化"的区域,拒绝向这些区域提供抵押贷款担保,他们还声称,黑人的流入会提高贷款的风险。不仅如此,银行和储蓄贷款协会也拒绝向"红线"地区提供私人贷款和抵押贷款。鉴于租金的上涨及社会服务的终止,诸如底特律的下东区和北费城这类稳定的工人社区住房很难卖出去,而上述政策恰恰在这些地区的衰败中扮演了重要

---

① 《FHA对公寓融资和设计的影响》("FHA's Impact on the Financing and Design of Apartments"),《建筑论坛》(*Architectural Forum*)第92卷(1950年1月),第97页。

② 小莱奥纳德·唐尼(Leonard Downie,Jr.):《美国的住房贷款》(*Mortgage on America*),第59页。《中等收入家庭的住房——大城市的大问题》("Middle-Income Housing:The Big City's Big Problem",《时代周刊》(*Time*)第104卷(1957年9月16日),第70页;马丁·迈耶(Martin Mayer):《建筑商》(*The Builders*)纽约:诺顿出版社,1978年版,第124页。

角色。

在郊区,FHA 鼓励人们使用限制性公约来确保社区的同质性,防止未来可能发生的任何种族暴力或房价下跌等情况。1947 年发行的小册子公开写道:“如果一地的住户种族状况是混杂的,那么一定要明确这种混杂是否导致现在或将来的居民不愿住在这里。保护性的契约对于规划居住区的健康发展尤为重要,因为它们可以规范土地的使用,为和谐发展奠定良好的基础,还能吸引住户。”[①]全国有色人种协会指责 FHA 通过城中红线和郊区歧视“助长了黑人隔都的形成”,但该会也无力改变现状。[②] 联邦政府远远滞后于司法机关。1948 年最高法院裁定 FHA 拒绝向特定地区贷款的限制性公约违法,而住房与房贷财务署(Housing and Home Financing Administration)署长雷蒙德·福利(Raymond Foley)却在这一判决生效两年后才迟迟宣布,FHA 不会停止对特定地区的贷款。事实上,直到 1968 年,FHA 的官员仍约定俗成,继续维持隔离的“传统”。

相对于复杂多样的城区地带,FHA 更青睐与世无争的郊区地块,缘于它们更易于控制和治理。战后住宅市场的繁荣,更确切地说是 1949 年后的繁荣,正是发生在郊区,这种繁荣可以说改变了每座美国大城市周边的广阔天地。联邦政府对高速公路的投资不惜血本,1956 年的《联邦高速公路资助法》将联邦资助推向顶峰,共计铺设了长达 4.1 万英里的高速公路。这些公路将全国的大城市连接起来,从此,往返于郊区住宅和城市工作场所的通勤生活逐渐为大众所接受。[③] 截至 1957

---

① 联邦住房署(Federal Housing Administration):《保险业指南》(*Underwriting Manual*),1947 年 1 月,引自查尔斯·埃布拉姆斯(Charles Abrams):《住房业的种族隔离威胁》(“The Segregation Threat in Housing”),内森·斯特劳斯(Nathan Straus)编:《一个国家的三分之二——一项住房项目》(*Two-Thirds of a Nation:A Housing Program*),纽约:阿尔弗雷德—克诺普夫出版社,1952 年版,第 219—223 页。

② 《住房中的平等》(“Equality in Housing”),《新共和》(*New Republic*)第 121 卷(1949 年 12 月 19 日),第 8 页。

③ 小萨姆·巴斯·沃纳(Sam Bass Warner,Jr.):《城市荒野——美国城市史》(*The Urban Wilderness:A History of the American City*),纽约:哈珀—罗,1972 年版,第 43 页。

年,FHA 已用 295 亿美元的担保资助了 450 万个郊区家庭,约占每年新建住房的 30%。[①] 一边是联邦政府的巨额担保,一边是排着长队想在郊区购房置业的人们,这些理由足使大大小小的建筑商们竭其所能兴建住房。

郊区自 1920 年代以来发生了重大变化。当时,房地产开发商和分销商购买了大片闲置的土地。他们规划未来的小区,平整地块,铺设街道和污水管,将全部或大部分土地出售给购买几个街区的小建筑商,或是那些自己雇佣建筑商或设计师的个体客户。到 1950 年代,政府的慷慨资助使得开发商自己建造住房更加有利可图,而这也导致了同一分销地块上出现三四百个几乎相同样式房屋的情况。在加利福尼亚州帕若那马市,实业家凯泽(Kaiser)规划了 3000 栋造型统一的住房,在休斯敦附近,"弗兰克·夏普的橡树森林"小区也有 5000 栋类似房屋,而在芝加哥郊外,美国社区建筑商公司承建的森林公园住宅区竟有 8000 栋大同小异的住房,这可是 FHA 最大的资助项目。[②]

然而战后,并非所有的建筑商都在连绵数英里的地块上建设造型单调、质量低劣的住宅小区。也有部分建筑商尝试着提供种类多样、款式新颖的住房,他们甚至聘请建筑师来设计基本户型。在与建筑商签订的典型合同中通常会有下述规定,建筑师可获得 1000 美元设计费,按其设计方案每建造一栋住房,该建筑师将另外获得 100 美元的费用。[③] 建筑类杂志也鼓励这种合作,并骄傲地宣称,职业建筑师的专业素养足以拯救批量化生产时代的建筑。加利福尼亚建筑商约瑟夫·艾克勒(Joseph

① 《联邦政府的住房活动》("Federal Housing Activities"),《房业年鉴》(*Housing Almanac*)华盛顿特区:全国住房建筑商协会出版,1957 年,第 35—49 页。

② 《内置推销》("Built-in Salesmanship"),《建筑论坛》(*Architectural Forum*)第 90 卷(1949 年 4 月),第 118 页;《商业建筑的新方法》("A New Method of Merchant Building"),《建筑论坛》(*Architectural Forum*)第 91 卷(1949 年 9 月),第 75—80 页;《帕克福雷斯特小区进入 1952 年》("Park Forest Moves to '52"),《住房与家庭》(*House and Home*)第 1 卷(1952 年 3 月),第 115 页。

③ 《建筑师的新边疆——方块形住房》("The Architect's New Frontier: The Volume-built House"),《住房与家庭》(*House and Home*)第 4 卷(1953 年 7 月),第 91 页。

Eichler)雇佣了洛杉矶的琼斯 & 埃蒙斯(Jones & Emmons)公司和旧金山的安申—艾伦(Anshen & Allen)公司,为北加利福尼亚郊区设计数百栋样板房。[1] 这些住宅的屋顶为斜坡式,粗犷的檐梁裸露在外,一直延伸至墙壁外。巨大的落地窗直通宽敞的露台或房屋背后的门廊。可容纳两辆车的车库占据了整个房屋的前面。

许多建筑师对一般建筑商们的审美品味及其对成本的控制报以不屑的态度,除此之外,他们也对 FHA 谨慎保守的设计理念嗤之以鼻。例如,FHA 要求评估员降低那些带有明显现代风格住房的分数等级,因为他们不认同这是健康的投资环境。FHA 的一份小册子也表达出这样一种疑惑:朴素的平顶式结构和非对称立面的现代设计除了传递时尚之外还有何功用呢?殖民地复兴式、科德角式、都铎式和西班牙式风格的建筑,甚至牧场主式住宅造型的安全临时性住宅都是更好的选择。许多著名设计师如弗兰克·劳埃德·赖特的作品,因在"风格一致性"这栏得分较低,而遭到否决。1955 年 11 月的《美丽家居》,用整整一期介绍赖特早年的草原式建筑风格以及近期的一些高档住宅,并宣称他设计的房屋是美国生活的典范,是《独立宣言》的遗产。赖特曾致力于推行适合中等收入社区的"美国风"预制件住房,遗憾的是,此举并未赢得 FHA 的支持。[2]

大众喜爱的牧场主式住宅除了包含赖特早年草原式房屋中出现的低斜缓屋顶、纵深的屋檐和硬朗的水平线外,更多地融合了护墙板、百叶窗、宽敞前门廊等传统元素。对于战后大多数购房者而言,"牧场"这个词意味着率真随性的住宅风格,这似乎也解释了该设计大受欢迎的原因。事实上,就绝大部分 1950 年代的牧场主式住宅而言,其建筑面积普遍低于 1920 年代的平均水平。然而,它为何受到人们的追捧

---

① 约瑟夫·艾克勒:《艾克勒之家——为了更好的生活》(*Eichler Homes Designed for Better Living*),加利福尼亚州帕洛阿尔托:艾克勒之家出版,1951 年版,第 41 页。

② 《美国风之家》("Usonian Homes"),《房业杂志》(*Journal of Housing*)第 10 卷(1953 年 10 月),第 319—320、344 页。

呢？原因在于:家庭主妇终于盼到了不用过在楼梯上爬上爬下的日子了。居室之间的墙壁变少了,从屋内就能看见后院,男人们也很喜欢这开阔的视野。《家长杂志》(*Parents' Magazine*)在其刊登的一篇文章中,不仅大力宣传该杂志自创的样板房系列,还根据市场调查和统计结果,对1950年代"面向市场"的平顶房给予高度赞扬。该杂志的建筑顾问称:"当代设计重走舒适路线,如同早年的美国风格一样富有魅力。新的建筑风格当然传达出住宅自身的规划和新的生活方式。然而可惜的是,率真随性和非对称的设计可能无法形成正规的、风格统一的外观。"①

图13—4(a) 一栋艾舍勒设计的住房(1956年)。

① 威廉·沙伊克(William H. Scheick),AIA:《过去30年中住房发生了什么》("What's Happened to Housing in the Last 30 Years),《家长杂志》(*Parents' Magazine*)第31卷(1956年10月),第94—95页。

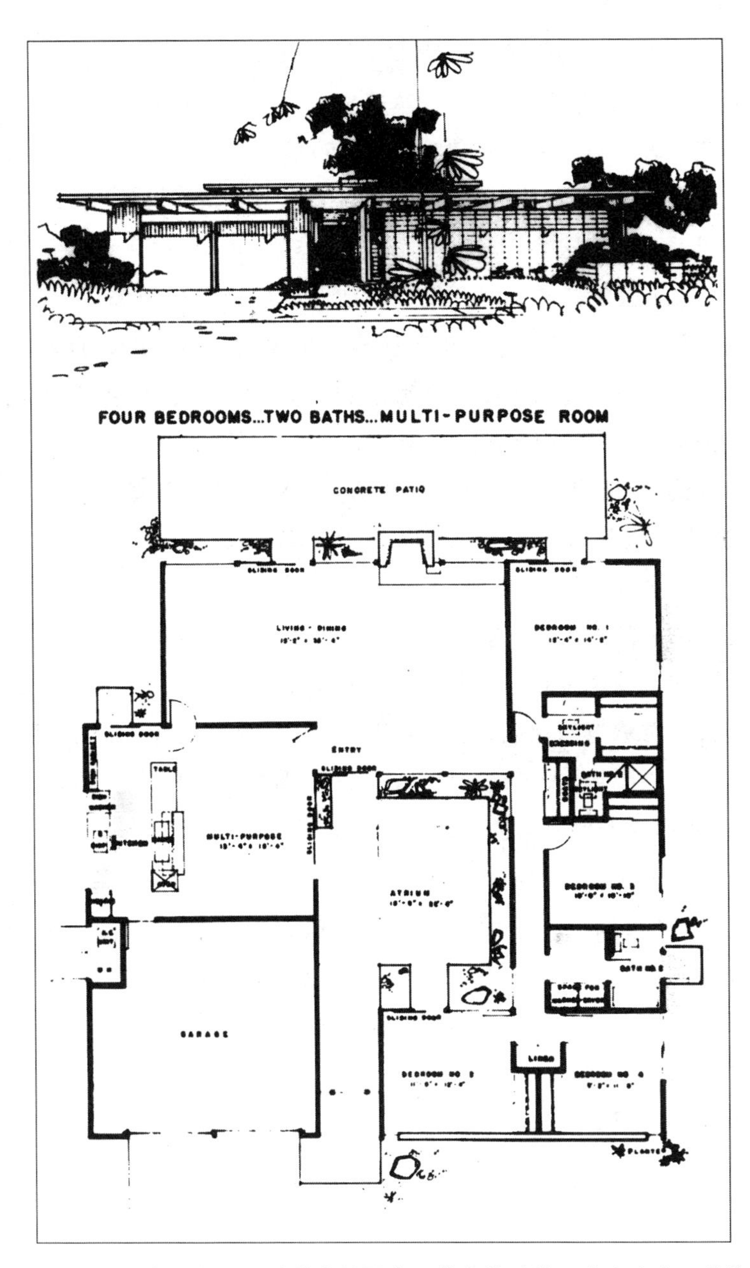

图 13—4(b)　加利福尼亚建筑商约瑟夫·艾舍勒聘请旧金山安申—艾伦公司设计的样板房中包含落地窗和门廊，而后整个加利福尼亚州都以此为例，建造了数以千计的住宅小区。

战后最负盛名的郊区开发商非莱维特父子公司莫属,他们在坚持传统风格的同时,充分运用了现代建造技术。1947—1951 年间,该公司在长岛的莱维敦(Levittown)共建造了 17450 套住宅,将一片马铃薯田变成一个 7.5 万人的社区。到 1950 年,莱维特父子公司的工厂每 16 分钟就能生产出一套四居室住房。[①] 该公司老总威廉·莱维特(William J. Levitt)无疑是全美最大的开发商。如此良好的销售业绩,不仅要归功于公司的信誉,还得益于 1949 年样板房的魅力,1949 年 3 月新房开盘时,莱维特父子公司仅一天时间就签了 1400 个合同。1949 年样板房包含两间卧室、一间正对着小餐厅的客厅和一个可以扩展的阁楼,长 100 英尺,宽 60 英尺,使用面积可达 700 平方英尺。每年建造的样板房都有其独特的"内置设备",这也是莱维特始于 1947 年的广告宣传语。1949 年莱维敦住房的配套设施包括电冰箱、洗衣机和白色栅栏。1950 年的卖点则是嵌在墙上的电视机,这也恰好使其符合抵押贷款资助的标准。社区的配套设施可以说是吸引消费者到莱维敦买房的重要原因,特别是新近配备了公共游泳池的社区,这一年出现了 9 个这样的泳池。公司创办人亚伯拉罕·莱维特(Abraham Levitt)还负责监督社区内的景观美化,以及草地、灌木和 4 万棵果树的种植。

莱维特公司通过雇佣非工会劳力和大批量生产来节约建设成本。位于长岛罗斯林的莱维特工厂提供按规格裁切的木材、管道以及有内置散热管道的混凝土地板。卡车将材料运送至施工场地,那里的工人领取计件工资,每天重复着相同的工作。公司几乎不打广告,只雇佣六名销售人员。然而,关于他们成功事迹的大肆报道和极其低廉的成本自会让莱维敦的顾客们踏破了门槛。

---

① 《莱维特的改进》("Levitt's Progress"),《财富》(*Fortune*)第 46 卷(1952 年 10 月),第 155 页;沃尔夫冈·兰格维斯彻(Wolfgang Langewiesche):《人人都能拥有住房》("Everybody Can Owe a House"),《美丽家居》(*The House Beautiful*)第 96 卷(1956 年 11 月),第 227—235 页。

图 13—5　《生活》杂志转载的一张 1949 年纽约莱维敦样板房的照片，这类住房使得威廉·莱维特成为全国最大的住宅建造商。他的样板房糅合了传统的居住风格，添置了内置式附属设备，造价却十分低廉。

1950 年代早期，莱维特父子公司扩张到了宾夕法尼亚州和新泽西州，他们仍位列美国大建筑商榜首。正如《财富》杂志 1952 年报道的那样，莱维特每间新样板房出现数年之后，它的内置设备在其他建筑商那里也变得稀松平常了。全国各地开始用内置散热管的混凝土板取代地下室；通往露台的双侧推拉窗或推拉门均采用轻便的铝合金框架，房屋中间的三向壁炉是莱维特从赖特的创意中借鉴而来的，以上这些都可以在成千上万开发商建造的住房中找到；为了节约成本，停车间取代了车库。莱维特公司还将厨房移至房屋前方，这样，起居室就可以直接通向院落和后庭。

这些建筑设计的转变所反映出的不仅仅是建筑商追求更大规模和更低成本的理念。社会学家着手研究郊区的“普通家庭”，心理学家也出版了“宜居性研究”,将家居环境与犯罪数字和家庭稳定性相连。诸如理查德·纽佐尔(Richard Neutra)和埃罗·沙里宁(Eero Saarinen)之类的建筑师也赞成关于家庭活动及价值观的“科学分析”。许多建筑商对潜在顾客进行调研。搬到郊区的年轻夫妇希望能找到曾在战时幻想的“梦幻之家”和“理想生活”。在对最流行的家居梦想做了广泛调研之后,建筑商们试图提供能满足大多数参与调查家庭的需求。

1945年《星期六晚邮报》的一则报道显示:在接受民意调查的人群中,只有14%的人愿意住进公寓或是“二手房”。[①] 战后买家都希望购得一套楼层设计现代化的新房,使用最新材料建造房屋,屋内配备时下最新的装置。《时尚麦考斯》声称:在1950年代空调刚开始大规模上市,还是抢手货的时候,该杂志的读者却已在盼望他们的理想住房里能够使用太阳能。买家希望在新房内安装大落地窗以及玻璃推拉门,让房间看起来显得更大些,这样便能拥有一个更开阔的视野。如果能将巨大的玻璃窗设在房屋后方,直面“户外客厅”的话就更好了,许多与郊区生活有关的活动都可以在“户外客厅”举行。这里有烧烤炉、攀爬架、花园和修整过的草坪(这完全得益于机动割草机的功劳,它被看作是身份的象征。因为只有院落够大,这台机器才能自如使用)。一份研究郊区社会的报告将以上所有乐趣称作是“打发休闲时光既健康又幸福的方式”。[②]

在开放的空间结构中,母亲更方便照看孩子。这种开放的可视性源于住宅内部区域划分的新设想。包含客厅、餐厅及厨房等在内的“活动区”几乎没有隔墙,它们竭其所能提供更多的空间,这就使得家人欢聚一堂也极为容易。客厅配有一台嵌入式收音机和一套高音质音箱,声音可以传遍“活动区”的任何一个角落。走进每个房间,你会发现内置的储物架和橱柜占满了整整一面墙。每户家庭都受某种风格的影响,试图给人“与众不同”的鲜明特色。色彩和结构是衡量室内设计的标尺,因此在传

---

① 《城市住房调查》(*Urban Housing Survey*),费城:柯蒂斯出版公司,1945年版,第11页。

② 詹姆斯·达尔(James Dahir):《改善生活的社区》(*Communities for Better Living*),纽约:哈珀公司,1950年版,页码不详。

统风格的卧室中，家庭主妇通常用印花家具套来搭配墙上的镶板，或者按照时下的流行风格，将组合沙发置于不加修饰的石质壁炉前。她们紧跟手工制作（DIY）风潮，亲手粉刷家具，铺设色彩鲜明的亚麻地板，与她们的"全能丈夫"不分上下。

在建造"经济适用房"（依 FHA 标准，大小为 650 平方英尺）时，建筑商们以牺牲餐厅的方式来换取厨房面积的增大。销售员在解释为何将厨房与餐厅合二为一时，有意引导人们联想旧式的农场主住房。即便在面积稍大点的屋内，餐厅也只拘泥于客厅的一个角落。餐厅与厨房仅一墙之隔，这道墙设有传菜口、一个开放式柜台，或是一扇折叠门。有时，在厨房和客厅之间还有吃早餐和零食的吧台，高脚凳散落左右。那时，人们不习惯正式的聚餐，因而上述这些足矣，如要增设一个餐厅，此类住房的起价就得再加上几千美金。

与客厅的开阔宽敞相反，卧室等"安静区"则装有隔墙和门。随着 1950 年代错层式住房的兴起，卧室或高于起居室半层，或低于起居室半层。父母的寝室和浴室可能通过错层或"H"型设计和儿童区隔开。浴室装有各种小玩意儿，中等价位的房屋也是如此，因为调查研究显示，浴缸旁放上衣物槽、衣柜、日光灯，或者奇特的橱柜更能投顾客之所好，吸引他们掏钱买房。建筑师设计的大宅邸内还有"成人"套间，内含客厅、浴室和"主卧"，直通他们的"秘密花园"。诸如《当代妇女》（1953 年）和《打造成功婚姻》（1948 年）等的婚姻指南都建议，体贴的妻子应给她们的丈夫找一处远离孩子的地方，作为独处空间。

即便中等价位的住房中，也设计了两个具有新用途的房间。其中一处是杂用房，这里可摆放新式自动洗衣机，如果条件允许的话，还能添置一台烘干机。杂用房是处理各种家务的中心，紧邻厨房，这样的设计出于节约安装管道成本的考虑。杂用房直通后院，因此孩子们可以将脏衣服直接扔在洗衣机旁，即便是那些家里没有烘干机的主妇，也可以很方便地去后院晒衣服。

另一处设计出现在 1940 年代晚期至 1950 年代，郊区住房中开始有未成年人专享的活动空间。它的出现可以说是人们对未成年人需求的关注,亦可以说是该空间创造了未成年人的需求。这里起先被称为“小天地”或多功能用房,随后《父母杂志》在1947年推介的样板房中改称其为“家庭活动室”。有时家庭活动室只是从厨房扩展而来,穿过一扇玻璃门就可以直通户外。这里有跳舞用的亚麻地板、桥牌专用桌以及为看电视这一新的家庭消遣准备的舒适家具。1946年,FCC(联邦通信委员会)授权建立了400家电视台,首次允许在全国范围内的8000个屋顶上架设天线。[①] 虽然家庭活动室大多时候都是孩子们在嘈杂声中自得其乐,但这也是“家庭和睦”在建筑式样上的表达。

本杰明·斯波克博士在其《婴幼儿护理常识》一书中强调,一个好妈妈应该时时关注孩子身心需求的变化。“如果能自由自在地成长,你该多么幸运啊!”此外,他还向读者解释母亲制定的严格时间表为何对孩子的发展有害。[②] 人们都希望母亲能成为孩子的温柔老师和终生伙伴。由于1950年代早期,年轻的家庭几乎没有多余的车可供母亲使用,而大多数新建的小区既没有公园,也没有操场,学龄前儿童只能和他们体贴的母亲整天待在一起。

鉴于郊区家庭的大量增加,许多社会学家和心理学家开始将郊区居民的家庭生活作为自己关注的焦点,试图从整体上研究郊区社会。1955年出版的《组织化的人》(*The Organization Man*)一书向人们讲述的就是当下心怀不平的高层经理人以及中层管理人员在面对过多的压力而感到无所适从时,无奈之下最终选择退居郊区的现象。女人们生活在一个几

---

① 《美国历史统计集》(*Historical Statistics of the United States*),华盛顿特区:美国政府印刷局,1952年,第796页;玛丽·卡特林、乔治·卡特林(Mary and George Catlin):《建你自己的新房子》(*Building Your New House*),纽约:潮流图书公司,1964年版,第141页。

② 医学博士(M.D.)本杰明·斯波克(Benjamin Spock):《婴幼儿护理常识》(*Common Sense Book of Baby and Child Care*),第51—52页,引自南希·波延杰曼·韦斯(Nancy Pottishman Weiss):《母亲,必需品的发明——本杰明·斯波克博士的〈婴幼儿护理常识〉》(“Mother, the Invention of Necessity: Dr. Benjamin Spock's *Baby and Child Car*“e),《美国季刊》(*American Quarterly*)第29期(1977年冬季号),第524页。

乎与男人隔绝的世界，因此同自己的丈夫也没什么共同语言。“小女人的统治”正由家庭向社会扩展，按照社会学家的说法，这将导致严重后果。[①] 在郊区，大多数人年龄相仿、背景相似，收入水平也不相上下，这种一致性会扼杀人们的个性。心理学家西德尼·格伦伯格（Sidonie Gruenberg）在《纽约时报杂志》中曾警告说：“大批量生产的标准化住房也使得人们的个性单一，尤其是年轻人。”[②]戴维·里斯曼（David Riesman）于1950年撰写的《孤独的人群》（*The Lonely Crowd*）一书中也描绘了现代郊区生活带来的顺从、伤感以及自闭的心态。

事实上，在1940年代晚期到1950年代，举家迁往郊区的家庭在社会学的范畴中呈现出一种相同的模式。1950年，郊区人口的平均年龄是31岁，比中心城市人口还要年轻。郊区几乎没有鳏寡孤独者。由于郊区人口出生率比城市要高，小孩子的身影随处可见，其数量还在迅速增加。1950年全国职业女性的比例为27%，而郊区只有9%。[③] 随着平均教育水平的提高，越来越多的工人阶级迁往郊区，甚至在伊利诺伊州的斯科基市和加利福尼亚州的米尔皮塔斯市还出现了一些发展迅速的工业郊区。

郊区居民的个性缺失以及郊区地块的粗暴整合，这些都招来指责之声。而赫伯特·甘斯（Herbert J.Gans）在《莱维敦人》一书中却不以为然。甘斯曾在一个中等收入者为主的社区居住了两年，通过房前屋后的闲聊，他了解到妇女被拴在家中的苦闷以及远离城中亲人的孤单。甘斯并未谴责郊区为逃避现实者提供容身之所，反而认为正是莱维敦的居者有其屋，

---

① 亨利·戴维森博士（Dr. Henry A. Davidson）：《住在城市的蘑菇云上》（“Living a top a Civic Mushroom”），《新闻周刊》（*Newsweek*）第49卷（1957年4月1日），第36—42页；重印于波因茨·泰勒（Poyntz Tyler）编：《城市和郊区住房》（*City and Suburban Housing*），纽约：H. W. 威尔逊公司，1957年版，第155页，均表达了这一立场。

② 西德尼·格伦伯格（Sidonie R. Gruenberg）：《新郊区儿童的同化》（“Homogenized Children of New Suburbia”），《纽约时报杂志》（*The New York Time Magazine*），1954年9月19日，第14页。

③ 厄内斯特·莫勒（Ernest R. Mowrer）：《郊区的家庭》（“The Family in Suburbia”），载于威廉·多布林纳（William M. Dobriner）编：《郊区社会》（*The Suburban Community*），纽约：G. P. 普特慢之子公司，1958年版，第158页。

给了居民们很大的自豪感,其中一位住户声称:“这是一种成功的象征,你多年来的生活可以在这个舞台上展示。”[1]尽管对于许多主妇来说,居住在郊区会给她们的日常生活带来更多的不便,但郊区的环境对她们来说却十分重要。甘斯访谈过的绝大多数女性都渴望去郊区为自己的家庭争取更大的空间和更多的隐私,这也让为人妻母的她们倍感欣慰。

当然也有一些试图促使政府改变郊区政策的批评之声。在记者约翰·基茨(John Keats)的悲情小说《落地窗上的裂痕》(1957 年)中,作者嘲弄了约翰·罗恩和玛丽·罗恩(John and Mary Drone,Drone 在英文中指游手好闲的人——译者注)的郊区生活及其带来的种种问题,并试图阐释潜藏在这些问题里的原因。基茨还攻击了建筑商、银行家和政府机构,认为它们应该对战后 VA 资助政策的惨败负全责。设计师凯瑟琳·鲍尔认为,在郊区规划中应考虑到不同年龄层和各色社会族群的多样性,而不应把目光单单局限在那些过着“美国标准生活”的“一般家庭”身上。尽管 1948 年的白宫家庭生活会议避开了种族隔离的敏感话题,但它仍旧强调,郊区社会需要这种“混合性”,并力求能在老少与贫富之间达到平衡。然而,政府的现行政策及大多数建筑商和银行家关于优质投资的认识共同创建了一个郊区世界,在这个世界中,规划缺乏想象力、居住成本过高、社会服务不周、阶级和种族不恰当地隔离,但这些都不能简单归罪于郊区本身。

促使人们迁往郊区的原因很多,首先,有些家庭是因为城区体面公寓的价格过高而被排挤出市场的。其次,迁往郊区是出于对子女成长的关心,家长们常扪心自问,究竟何为养育子女的最佳方法。有些支持将孩子迁往郊区的观点片面地认为,城市对于孩子来说是一个危险的地方,这也加剧了这一代父母的不安全感。这就如同面对把郊区的同质性归咎于郊区住房单一的指责一样,郊区自身仍然更倾向于用建筑学方法来解决问

---

① 赫伯特·甘斯:《莱维敦人——一个新式郊区社会的生活方式和政治》(*The Levittowners:Ways of Life and Politics in a New Suburban Community*),纽约:万神殿出版社,1967 年版,第 277 页。

题;1956年,住房与房贷财务署召开了一场女性住房会议来征求关于住房政策改革的意见。103名受邀来华盛顿的女性全部是郊区中产阶级白人家庭主妇。与会者并不满意她们现有的住房选择,且将她们的心理、经济问题一并提出。一名妇女认为住房问题正在给父母,尤其是母亲带来负面影响。她这样说:"如果父母能拥有一个房间仅供独处,即便它很小……而且没有电视和收音机的喧哗,平静安宁,那么就没几个人会去精神病院或者上离婚法庭了。"①

普通美国民众再一次得出了住宅建筑能左右社会进程和家庭状况的拙劣观点,这恰好与某些行政部门桴鼓相应。其实,战后郊区的建筑只是其他问题的表症,而非这些建筑本身引发了这些问题。人们仅仅考虑到:郊区妇女近乎窒息的绝望,她们无法获取工作机会,也没办法与其他成年人接触;青少年及儿童接触社会的机会少,经验不足;或是男人的角色只是一个冷漠的养家者而已,他们应该多花点时间为家庭"改善住房"。一些社会心理学家的误解可能源于他们把一个"纯粹的"、"安全的"郊区当作研究背景。那些由FHA和建筑商们制定的看似必要的限制,实际上在社区规划的伪装下造成了阶级、种族和宗教的隔离。他们那美化建筑和抵御外部危险的承诺也仅仅是让愿者上钩的诱饵而已。对于许多美国人来说,郊区住房似乎是提供美好家庭生活的唯一途径。正是政府、建筑商、银行家和那些杂志向他们灌输了这种观点,许多人才会选择相信,或者认为他们不得不这么做。

20世纪五六十年代的郊区热掩盖了这样一个事实,并不是所有的住房需求都得到了满足。许多买不起房的人,如丁克一族、城里人、少数族裔家庭和穷人则希望能在郊区蔓延的趋势下寻求另一种选择。1950年代末的经济衰退打击了住宅建筑业,这次衰退的成因并不是住房需求疲软,而是政府在多种住宅类型项目的资助和建设上缺乏连贯性。也正是

① 《她们谈论的是你》("These Women are Talking about You"),《住房与家庭》(*Housing and Home*)第9卷(1956年6月),第140页。

由于国家层面上的政策缺失,才导致了中下层阶级的处境艰难。自 1960 年代早期至 1970 年代末,建筑商开始关注那些被忽视的群体。新的居住区划规定以及城市生活中都市娱乐热的突然爆发,奠定了 1980 年代住房格局的基础。

对城市生活的捍卫很大程度上源于 1960 年代早期一些著作的出版和再版。其中最广为人知的有:简·雅各布斯(Jane Jacobs)的《美国大城市的死与生》(1961 年)、刘易斯·芒福德的《城市文化》(1938 年,1960 年)和《城市发展史》(1961 年)、保罗·古德曼(Paul Goodman)与珀西瓦尔·古德曼(Percival Goodman)合著的《社群——生活圈的意义与生活方式》(1947 年,1960 年)。他们赞美生机勃勃的城市生活,饶有兴味地谈论着城市生活中的胜地美景,追忆迎来送往的人情冷暖,品味城市文化的多姿多彩。在他们的眼中笔下,现代的公寓建筑和公共住房虽然高耸入云,却冷若冰霜,早已将真正的城市生活拒之千里之外。他们念念不忘的城市生活可不是这样,在那里,不同族裔的社区绽放生活的色彩,象征城市历史的纪念碑与一代代人一同长大,诉说着烟尘中的往事;在那里,富丽堂皇的城堡与低矮破败的老屋毗邻,尊贵奢华的名流精英与默默无闻的平民百姓一同穿行在城市的大街小巷之中。中产阶级和年轻人更倾向于居住在郊区,而将城市中心弃之不顾。银行和政府也鼓励这种移居,把城市留给富豪和赤贫者这两极人群。

即便是那些认为上述论著天真浪漫的人也承认,必须在郊区横向蔓延和城市纵向发展之间、在郊区的封闭自治和城市的默默无闻之间探寻一条中庸之道。这也在建筑学上产生了聚群式住宅的概念。1960 年代中期,开发商们突然开始支持中等密度的、可供多户家庭使用的住房,它们中的大部分还是由建筑师设计的。将公寓或联体别墅更紧密地聚集在同一处场地上,然后美化剩余空间以供居民共同使用的方法正在受到人们的青睐。卵石小道蜿蜒通向运动场和停车场,长椅和绿树散布两旁,人们徜徉其间,自得其所。有名望的小区还在公共空间内设置了网球场、游泳池或是人工湖。设计师们试图再造多样的天际线,并将城市生活类用书上提及的大众活动普及开来。此外,他们还将意大利的山村小镇和英格兰的田园村舍作为模板来参照。尽管每一步发展自觉地带有古雅和隐居的倾向,居住小区还是在都市化前进方向上更上了一层楼。

图 13—6 弗吉尼亚州的雷斯顿市特别强调有湖有树的自然情调,可谓是 1960 年代末住房开发向联体别墅和社会公共空间转型的一则成功案例。

1963—1973 年的十年中,美国新建住宅接近 2000 万套,比以往任何一个十年都多。建造密集住房的豪情壮志和新的居住小区规划理念使传统独栋住宅的建设量明显下降。到了 1960 年代中期,许多大都市区的建筑商建造了更多的多户住房而非独栋住宅。[①] 潜在购房或租房者发现,大量针对单身青年的住宅和老年人退休村落已然供应过剩。反过来,政府赞助了成千上万套针对中低收入者的住房,给教会、工会以及其他非营

① 唐纳德·沙利文(Donald Sullivan):《20 世纪 70 年代的住房》("Housing in the 1970's"),载于格特鲁德·希伯里·菲什(Gertrude Sipperly Fish)编:《住房的故事》(*The Story of Housing*),纽约:麦克米兰为联邦国家房贷协会出版,1979 年版,第 385 页;《房地产业的兴盛》("Housing:Rising"),《时代》(*Time*)第 80 卷(1962 年 11 月 30 日),第 85 页。

利组织提供低于市价的利率。

如果私人开发商选择建造聚群式住宅,或从事后来为人们所熟知的规划单元开发(PUDs),当地政府会给其特定的分区特权。他们放宽了对地界线的退后距离、住房间距、街道宽度、住宅密度以及商用民用混杂等方面的规定。环保组织非常支持 PUDs,因为开发商将保护树木、山丘和自然景观纳入他们的计划中。然而,只有大开发商才能应付得了 PUDs 要求的大量初步报告和城市规划的平面设计图,也只有他们能够承担计划搁浅的风险。市政府实际上只对大开发商而非小建筑商放宽严苛的住宅区规程。

赞美城市生活的著作、对郊区单调性的持续抱怨以及开发商开辟新市场的兴趣共同促成了一种新居住模式的诞生。建筑商、地方区划委员会以及政府住房部门很快就做好接受聚群式住宅的准备。这段时期内上述新型社区数量众多,可以说,聚群式住宅在城市高层塔楼与郊区独栋住房之外提供了第三种选择。然而对改善城市现存社区和扭转郊区现行模式的努力却很少。例如 1962 年,政府为穷人住房提供了 8.2 亿美元的补贴;而同年,政府减免的房产税达 29 亿美元,这其中大部分是在郊区。[①]

1970 年代早期,无论是中产阶级私人住房市场还是政府的公共住房项目都再次急剧下滑。通货膨胀减少了私有住房的建造;1973 年,尼克松总统下令暂停对中低收入住房的官方资助。1975 年,有关"住房危机"的电视专题报道和报纸新闻都将聚群式住宅刻画成那些买不起郊区住房的年轻家庭不想做却又不得不做的无奈选择。聚群式住宅并未被看作是解决经济拮据、人口变动、能源等问题积极而又现实的解决方案,相反,联排住宅、拖车式活动房屋和集体住房却常常被认为是解决郊区独栋住房的权宜之策。新的住房选择被认为是战后郊区理想的威胁,是揭穿建筑商诡计和政府住房项目失败的证据,然而它们几乎没被当成是文化、社区

---

① 阿尔文·肖尔(Alvin Schorr):《社会政策探索》(*Explorations in Social Policy*),纽约:基础读物出版社,1968 年版,第 271—287 页;小莱奥纳德·唐尼:《美国的住房贷款》(*Mortgage on America*),第 52 页,与其观点相似。

和家庭生活多样性的表现。对于许多美国中产阶级来说，这些建筑学上的尝试已经引发了令人担忧的社会问题。尽管密度高、功能多的社区明显改变了“美国人的传统生活方式”，但是它们不曾，而且至今也没有预示着人们自己可以主宰这些改变。

推荐阅读书目

联邦政府针对中等收入家庭的住房计划在很多方面受到抨击。内森·斯特劳斯（Nathan Straus）出版了《一个国家的三分之二——一个住房项目》（*Two-Thirds of a Nation: A Housing Program*）（纽约，1952年版），从一个卸任官员的角度对住房政策的目标和偏见作出了富于洞察力的评论。《财富》杂志上有许多关于住房问题的文章：《被遗忘的工业资本主义》（“The Industry Capitalism Forgot”）（1947年，第36卷），是一篇代表之作。该杂志也出版了《膨胀的大都市》（*The Exploding Metropolis*），涉及城市和郊区的土地使用规划。近来的研究包括理查德·戴维斯（Richard O. Davies）的《杜鲁门政府的住房改革》（*Housing Reform during the Truman Administration*）（密苏里州哥伦比亚市，1966年版）和布莱克·麦凯尔维（Blake McKeley）的《大都市美国的兴起，*1915—1966*年》（*The Emergence of Metropolitan American, 1915-1966*）（新泽西州新伯恩斯维克市，1968年版）主要论述了联邦政府与城市的关系；马丁·迈尔森（Martin Myerson）等编《住房、人口和城市》（*Housing, People, and Cities*）（纽约，1962年版）和阿瑟·所罗门（Arthur Solomon）主编的《展望城市》（*The Prospective City*）（马萨诸塞州坎布里奇市，1980年版）探讨了税收与能源的问题；以及肯尼斯·杰克逊（Kenneth Jackson）《种族、种族划分与房产估价——户主贷款公司与联邦住房管理署》（“Race, Ethnicity, and Real Estate Appraisal: The Home Owners Loan Corporation and the Federal Housing Administration”），《城市史杂志》（*Journal of Urban History*）第6卷（1980年），第419—452。

对战后社区规划和邻里生活的研究，包括詹姆斯·达尔（James Dahir):《改善生活的社区》(*Communities for Better Living*)(纽约,1950年版);城市土地研究院(Urban Land Institute)的指南《社区开发手册》(*The Community Builders Handbook*),该书自1947年起每隔几年便发布一次;以及保罗·古德曼和帕西瓦尔·古德曼(Paul and Percival Goodman)合著的乌托邦式的小册子《社群》(*Communitas*)(纽约,1947年版),这本书生动耐读,富于启迪。

在对郊区的研究中,严格意义上算作社会科学的论著有很多,其中不少刚刚付梓就广为传阅,特别是《社会问题杂志》(*Journal of Social Issues*)1951年第7卷的专刊《关于住房的社会政策与社会研究》("Social Policy and Social Research in Housing");其他还有波因茨·泰勒(Poyntz Tyler)主编:《城市和郊区住房》(*City and Suburban Housing*),纽约,1957年版;威廉·多布林纳(William M. Dobriner)主编:《郊区社会》(*The Suburban Community*),纽约,1958年版;罗伯特·伍德(Robert C. Wood):《郊区——那里的人们和他们的难题》(*Suburbia: Its People and Their Problems*),波士顿,1958年版;戴维·里斯曼(David Riesman):《孤独的人群》(*The Lonely Crowd*),纽约,1958年版;小威廉·怀特(William H. Whyte, Jr.):《组织化的人》(*The Organization Man*),纽约,1956年版。A. C. 斯佩克特斯基(A. C. Spectorsky)的《远郊的居民》(*The Exurbanites*)(纽约,1955年版)和约翰·西莉(John R. Seeley)等著《克里斯特伍德高地》(*Crestwood Heights*)(纽约,1956年版)描绘了上层中产阶级的郊区。亦可见本奈特·伯格(Bennett M. Berger)的《郊区的工人阶级》(*Working Class Suburb*)(伯克利,1960年版)。此后不久,赫伯特·甘斯(Herbert J. Gans)的《莱维敦人——一个新式郊区社会的生活方式和政治》(*The Levittowners: Ways of Life and Politics in a New Suburban Community*)(纽约,1967年版)问世了,该书表达了作者对战后发展稳定的郊区的同情。海伦娜·拉帕塔(Helena Z. Lopata):《注定是家庭主妇》(*Occupation Housewife*),纽约,1971年版;米拉·寇马夫斯基(Mirra Komarovsky):《蓝领婚姻》(*Blue-Collar Marriage*),纽约,1962年版。

在郊区这一问题上,还有些学术味道稍淡的评论,包括哈里・亨德森(Henry Henderson):《批量生产的郊区》("The Mass-Produced Suburbs"),《哈珀斯杂志》(*Harper's*)第107卷(1953年);伯纳德・鲁道夫斯基(Bernard Rudofsky):《落地窗后》(*Behind the Picture Window*),纽约,1955年版;斯科特・唐纳德森(Scott Donaldson):《郊区神话》(*The Suburban Myth*),纽约,1969年版,该书综述了捍卫战后郊区生活方式的论述。

这一时期,关于家居设计的畅销书主要有亨利・莱特(Henry Wright)和乔治・尼尔森(George Nelson)合著:《明日的住房》(*Tomorrow's House*),纽约,1945年版;弗雷德里克・古特海姆(Frederick Gutheim):《家庭生活的住房》(*Houses for Family Living*),纽约,1948年版;玛丽・戴维斯・约翰逊(Mary Davis Johnson):《麦考斯书系之现代住房》(*McCall's Book of Houses of Modern House*),纽约,1951年版;伊丽莎白・默克(Elizabeth B. Mock):《如果你想建一座住宅》(*If You Want to Build a House*),纽约,1946年版,是受现代艺术博物馆所托之作,是一部旨在推广现代设计风格的专著;凯瑟琳・莫罗・福特(Katherine Morrow Ford)与托马斯・克莱顿(Thomas H. Creighton)合著:《今日的美国住房》(*The American House Today*),纽约,1951年版;A. 昆西・琼斯(A. Quincy Jones)与弗雷德里克・埃蒙斯(Frederick E. Emmons)合著:《改善生活的建筑师之家》(*Builders' Homes for Better Living*),纽约,1957年版。罗伯特・伍兹・肯尼迪(Robert Woods Kennedy)《住房及其设计艺术》(*The House and the Art of Its Design*)(纽约,1953年版)是一部针对住房经济学家和建筑师的教科书,强调居住环境。罗伯特・纽佐尔(Robert Neutra)的《在设计中生存》(*Survival Through Design*)(纽约,1954年版);埃罗・沙里宁(Eero Saarinen)的《城市》(*The City*)(纽约,1943年版);以及弗兰克・劳埃德・莱特(Frank Lloyd Wright)的《精英与暴民》(*Genius and the Mobocracy*)(纽约,1949年版)和《自然之家》(*The Natural House*)都是建筑师关于住房与郊区生活的精彩评论,可谓字字珠玑。凯文・林奇(Kelvin Lynch)的《城市想象》(*Image of the City*)(马萨诸塞州坎布里奇

市,1966年版)研究了城市对环境的反作用,影响深远。

关于现代人梦想中的住房,各种建筑期刊和家居杂志上有很多这类材料。《建筑论坛》曾发过一期《建筑商特刊》(*Builders' Issue*),是第90卷(1949年)。莱维敦始终受到关注,在其他论著中有《向钱看的住房》("The Most House for the Money"),《财富》(*Fortune*)第46卷(1952年);埃里克·拉勒比(Eric Larrabee)《莱维特建造的6000套住房》("The Six Thousand Houses that Levitt Built"),《哈珀斯杂志》(*Harper's*)第197卷(1948年);《我国最大的住房建筑商》("Nation's Biggest Housebuilder"),《生活》(*Life*)第25卷(1948年);以及尤金·拉科林斯(Eugene Rachlis)和约翰·马克斯(John E. Marquesee)合著《地产大亨》(*The Landlords*)(纽约,1963年版)中关于莱维敦的章节。其他相关的刊物还包括《完美家庭》(*Perfect Family*)、《流行家居》(*Popular Home*)、《麦考斯》(*McCall's*)以及《父母杂志》(*Parents' Magazine*)。

第十四章　呵护家园，推动变革

多年来，我一直从事民权运动和选民登记。但如今，我的工作立竿见影，成果便是那一栋栋看得见的房屋。现在，我正在为那些确有所需的人建造家园。

——阿瑟·普赖斯(Arthur Pless)，

共济兄弟公司(Koinonia Partners)一名人事协调员，该公司是佐治亚州阿梅里克斯一家非营利性住房公司

1980年代的美国人面临另一场住房危机。引发这场危机的因素很多：如住宅建设成本上升、对自有住房资助费用的增加以及出租单元供给不足，此外，它还受能源短缺和严峻就业形势的影响。不仅如此，这场住房危机还反映了社会生活方式的转变。举例来说，在1980年，全美家庭中只有13%是由在职父亲、全职母亲以及一个或多个小孩构成。职业女性人数攀升、老龄人口比重扩大、单身家庭的数量持续增长；许多城市中的同性恋问题、公共住房中存在的暴力问题、中产阶级回流城市，以及随之而来的城市贫民的被迫搬迁等，都已成为不争的事实。诸如此类的社会变迁和经济形势制约了住房市场的发展，由此可以了解上述这些社会问题，帮助我们理解为何会有猖狂的住房投机。过去，美国有三分之二的新房是提供给首次购房者的，剩下的三分之一则供给那些当下已经拥有房屋的人，因为他们需要更多空间或是更高社会地位。而如今，情况则恰恰相反：三分之二的住房落入了那些渴望"升级"的买家之手，他们希望

拥有一处比现有住宅更好的投资。[①] 这个事实所蕴藏的含义在最近的一次住宅建造商大会上被坦率地揭示出来。会上,一位房地产咨询公司负责人声称:"我们把90%的住房卖给15%的人,那些买不起房的人也买不起其他东西。"

如今,绝大多数美国人是买不起房的,无论是公寓、排屋,还是独栋住宅。据全美住宅建筑商协会主席估计,1980年,只有8%的潜在购房者有足够的收入来购买一处住房。[②] 1974年,独户住宅的平均售价为3.78万美元。6年之后,该款住房售价已超过7万美元——几乎增长了百分之百。消费者的实际购房成本自然更高,因为此时的贷款利率比1960年代晚期翻了一番还多,因此,住房费用的整体增长远远超出了薪资的增加。此外,汽油、水电、供暖等支出也使持家费用居高不下,尤其是对于那些住在带电梯公寓的居民或是分散的牧场式住宅里的郊区通勤者来说,则更是如此。无论是租户还是自有房主,住房方面的花销在其总收入中占越来越大的比重。

现如今,许多人被排挤到住房市场边缘,或者干脆无法在这个市场中立足,耗尽半生心血方才换来立锥之地,他们足以构成一股政治力量,他们的呐喊也足以让朱门宦海中的大小官吏有所耳闻。一套体面的住宅和一个宜人的生活环境值得人们为之奋斗,而且为这一梦想奋斗着的人分布很广:从有色社区的职业女性到郊区的退休中产阶级夫妇;从作为单亲的年轻职场人士到那些贫困的家庭;从富足的郊区人士到欠发达地区的农民。在纽约,黑人牧师们正发起一项改革,即通过对哈莱姆地区的房屋进行装修来缓解住房短缺的困境。旧金山县议会上满是房地产游说员和退休的码头工人,他们就住在衰败的公寓旅馆中,与保护这些旅馆免受投机商侵蚀的年轻的社团组织者为邻。郊区行动协会叫停了联邦碳化物公

---

① 乔治·斯滕里布(George Sternlieb)、詹姆斯·休斯(James W. Hughes):《后棚居社会》("The Post-Shelter Society"),《公共利益》(*The Public Interest*)第57卷(1979年秋),第47页。

② 《20世纪80年代全国住房建造商协会保持攻势》("NAHB Goes on Offensive in '80"),《洛杉矶时报》(*Los Angeles Time*)1980年1月27日。

司从纽约市迁至康涅狄格州丹伯里市的举措,因为一份调查研究表明,迁址后,只有一半的工人能够负担得起生活在那附近的开销。肯塔基州阿巴拉契亚山区的一家当地住房开发公司在给农村地区房屋修葺漏雨的屋顶、加固危险的房基以及维修不合格管道的同时,也为老矿工们提供了工作机会,他们中的大部分不幸患有黑肺病。

新的资助方案和更高效的样板房设计虽不失为解决住房问题的必要措施,但它们仍不能缓解时下的住房窘境。贫困者四处漂泊,难以找到合适的租屋;能源、土地及信贷所费不赀;这些问题与人们对公共住房的毁谤一起迎面袭来,无论公私,想要逐个解决问题,是绝对不可能的。人们争执的焦点集中于美国人在如何居住、去哪儿居住问题上发生的根本变化。同美国住房业早前曾经历的窘况一样,时下状况也使人们重新认识了美国家庭生活、阶级关系和政治力量等概念。

当然,我们亟须一些从建筑角度出发的考虑,此外,我们还需要来自全国或地方层面关于财政支持、税收优惠以及建筑规范等问题的改革。无论在城市还是郊区,小型住宅比以往时候更紧密地簇拥在一起,他们以配备节能系统为特色,无疑是美国之家的新典范。现在已有针对低收入居民区房屋整修的政府和基金资助,年轻的职场人士在翻修他们地处城市的排屋时也能够得到私营银行的资助,因为银行认为这是有利可图的投资。随着区划条例的宽松,一些近郊也开始了城市化,其结果必将是城郊在住房、商业、酒店业和服务业方面更紧密的混合。与此同时,那些边远郊区的发展将进一步恶化,因为这些地区必将成为从市中心迁出的贫苦少数族群下一个定居地(弗朗茨·舒尔曼教授和新世纪美国计划的部分成员预测,这些地区将成为欧洲和第三世界国家城市中随处可见的那种棚户区,这里挤满了破败的住房和临时搭建的棚屋,当地居民也很难从中找到就业机会)。那些抵制变更的老郊区则会出现税收稳步增长的趋势,这是因为当地居民老龄化,他们需要更昂贵的医疗和社会服务。[1] 无论从物质形态还是社会构成来看,每一种郊区发展模式都需在接下来的数十年中得到政界关注和经济投资。

图 14—1　在阿帕拉契亚的乡村,东肯塔基住房开发公司组织退休的煤矿工人为自己或他们的邻居建造和修缮房屋。

诚然,技术上的突破及旨在削减成本的措施虽然在当下依然发挥着跟过去一样的效力,但 1970 年代的两次类似的尝试,即分拆式住房和拖车住房的多舛命运仍旧历历在目。考虑到全美只有四分之一的人买得起一套价值 3.5 万美元的住宅,建筑商们便开始推销"迷你"、"小户型"、"简约"的样板房,即带有毛坯阁楼的平房。住宅面积介于 900—1200 平方英尺之间,差不多比过去成片开发的住宅小了三分之一。室内不再装置配套设施,外用门窗框和家庭活动室也不见了,建筑商不再分神于房屋

① 《郊区更加苍老》("Suburbs Growing Grayer"),《老年》(*Aging*),第 309 卷(1980 年 7/8 月),第 42—43 页。

周围的景观美化。但这种住房并未取得预期的效果。仅仅降低造房成本是行不通的，尤其为了降价而牺牲家庭生活的安逸与美观。那些能买得起郊区住宅的购房者不会对只满足人们基本需求的住房感兴趣。他们可不想花钱买半成品，接下来自己还得花心思再去加工。更重要的是，对大多数人来说，“迷你之家”的价格仍然不具诱惑力。

1973年，有三家拖车住房制造商荣登《福布斯》杂志“过去五年最赚钱的美国公司”排行榜。全国最大的制造商——天际住宅公司的总裁亚瑟·德龙(Arthur Decio)得意地宣称：“几年前，建筑商们决定忽略低收入人群的利益。但低收入者住房恰是我们的机遇，我们正在充分开发该市场。”[①]可低收入者协会却不领该公司的情。60%的美国社区拒绝拖车住房进入私人地块或是居民区。住在拖车住房的1100万人中，有四分之三的人负担不起他们建造房车所用的地产。在美国400万个活动住房中，有一半停靠在公园内，这样的公园有2.4万个，按照当地法规，它的四周必须用高墙围住。[②] 尽管有些公园是经过专门设计的，但有许多地方的公园根本不符合任何形式的住宅物业要求。

1973—1974年经济危机伤害了贫困家庭和老年人的利益，而他们又是早期拖车住房市场的重要人群。于是，成百上千的活动住房被收回，祸不单行，活动住房的产量也急剧下滑。此时的工业也尚未恢复。尽管经济适用房的供应量严重短缺，活动住房在独户住宅市场中所占比例还是由1974年的37%下降至1979年中期的17%。[③] 为了扭转人们将拖车住房等同于“下等阶层”棚户区的观念，制造商们增加了“双倍宽度”活动住房的产量，该房由两个独立的单元构成，在规模上接近于传统意义上的住宅。但是建造这样的活动住房需要更高的成本，而且必须租用更高质的公园土地，这些额外费用事实上缩小了活动住房与其他房型之间的价格差。

---

① 《活动住房的商机》(“Trailers: The Business”)，《南部议题》(*Southern Exposure*)第8卷(1980年春)，第19页。

② 同上，第20页。

③ 同上，第19页。

下一个十年住房业将会反映社会生活和经济萧条方面的新情况，事实上，没有一种房型可以解决摆在我们面前的所有或是大多数问题。政府机构、建筑商、制造商以及政治团体将代表各色消费群体，继续提出解决对策；每位选民也要求这些解决方案能符合共同利益。然而，需要改善住房条件的人太多，而且要求迥异。不仅如此，当时的美国住房比以往任何时候更需要多样性，就像美国的社会和家庭那样。

对于此前数代的美国人而言，住房可谓是促进变革的社会、政治、文化“工具”；今日的困境，或许会让他们跃跃欲试，激发他们的理想主义，但不幸的是，我们尚未达到这样的高度。诚然，正如我们所看到的那样，过去的方案虽然有一些根本性的制约，但同时也充满了某种可能，正所谓柳暗花明又一村。对于现今的大多数人而言，接受一系列的住房选择和关于节能的合理政策正在成为一种负担。他们不得不为此作出“必要的牺牲”，也正是这一点让他们感到失望和不满。在郊区普遍拥有住房、住房供应量足供所需的愿景，以及政府机构和私人住宅建筑商们信誓旦旦的许诺，这些在 1950 年代是普遍现象，但如今看上去却难以兑现。许多人只能选择租房而不是买房，他们为此也支付了过高的费用；通货膨胀使人们只能买基本的日常生活用品；油价的上涨削减了人们驾驶的乐趣；许多情侣为了买房而不得不推迟结婚生子的日期。由于美国梦与汽车和大的郊区独栋住宅紧密相连，因此，对这些人而言，上述这些其实意味着“美国梦的终结”。事实上，战后的郊区已不再是美国梦的象征。

美国梦中描绘了典型美国家庭的图景。哈佛—麻省理工城市研究联合中心预计，到 1990 年，单身家庭——即那些从未结婚、已离婚或是寡居——的数量将与那些已婚家庭的数量相当。86%的已婚夫妇都是上班族。[①] 就社会学、政治学、经济学、建筑学的范畴而言，这样的人口数据也表明，家庭的定义正在发生变化，而住房业也得适应这些复杂多样的定义。

---

① 《1960—1990 年间美国的家庭》(*The Nation's Families:1960-1990*)，坎布里奇市：麻省理工学院—哈佛大学城市研究联合中心，1980 年。

由于住房业的萧条已非一日之寒，住宅开发商非常清醒地意识到当下严峻的形势。尽管他们十分慎重地将目光转向开发更多元化的市场，但他们还是十分不确定，究竟如何说服这些人群去投资新的楼盘。在1980—1990年的十年间，将会有4200万美国人步入而立之年；对过去的几代人而言，这是传统意义上开始安家立业、购买第一处房产的年纪。但是，他们买得起什么呢？他们想要的是什么呢？1980年，根据全美住宅建筑商协会首席经济学家迈克尔·萨米克拉斯特（Michael Sumichrast）的报告统计，有将近一半的购房者都是双职工。对于买得起房的年轻人而言，那些地处“卧城郊区”的独立式住宅不再是他们的梦想。他们真正希望的是：住房维修成本能够降低，相关的社会福利设施更为便捷。与此同时，数量激增的单身家庭无疑是最赚钱的市场。如果说大型郊区住宅不是解决以上两类人群住房问题的方法，那么没人可以确认究竟什么才是最佳方案。建筑商们仍然在寻找与确切的家庭定义更匹配的寓所，希望以此来抢占一个有利的市场。

1980年全美住宅建筑商协会大会提出了多种多样的可行方案，以确保未来能够有一个更大的住房市场。与会者在仔细观摩了从樵夫炉到杰库奇按摩浴缸等新产品的展示后，他们乐于相信这些奢侈品可以受到买家的青睐。专业生产厂商执着于销售技巧，如“追求感观价值”的宣传把戏和设计引人注意的标识。其他会议则讨论了住房业需要更多根本改观的诉求。哈佛—麻省理工城市研究联合中心的阿瑟·所罗门（Arthur Solomon）详细阐述了建筑商提供更多中低价位住房的必要性。参议院银行委员会下属住房和城市事务常设委员会的委员们则探讨了抑制过快建设步伐的相关立法措施和全国性经济政策。

一家大型房地产咨询公司的高级副总裁乔治·富尔顿（George Fulton）这样告诉与会者，如果建筑商能够顺应社会发生的变化，那么1980年代将是住房建造业和房地产生意的黄金时期。他们不应该继续根据“传统”美国家庭来建造房屋，而应该将低收入者住房看成是一次机遇而非威胁。尽管有些居住环境并不为建筑商所认可，比如那些适合单亲家庭居住的房屋或针对外出工作的妈妈设计的住房,但他们还是要为其建造家园。詹姆斯·奥特里(James Autry)是几本畅销家居杂志的编辑,他谈到这样一个新兴市场,它是面向同性恋、离婚妇女、单身贵族和年迈之人的。他说,业界要加入到一种与以往不同的政治游说中去,并为推动融资改革和新的分区法而努力。银行就是个很好的例子,虽然它们至今仍然歧视那些未婚夫妇和职业妇女群体,但它们也清楚地认识到建筑商日后将会指着这些人过活。40 年来,不动产院外活动集团一直反对公共住房,极力游说政府资助人们在郊区拥有自己的住房。如今,建筑商将不得不与那些价值观与自己不同的人们为伍。

不是所有拥有住房需求的人们都痴等建筑商关注他们。1970 年代,与 60 年代政治截然不同的草根政治运动在全美蔓延开来。妇女团体、租户委员会、住房保护协会、公共住房居民委员会、"反增长"郊区联盟和成千上万的邻里组织加入其中。住房问题不仅是当地群体关心的焦点,也是全国性政治联盟主要关注的核心问题。禧年住房(Jubilee Housing,1973 年成立的一个非营利性宗教组织,主要提供经济适用房和为经济上有困难的居民提供服务——译者注)、华盛顿特区的希望之家(the Community of Hope)、地处路易斯安那乡村地区的圣兰德低收入者住房公司与规模更大的全国人民行动组织、全国低收入者住房联盟都自称是 1980 年代进步运动的一分子,该运动将保证居者有其屋、维护现有社区作为关键性的政治问题。但如果认为这些问题天生就有自由主义或激进主义的倾向,那就大错特错了。因为强烈的"大家庭"情结已被政治化,与此同时,反 ERA[1]、反社会福利以及主张税收改革的呼声必然引发对住房和社区问题的关心。尽管有一些组织决心致力于捍卫散落在郊区的独栋住宅,但城市工人阶级社群也有他们自己的诉求。因此,不能轻易贴上"右"或"左"的标签。

正如世纪之交的进步运动中的先贤那样,不同阶层的妇女出于对住

---

① Equal Rights Amendment 平等权利法修正案。——译者注

宅和家庭的深切关心,纷纷参与到住房政治中来。也正因如此,来自纽约布鲁克林区威廉斯堡地区的白人职业女性满怀热情地组建了全国社区妇女大会。她们深信,对住宅、家庭、教堂和社区的忠诚正是工人阶级文化的价值之所在,而且她们也认为,这些价值必须得到捍卫。该大会最初由吉诺·巴龙尼阁下(Monsignor Geno Baroni,美国罗马天主教牧师,社会改革家——译者注)掌管,当时他任华盛顿城市种族事务全国中心主任(日后又为美国住房与城市发展部官员)。不到一年时间,这些妇女就在威廉斯堡地区有了自己的政治基础,还摸清了华盛顿的门道。该大会还赢得了《全国就业与培训法》对工薪阶层的资助,并在当地社区争取到将近300个工作。来自纽约五大区的38个妇女团体最终联合起来。她们同红线法则抗争,此外,还组织起信用合作社、一个高校项目、一个由社区管理的日托中心,并为受家庭暴力侵害的妇女提供避难所。最后两项工作尤其值得注意,因为职业女性、离婚妇女和婚姻不幸的妻子都曾经被这些社区所排斥。虽然家庭仍然是她们生活的中心,但当地的学校和教区教堂对她们来说也一直很重要。她们对自己为人妻母这件事感到自豪,但同时也给她们带来保卫家庭和社区的政治压力。

郊区妇女正面临着不同的问题,而且表现形式不一。她们中的大多数是家庭妇女,在家料理家务,对身边正在发生的变化将信将疑。此外,郊区还住着退休老人,名列未成年子女家庭资助计划的年轻单亲妈妈也居住于此。多年的种族和阶级隔离斗争俨然酿造了一杯苦酒,如今郊区也开始分化,有贫民社区、少数族裔社区,也有供年轻人或老年人居住的社区。尽管个别呼吁融合的运动偶有发生,但这种相互隔离的社会趋势不会在近些年得到彻底转变。尽管现在仍有家庭维持隔离的意见,但一些社会改革之风已吹开了这些家庭的门儿。

1980年代郊区发生了一个与职业女性需求相关的变化。一般说来,现今的郊区女性已不单单"只是家庭主妇"。全国有半数以上的母亲都在外工作。在家有6岁以下儿童的已婚妇女中,43%都有全职或兼职工作。这些女性大多已住在郊区或是想要住在那里,她们中的一些甚至为了帮助支付房贷而工作。超过四分之三的美国家庭都有自己的住房，而且这些住宅大多在郊区，蓝领家庭也被算在内。[①] 如果郊区有完善的公共交通（尽管更多的是女性而非男性在使用）、下班时间依然营业的超市和便利的日托设施，那么一栋独立的郊区住宅对职业母亲来说会非常实用。（许多母亲宁愿将孩子寄托在离家不远且小而温馨的机构，也不愿意接受工作单位的日托服务）建筑商为了迎合双职工家庭的需要而一味追求住宅的快捷便利——这时的人们仍然愿意用建筑学的办法来解决社会问题——但越是规模大的社区，就越与生活在其中的职业母亲息息相关。理想的居住环境概念其实更为复杂，它们比个体单元规模更大，内含商店和服务机构，在服务职业母亲的同时，也给她们提供了工作机会。现在，新建郊区的就业增长已与全国平均水平持平或超过全国平均水平。[②]

相比其他人群，年轻人迁往新近城市化的郊区或是重返都市的步调更为积极，从单身贵族、丁克一族到各式各样的年轻家庭都是如此。他们完全没必要继续留在父辈生活过的郊区。相反，他们中的许多人更愿意生活在城市的联排别墅小区或是公寓群，与他人共享户外空间和娱乐设施，这恰好弥补了他们私人空间的不足，在工作之余也有了消遣。这里有商业大厦、小型无污染工业，还有许多商店和公共交通设施。对于回迁的支持者来说，这些设施诠释了效率和社区的现代概念，正如最早的美国公寓式酒店那样。

无论是在现有郊区还是新开发地区，区划法规都有变革的必要。那些排斥性区划依然限制着穷人和少数族群向大多数郊区迁徙，而另一些

---

① 梅里尔·巴特勒（Merrill Butler），在住房建筑商大会全国联合会上的演讲，1980年1月26日。1975年，77%的公会成员拥有自己的住房。（《1975年AFL-CIO成员住房调查》（*Survey of AFL-CIO Members Housing 1975*），华盛顿特区：AFL-CIO，1975年，第16页，转引自多洛雷斯·海登（Dolores Hayden）：《没有性别歧视的城市是什么样子？关于住房、城市规划和人类工作的思考》（"What Would A Non-Sexist City Be Like? Speculations on Housing, Urban Design, and Human Work"），《标志——文化与社会中的妇女杂志》（*Signs: Journal of Women in Culture and Society*）第5卷增刊，《美国城市中的妇女》（*Women in American Cities*），1980年春，第171页）

② J. S. 科伊尔（J. S. Coyle）：《1980年代的就业麦加》（"Job Meccas for the '80s"），《钱财》（*Money*）第7卷（1978年5月），第40—47页。

规划条例也限制了住在郊区的中产阶级和职业母亲的自由，由于居住和工作区域相分离，他们的通勤时间被大大加长。许多已建成的郊区坚持家庭与工作分离的理念。因此，这些地区对“在家赚钱”是不能容忍的。当然，这些限制并未将烹饪、缝纫和照顾孩子包括在内，除非上述工作已经面向公众或为不止一家提供服务。大多数的违规行为由业主相互揭发，因为他们通常认为在家工作是对房价和稳定家庭生活的威胁。显然，对那些与孩子们一起在家的父母而言，这些规定限制了他们在家从事生产工作的自由。

区划制限制了那些非家庭成员租住或占有一套独栋住宅的可能性，这就带来了另一个麻烦。由于此类条例禁止超过三人以上的未婚青年居住在一起；人们再不能以照看孩子为交换条件，将卧室租给学生或是老人。1974 年最高法院对贝莱特雷小区(Belle Terre)一案的判决明确了独户住宅租住区的特征，使得非亲非故之人不能一起住在这类区域。威廉·道格拉斯(William O. Douglas)法官在判词中这样描述居住型郊区：“这是一片安静祥和之地，院落宽敞、居民稀少、机动车被限行……它是专为家庭需要而建的用地项目……这些地区的规划应充分体现核心家庭观和青年人的价值取向，在这里，幽静隐居的愿望得以实现，新鲜的空气也给人们提供了一处世外桃源”，他其实想强调的是郊区与城市相互隔离的特征。[①] 抵押贷款扶摇直上、越来越多的主妇出门工作，人们开始想办法制定一些措施来改变家庭的功能。越来越多的家庭将住宅的一部分当作办公室，供丈夫或妻子使用。事实上，他们是在钻法律的空子，无论是加利福尼亚的“姻亲房”(in-law units)，还是芝加哥的“祖母房”(granny apartments)，都表明房主正打算将自己的房屋在不违反规划法规的前提下租给直系亲属。历史似乎重演了，两三个家庭合住的时代再度来临，甚

---

① 贝莱特雷村诉保卢斯(*Village of Belle Terre v. Boraas*)，1974 年，416 U. S. 9，转引自康斯坦斯·佩恩(Constance Perin)：《各得其所——美国的社会秩序和土地使用》(*Everything in Its Place: Social Order and Land Use in America*)，普林斯顿：普林斯顿大学出版社，1977 年版，第 48 页。

至还出现了规划良好的寄宿制住房。

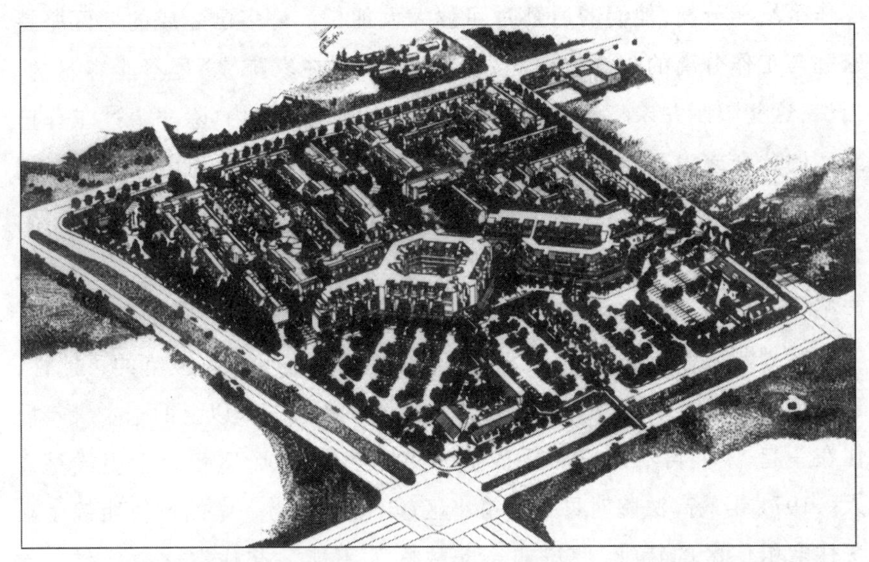

图 14—2　该图是旧金山的费舍尔-弗里德曼合伙公司为圣迭戈地区设计的“城市化郊区”布列塔尼村居住区，于 1981 年正式对外开放。该郊区融合了酒店、别墅、公寓和商业区，集多种用途于一身，而没有将住房、工作和公共生活分隔开来。

即便是那些有个避难所就会满意的人也在为他们理想中的住宅、家庭和不动产而战。他们出于各自的原因，想使战后那一代人居住的郊区永葆活力。无论过去还是现在，那种“进步”、取消种族隔离、女权主义的立场，压根儿就不是住房战争中最理所当然的成果。不管是在阶级成分混杂的白人郊区，还是许多城市白人工人阶级居住的地区，捍卫自己社区的决心都凝聚成一股强大的力量。有时，这股洪流中掺杂着要求改善公立学校或是减少财产税的诉求；有时，它又只简单地转化为一种坚定的种族隔离立场。

多户家庭合住的方式会使得不同种族、不同社会经济背景的居民混居在一起，而要阻止此类住房开发，实施抑制增长的政策不失为一种有效手段。这些政策也能有效阻止投机建筑商从清理小城镇的行动中牟利。

尽管联邦法律和州法规都要求在一个社区内“适当地”提供多样的住房选择，然而官员们仍对推广郊区“住宅准则”持谨慎态度。从新泽西州麦迪逊到加利福尼亚州帕塔鲁马，从密歇根州伯明翰到纽约的福里斯特希尔斯均十分抵制变革。

愤怒的郊区居民担心与低收入者为邻，他们罢免了那里的民选官员，走上街头反对新的住宅建设。这次政治抗议导致了住房建筑上的变化，较高密度的中产阶级住房有所增加。虽然这些社区不能公然排斥其他人群的流入，但至少能够明确无误地表达自己的立场。

郊区社区上升的压力部分来自出租房的紧张，在整个战后时期，这一情况在许多城市都有加重的趋向。如今，出租单元严重紧缺的问题困扰着几乎每一个大都市区。到 1979 年底，租房市场的空置率为 4.8%，达到史上最紧张状态；在旧金山、西雅图和波士顿，这一情况更危急。[①] 带孩子的家长，不管他们是否已婚，都将面临更为棘手的问题。儿童良好住房计划的调查显示，在洛杉矶有 70%的公寓不允许任何年龄段的儿童入住；另有 16%的公寓则对儿童入住有年龄限制[②]（一位房东曾经向一位孕妇房客另外收取每个孩子 10 美元的租金——这其中甚至包括腹中尚未出生的婴儿）。针对儿童的良好住房同郊区的地役权（zoning easements）一道，冲破了经济和种族的限制，有一种广泛的社会学和建筑学的内涵。

庞大的贫困单亲妈妈群体引发了人们额外的思考。几乎每 3 户靠女性支撑的家庭中就有 1 户挣扎在贫困线以下，而这个比例在男性支撑的家庭中仅为十八分之一，“贫困的女性化”必须被视作一系列复杂问题的

---

① 彼得·德莱尔（Peter Dreier）：《租房控制的政治》（“The Politics of Rent Control”），《新社区工作报告》（*Working Papers for a New Society*），1979 年 3/4 月，第 55—63 页。

② 《儿童良好住房计划通讯》（*Fair Housing for Children Project Newsletter*），1979 年冬；1982 年一项加州法律如今禁止这类歧视。

图 14—3 许多郊区居民坚决捍卫他们的住宅区以及郊区发展赋予他们的生活方式。

集合。[①] 住房问题是其中一个重要侧面，尤其体现在城市公寓中。HUD发现，女性户主的城市化较之一般人而言比例更高：她们中有71%生活在标准大都市区。比起其他人，她们更喜欢租房，因此常常居住在多个家庭合住的住房中。全国黑人妇女大会发现，在一个城市中，有75%的女性户主都是租房客。[②] 这些妇女需要既能满足自己住房、能源和社会的需求，同时又可以鼓励那些受益者早日加入其所在社区的发展资助项目。

单亲家庭或收入更高的双职工家庭对城市产生了显著的影响。他们寻求能够满足自己生活方式的居住环境，这一举措成为城市社区复兴的

① 《1980年代的关键抉择——全国经济计划咨询委员会第12次建议书》(*Critical Choices for the 80's: Twelfth Report of the National Advisory Council on Economic Opportunity*)，华盛顿特区：美国政府印刷局，1980年，第147页。

② 《女性户主家庭》(*Women Heads of Households*)，华盛顿特区：美国住房与城市发展部，1980年，第1—3页。黑人妇女全国委员会报告，转引自吉尔达·维克勒(Gerda Wekerle)：《女人应该在城里》("A Woman's Place Is in the City")，《标志》(*Signs*)第5卷(1980年春)，增刊。

重要推力。尽管没有任何一类住房可以满足这些单身或已婚职业母亲的要求，但是最近的调查研究发现，比起郊区住房，她们更倾向于城市的公寓套间。“我们发现，基本上女性想要一种更高效的环境”，作为一项有关圣何塞研究报告的作者之一，唐纳德·罗斯布兰特（Donald Rothblatt）如是说，“她们对时间几乎没什么要求，却希望拥有更优质的配套服务，比如公寓套间提供的社交服务设施、离城市更近的托儿中心，而且这里没有整理花园的烦恼，通勤时间也大大减少了。”[①]由于参加工作和参与议事的女性达到了一个前所未有的数量，因此，她们正在形成自己的住房市场和政治力量。

一个地区的各种团体联合起来，以“邻里优先”为口号组织运动，并试图从单个社区和法律两个层面来解决日托中心、质优学校、安全保障和住房业的合理投资等要求。来自芝加哥的盖尔·辛克塔既是全国人民行动组织的领导人，又是一位当年刚满 50 岁拥有 6 个孩子的母亲，按照她的说法，上述需求恰好反映了城市长久以来将过多的精力放在中心商业区而非居民生活区的情况。1979 年，辛克塔和其他参与游说活动的市民与全美银行家协会在新奥尔良相遇，双方针锋相对，辩论高银行利息和按揭利率是否能抑制通货膨胀。辩论的结果就是一项反红线的法规和一项公开房屋抵押的法律得到顺利通过，后者可以帮助大众了解银行的投资

---

① 《现代妇女之新观念》（“New Ideal for the Modern Woman”），《旧金山编年报》（*San Francisco Chronicle*），1979 年 12 月 4 日。基于该文的研究是唐纳德·罗斯布兰特、琼·斯普兰格（Jo Sprague）和丹尼尔·加尔（Daniel Garr）：《郊区环境与妇女》（*The Suburban Environment and Women*）（纽约：瑞爵出版社，1979 年版）；亦可见雅各布·杜克（Jacob M. Duker）：《家庭主妇与职业妇女家庭：住房的比较》（“Housewife and Working-Wife Families：A House Comparison”），《土地经济》（*Land Economics*）第 46 卷（1970 年 2 月），第 138—145 页；苏珊·桑加特（Susan Saegert）、加里·温克尔（Gary Winkel）：《住房：性别角色转换的关键问题》（“The Home：A Critical Problem for Changing Sex Roles”），载入吉尔达·维克勒（Gerda R. Wekerle）、罗贝卡·彼得森（Rebecca Peterson）和戴维·莫莉（David Morley）编：《女性的新空间》（*New Space for Women*），科罗拉多州博尔德市：西景出版社，1980 年版。吉尔达·维克勒：《女人应该在城里》（“A Woman's Place Is in the City”）和多洛雷斯·海登（Dolores Hayden）：《没有性别歧视的城市是什么样子？关于住房、城市规划和人类工作的思考》（What Would A Non-Sexist City Be Like? Speculations on Housing，Urban Design，and Human Work）。

去向。不仅如此,他们还争取到几个促进邻里社区发展的项目。1976年辛克塔在众议院银行、货币和住房委员会前发表演讲,表达了像她所领导的全国人民行动这样的社区团体既反映了某个地区的特殊问题,也代表了美国人共享的价值观。她告诉国会议员们:"草根邻里组织能够准确地反映政府项目中的失败和不足之处,这也是杰斐逊所信任的良知。这些组织存在的理由本是培养公民道德,然而他们的声音却被淹没了。他们常常被自己的政府视为持不同政见者或是局外人。"①

事实上,当人们开始为更好的住房而战时,他们清楚地意识到更宏大的社会和政治问题。最近一本研究邻里运动的专著这样评论:

争论之声四起,各种问题不断滋生。从3000美元的住宅改善贷款被否决到银行在不动产投资信托上的净亏损与投机外债;从一个街区的废弃建筑到HUD对管理抵押银行家的无能为力;从昨夜的入室盗窃到刑事司法体系的资金分配问题;从这个月物业账单上上涨的数字到与违反规定的能源工业作斗争。②

草根政治最为关注的焦点就是住房问题。据全国社区委员会统计,对于超过8000个类似草根团体来说,住房是让就业、安全、民主参与等需求得以实现的推进器。③ 不得不说,对于其他人来说,最关键的政治问题保护这些相互隔离的社区,保护一种推崇家庭和教堂的生活方式。

最近,城市住房问题的一个突出方面就是人口反向流动,回到中心城市,这一进程被英国人称之为"绅士化"。以往,人们在郊区购买更好的

---

① 全国人民行动主席盖尔·辛科塔(Gail Cincotta)的陈述,见《美国城市浴火重生——众议院银行、货币和住房委员会听证记录》(*The Rebirth of the American City*:*Hearings before the Committee on Banks*,*Currency and Housing*),美国众议院,1976年,华盛顿特区:美国政府印刷局,1976年,第584页。

② 特德·吴苏基(Ted Wusocki)等编:《社区优先——从1970年代到1980年代》(*Neighborhoods First*:*From the '70s into the '80s*),芝加哥:全国培训与信息中心,1977年版,第4页。

③ 贾尼斯·珀尔曼(Janice Perlman):《草根维权运动与政府的回应》("Grassroots Empowerment and Government Response),《社会政策》(*Social Policy*)第10卷(1979年9—10月),第16页。

住房后,城市的旧房往往成了低收入者的住房,而如今的中产阶级夫妇和单身青年却反其道而行之,纷纷迁往大都市的旧城区,购买那些穷人住的廉价住宅。在新奥尔良,住在下花园区(Lower Garden)的码头工人正在被排挤出街巷,而雄心勃勃的年轻夫妇就可以按他们新的市值重新装修和租住这些房子。在南卡罗来纳州的查尔斯顿市,昔日的奴隶居所变成了今日的幽雅公寓。在华盛顿特区、波士顿、萨凡纳以及其他城市,将19世纪早期的排屋重新翻修后再出租,即可获得比往日从穷租户那里高得多的租金。不管是在为公共住房兴修而进行的贫民窟清理中,还是在大量城市更新项目中,贫民迁居都是一个问题;但时下的中产阶级夫妇、同性恋者和年轻的职场人士受到城市生活、社会文化层面的吸引,不断将穷人从城市排挤出去,使得这个问题更加普遍。

城市居民,尤其是那些穷人和老人所面临的另一个压力就是原先的公寓大楼正在迅速转变成公寓套房、合作公寓或是观光旅店。公寓套房(condominium)在美国是个新词儿,1960年代经由波多黎各传入美国。然而直至1968年,全美50个州才全部立法认可公寓套房的所有权;单在1979年,参议院住房和城市事务委员会就发现有13—25万套出租单元进入市场,变身为公寓套房。[①] 当住房空置率下降到某一临界值时,许多城市纷纷制定法令来阻止这种转换,然而"公寓套房"的投机利润依旧战胜了这些人文关怀。

当开发商把为贫困老人准备的公寓旅馆改造成昂贵的观光旅店时,旧金山拟用经济适用房来解决相关问题,并为此成立了名为"旧金山人需要经济适用房"(San Franciscans for Affordable Housing)的组织。该组织同灰豹党人(Gary Pathers,为美国老年人争取权利的团体——译者注)

---

① 约翰·阿特拉斯(John Atlas)、彼得·德莱尔(Peter Dreier):《住房危机和租户反抗》("The Housing Crisis and the Tenants' Revolt"),《社会政策》(*Social Policy*)第10卷(1980年1—2月),第20页;亦可见丹尼尔·劳伯(Daniel Lauber):《公寓转型——数字控制以保护穷人和老人》("Condominium Conversions—The Number Prompts Controls to Protect the Poor and Elderly"),《房业杂志》(*Journal of Housing*)第37卷(1980年4月),第201—209页。

一道说服城市管理者中止此类转换;此外,新近有一则相关法案在讨论中,一旦通过,这种行为将被永远终止。根据这个法案,开发商被允许进行房产转换前,必须为那里的每位租户——大多是拥有固定收入的退休工会会员——找到条件相当的住房,这是非常难办到的,因此这些居民就很有可能继续保全他们的住房不被拆迁。

《纽约时报》头版新闻报道了1979年的"租房权(right to rent)"运动。22个州的租户团体成功促成了一些法令的通过,其中包括租用协议、租户驱逐、租户重新安置以及限制房东骚扰等内容。有5万成员的新泽西租户协会、经验丰富的波士顿租户联盟、达拉斯全城租户同盟以及其他有实力的游说团体显示出一股新的选民力量。新泽西租户协会策划了约130个城市的租金管制法案。[①] 在马萨诸塞州的坎布里奇市,城市规划援助帮助组织来自私人住房市场、公共住房以及FHA名下房产的租户们。在加利福尼亚州圣莫尼卡和圣巴巴拉,支持租金管制的活动分子挨个选区奔走呼号,成功争取到一股强大的支持力量。圣莫尼卡市幕后的一股强大势力——争取经济民主运动敏锐地意识到建立其他改革——如禁止核能、管制能源公司、提高政府中的民众参与——的政治基础均始自住房问题。

对已有房屋进行翻修改造俨然成为地方和联邦政府机构中意的城市更新策略,也是广受改革派欢迎的一种组织办法。芝加哥住房翻修互助同盟是多个志在促进城市住房再开发的组织联盟,该机构经理托马斯·克拉克(Thomas Clark)宣称:"一旦人们的居住安定下来,其他接踵而来的事情都会变得井井有条。住房本身联系着生活的诸多方面:如经济、社会、健康。"许多此类组织在翻修某一社区现有房屋时,宁可寻求帮助,也不愿意搬迁。"虽然我们希望自己的住房得到改善,但不希望它们好到我们住不起的地步。"一位住在辛辛那提地区的黑人老妪如是说。在保证住房改善和邻里关系不变的前提下,为一些居民提供技术性或社会性

---

① 彼得·德莱尔(Peter Dreier):《租房控制的政治》("The Politics of Rent Control"),《新社区工作报告》(*Working Papers for a New Society*),第55—63页。

的工作还是有可能的,他们也可以参与从心理健康到环境卫生等其他事务。巴尔的摩的圣安布鲁斯住房援助中心致力于帮助为中等收入白人所不齿的黑人社区,其主要工作是资助那里的居民筹集住房首付款或是修缮款。有时候,住房合作社也会给那些无力购房的家庭提供帮助。各种自助翻修组织诱使那些私人放款者重回先前低迷的工人阶级社区。它们对农村地区也有十分重要的影响。塔斯基吉地区的自助翻修住房项目已帮助两百多个家庭在阿拉巴马农村地区修建住宅,此外,一些规模较小的团体则帮助居民建设拥有 20—30 套住宅的小区。

图 14—4　对现有住房进行改革已成为公私住房政策的一个重要方面。在巴尔的摩,HUD 的城市房产计划帮助贫困家庭购买和翻新已被废弃的排屋。

如今,从中心城区到农村腹地,约有 5000 个自助翻修组织遍及全美。[①] HUD 最近已向 70 个现有组织提供了基金,并鼓励它们帮助其他相

① 《究竟是谁重建社区?》("Who, in Fact, Rebuilds Neighborhoods?"),《纽约时报》(*The New York Time*),1980 年 6 月 4 日。

关组织起步。私人基金也积极响应。福特基金会主席富兰克林·托马斯(Franklin Thomas)曾主持布鲁克林区的贝德福德-施托伊桑福特重建计划,该基金会在借鉴托马斯成功经验的基础上,建立了支持地方动议公司,为自助翻修组织提供资金和技术上的服务。

正如人们今日所见的那样,公共住房也经历了一次从兴建醒目高大的建筑向重新翻修的转型。始于 1976 年的城市住房计划是联邦政府资助的最大重建计划,HUD 利用该计划购买已废弃并亟待修缮的独户或多户住宅,并免费过户给地方政府,随后地方政府以象征性的价格(通常为 1 美元)出售给业主,业主承诺将会重新装修房屋,而且连续居住 3 年以上。这些责任机构通常将“血汗产权”(业主需要对房屋进行翻修来当作首付)与建筑行业的现场培训相结合。当第 3 年接近尾声时,这些居民不仅获得了房屋的全部产权,还拥有了帮助他们求职的技能。

公共住房所经历的其他转型也具有同等重要的社会影响。在达拉斯、新奥尔良、亚特兰大和其他城市,住房管理机构已经决定像早期的排屋建造商那样将公共住房分散建筑在已有住房之间,或将补贴住房散落在以往资助的房屋之中,且每次只建造少量住房。由于该政策通常让有建造经验的当地公司中标,因此对私人建造商有利。这些混居的住房如同楔子一般直插种族隔离模式的心脏。在芝加哥,关于如何安置高层公共住房的斗争变得血腥惨烈,为此法院任命了一位特别监察官来确保地方当局积极在白人居住区内为黑人居所寻求空间。在圣路易斯,两个公共住房项目中的租户管理组织参与设计了新房建设中的 800 个单元,这势必会带来中心住宅商业区的大幅发展。公共住房的有效运转既需要租户的积极参与,也需要将补贴住房与周围的多样环境融为一体。

政府承诺斥巨资建造和补贴住房将是抑制如今房价过高的方法之一,这种方法也可以应对像 1930 年代大萧条那样的高失业率。但考虑到现今的政治气候,这又是不太可能实现的。更具可行性的方案是各种组织和游说团将注意力聚焦于住房问题,凭借自身力量进行改革,其中部分改革可与政府联手。

随后十年中住房业真正的改革体现在使用、购买和出售现有住房的新形式上,这其中也包含鼓励建筑商为各色人群建造负担得起的避风港的新因素。自大萧条以来,建筑师和建造商一直执迷于住房生产中的技术创新,而今这种执着还会继续下去。现在,新建住房仅占所有房源中的1.5%,剩余的98.5%、价值1.5万亿美元的住房才是那些试图通过住房来改变社会生活的人所关注的焦点。[1] 人们将会把部分精力用在城市住房上,尤其是对旧房的改造和循环使用。郊区现有的将近5000万套住宅,一些地处工业郊区,一些位于黑人郊区,还有些分布在传统的白人中产阶级或工人阶级居住区。这些寓所将会住进不同的人,也会有不同的用途,就像新开发的郊区一样。一些社区需要就业和日托设施;另一些则需要提供针对老年人的社会服务和娱乐活动;还有一些社区考虑到多户住宅和商业建筑的关系,采取更为宽松的分区制。郊区住房的用途不再拘泥于它们最初设定的套路,也不会像19世纪的城市出租房或是1950年代的公共住房那样被人们诟病"没有人性"。正如某些郊区刻板的土地使用规定那样,城市贫困人口面临的经济不平等和公共住房管理者制定的强力政策比建筑本身更成问题,这正是大部分建筑所欠缺的。

除了过去最普遍的住房类型——排屋、公寓大楼、公共住房、乡村农舍以及郊区寓所——还有其他一些被人遗忘却值得人们重新审视的选择。1930年代,政府在佩恩克罗夫特(Penn Craft)这个西宾夕法尼亚的矿业小区资助兴建了一个自建房工程,该小区居民在工会和政府收回资助前已建立起50个坚固的石板房。此时,唯有将自建房的政策执行进行到底,否则建好的只是一些样板房而不是一整个小区。1920年代,在纽约市内外,合作建房是一条重要途径,到二战后已遍布全国,直到1950年代,FHA才撤销对此法的援助。房产权的转换制度也是对价格过高的私有独栋住宅的必要补充(HUD在为老年人修建的公共住房上有所创新,

---

① 马丁·迈耶(Martin Mayer):《建筑商——住房、居民、邻里、政府和资金》(*The Builders: Houses, People, Neighborhoods, Government, Money*),第5—6页。

居民可以在有生之年以最低的价格拥有一套公共住房;然后 HUD 再将这些房产以同样的价格卖给那些新业主)。如今房价的居高不下很可能促使许多公司和大型机构——医院、大学及研究机构——为他们自己的员工提供住房或是低息贷款,就像 20 世纪早期许多工业城镇的做法那样。教堂、工会以及其他非营利性组织给那些没有工作单位的人提供重建或兴修住房和社区的服务,或是帮助那些盈利有限的公司得到更多来自联邦机构的帮助。

越来越多围绕住房问题而诞生的组织虽然不能解决住房问题,但至少可以为如何处理这些问题出谋划策。难道下层住宅高级化是城市的唯一希望吗?周密规划、低密度的郊区住宅就能够满足大多数人口的需要吗?是否劣质住房无论在以农业为主的南方还是以工业为主的东北部都是消极肮脏的代名词呢?一定的技术支持和财政资助,是否是实现社区组织及其自我完善的一种途径?这些并非毫不相干的问题却能反映出人们关注的焦点有碎片化趋势,人们的眼光仍停留在地方水平或是聚焦于特殊利益群体。由于人们普遍相信在住宅和家庭问题上存在着一致性,每个群体只能看见其自身利益,因此很难达成共识。其实,往往是目光狭隘导致隔离,而不是住房需求问题本身,削弱了草根住房团体的力量。

美国的住房需求至关重要,这种重要性是自发形成的,也是针对美国自身而言的。悬而未决的是,住房需求已经让各色人群或面对或逃避不平等、城市问题和家庭生活方式的转变等一系列问题。就像他们提出了更私人化的关于家庭和朋友的问题一样,这些选择带来了阶级、性别、种族和政治力量的问题。美国住房政策的每一次改动以及处理这些问题的多元化方式,带给人们的不仅仅像建造更好的住宅那样简单。它也鼓励更多的人按照自己的想法来定义城市和社区。无论未来的美国家庭和社区规划会如何,至少我们可以肯定,它们都会被镌刻在建筑史上,并有着超出建筑自身的更深远的影响。

推荐阅读书目

近来出现了许多关于住房和家庭的论著,涉及多个方面。其中,最好的通论性著作当属马丁·迈耶(Martin Mayer)的《建筑商——住房、居民人、邻里、政府和资金》(*The Builders:Houses, People, Neighborhoods, Government, Money*)(纽约,1978 年版),该书力图涵盖这一主题的方方面面。更有历史感的著作包括格特鲁德·希伯里·菲什(Gertrude Sipperly Fish)主编:《住房的故事》(*The Story of Housing*),纽约,1979 年版;安东尼·里德利(Anthony Ridley):《在家中——住房与家庭的插图史》(*At Home:An Illustrated History of Houses and Homes*),伦敦,1976 年版);格林·博耶(Glenn H. Beyer)的《住房与社会》(*Housing and Society*)(纽约,1965 年版;罗伯特·里斯顿(Robert Liston):《丑陋的宫殿——美国的住房》(*The Ugly Palaces:Housing in America*),纽约,1974 年版;简·科恩(Jan Cohn):《宫殿或破房子——作为文化符号的美国住房》(*The Palace or the Poorhouse:The American House as a Cultural Symbol*),密歇根州伊斯特兰星市,1979 年版;简·戴维森(Jane Davison):《玩偶之家的衰败——三代美国女人和她们的住房》(*The Fall of a Doll's House:Three Generations of American Women and the Houses They Lived in*),纽约,1989 年版。关于城市发展的评论,请参见小萨姆·巴斯·沃纳(Sam Bass Warner, Jr.):《一哄而起的城市——美国城市史》(*The Urban Wilderness:A History of the American City*),纽约,1972 年版,该书堪称经典。

有关住房危机,尤其是非市场性住房的专著有:切斯特·哈特曼(Chester W. Hartmann)的《住房与社会政策》(*Housing and Social Policy*)(新泽西,1975 年版);唐纳德·法勒斯(Donald Phares)编的《一套体面的住房,一份宜人的环境》(*A Decent Home and Environment*)(马萨诸塞,1977 版);乔恩·派努斯(Jon Pynoos)、罗伯特·沙菲尔(Robert Schafer)和切斯特·哈特曼(Chester W. Hartmann)主编的《美国城市住房》(*Housing and Urban America*)(芝加哥,1973 年版);康斯坦斯·佩恩

(Constance Perin)的《各得其所:美国的社会秩序和土地使用》(*Everything in Its Place:Social Order and Land Use in America*)是有关分区制的书籍;记者小伦纳德·唐尼(Leonard Townie)的《美国的抵押贷款——房地产投机的实际成本》(*Mortage on America:The Real Cost of Real Estate Speculation*)(纽约,1974年版)则是华盛顿出版的一本引人注目的书。关于组织方面,详见埃德加·卡恩(Edgar S. Cahn)、巴里·帕萨特(Barry A . Passett)编:《公民参与》(*Citizen Participation*)(纽约,1971版);切斯特·哈特曼(Chester W. Hartmann):《耶尔巴布埃那——旧金山的土地掠夺和社区抵抗》(*Yerba Buena:Land Grab and Community Resistance in San Francisco*),旧金山,1974年版;罗伯特·卡西蒂(Robert Cassidy):《宜居城市——草根阶层重建美国城市指南》(*Livable Cities:A Grass-Roots Guide to Rebuilding Urban America*),纽约,1980年版;斯图尔特· 麦克布赖德(Stuart Dill McBride):《邻里国度》(*A Nation of Neighborhoods*),波士顿,1978年版;朱丽叶·萨尔特曼(Juliet Saltman):《自由租售的房屋——社会运动的动态分析》(*Open Housing:Dynamics of a Social Movement*),纽约,1978年版;普伦蒂斯·鲍舍与千禧年住房公司(Prentice Bowsher & Jubilee Housing,Inc.):《肩负使命之人——为穷人建造住房》(*People Who Care :Making Housing Work for the Poor*),华盛顿特区,1980年版;住房援助委员会(Housing Assistance Council):《乡村住房的政治哲学——建立乡村住房联合会指南》(*The Politics of Rural Housing:A Manual for Building Rural Housing Coalitions*),华盛顿特区,1980年版;杰罗姆·罗斯(Jerome G. Rose)、罗伯特·罗思曼(Robert E. Rothman)合著:《在芒特劳雷尔之后——新郊区规划》(*After Mount Laurel:The New Suburban Zoning*),新不伦瑞克,1977年版;《社会政策》(*Social Policy*)特刊1979年第10卷。

新近出版的建筑学著作涵盖了方方面面。马里·福利(Mary Mix Foley)的《美国住房》(*The American House*)中包含了图画原型。查尔斯·穆尔(Charles Moore)、杰拉尔德·艾伦(Gerald Allen)与唐林·林登(Donlyn

Lyndon)合著的《住房选址》(*The Place of Houses*)(纽约,1974 年版)则聚焦于错综复杂的个人空间。奥斯卡·纽曼(Oscar Newman)的《利益社区》(*Community of Interest*)(纽约,1980 年版)分析了使公共住房更人性化的措施。纽曼早期创作的《可防护空间》(*Defensible Space*)(纽约,1973 年版)谴责了公共住房塔楼的危险性和单调化。由萨姆·戴维斯(Sam Davis)编写的《住房类型》(*The Form of Houses*)(纽约,1978 年版)则给我们提供了从政治学到形式主义的一系列视角。马丁·波利(Martin Pawley)的《建筑与住房的对决》(*Architecture versus Housing*)(纽约,1971 年版)与《房屋所有权》(*Homeownership*)(纽约,1979 年版)对住宅的传统观点提出了极富挑战性的辩驳。

寻找现有材料的绝佳来源就是报纸和杂志。特别值得关注的是《新社会研究手稿》(*Working Papers for a New Society*)、《庇护势力》(*shelter-force*)、《社会政策》(*Social Policy*)以及《租户之声》(*Tenant Voice*)。《南方评议》(*Southern Exposure*)则在 1980 年第 8 卷刊登了题为《建设南方》("Building South")的文章。在关于住房危机问题连篇累牍的杂志报道中,尤以《纽约时报杂志》(*The New York Time Magazine*)1980 年 3 月 16 日刊登的《郊区——黄金时代的结束》(" Suburbia: End of the Golden Age")、刊登在《星期六评论》(*Saturday Review*)1978 年第 6 期,署名威廉斯(R. M. Williams)的《对郊区堡垒的猛烈抨击——还要避开穷人多久?》("Assault on Fortress Suburbia: How Long Can the Poor Be Kept out?")以及罗杰·威廉斯(Roger L. Williams)发表在 1979 年第 9 期《史密森学报》(*Smithsonian Magazine*)上的《我们的城市正在成长,但也不断显露出斗争的迹象》("Our Cities Are Showing Age but also Showing Signs of Fight ")都是关于低收入人群自建房项目的好文章。

有关妇女特殊地位方面的详见:凯瑟琳·麦考特(Kathleen McCourt)的《工人阶级妇女与草根政治》(*Working Class Women and Grass-Roots Politics*)(布卢明顿,1977 年版);唐纳德·罗斯布兰特(Donald Rothblatt)、琼·斯普兰格(Jo Sprague)、丹尼尔·加尔(Daniel Garr)的《郊区环境与

妇女》(*The Suburban Environment and Women*)(纽约,1979 年版);苏珊娜·托尔(Susana Torre)编《建筑中的妇女——历史视角和当下视角》(*Women in Architecture: Historical and Contemporary Perspectives*)(纽约,1977 年版);吉尔达·维克勒(Gerda R. Wekerle)、罗贝卡·彼得森(Rebecca Peterson)和戴维·莫莉(David Morley)编《女性的新空间》(*New Space for Women*)(科罗拉多州博尔德市,1980 年版);罗纳德·劳森(Ronald Lawson)和斯蒂芬·巴顿(Stephen E Barton)《社会运动中的性别角色:纽约市租户运动的个案研究》("Sex Roles in Social Movements: A Case Study of the Tenant Movement in New York City"),《标志——文化与社会中的妇女杂志》(*Signs: Journal of Women in Culture and Society*)第 6 卷(1980 年),该文分析了 20 世纪妇女在租户组织中的作用;以及《标志》(*Signs*)特刊《美国城市中的妇女》(*Women in American Cities*)(第 5 卷增刊,1980 年春)。在玛丽·琼·贝恩(Mary Jo Bane)的《留在这里——20 世纪的美国家庭》(*Here to Stay: American Families in the Twentieth Century*)(纽约,1976 年版)和弗吉尼亚·塔夫特(Virgina Tufte)、芭芭拉·迈耶霍夫(Barbara Meyerhoff)编《住房形象之转变》(*Changing Images of the Family*)(纽黑文,1979 年版)中,读者可以感到对美国家庭的乐观态度。还有两个重要的批评著作,一是雅克·唐泽洛特(Jacques Donzelot)著、罗伯特·赫尔利(Robert Hurley)译《管理家庭》(*The Policing of Families*)(纽约,1979 年版)和米歇尔·福柯(Michel Foncault)著、罗伯特·赫尔利(Robert Hurley)译《性史,第一卷:导论》(*The History of Sexuality, Vol. 1: An Introduction*)(纽约,1978 年版)。

译者说明

本书第一、二章由张卫国翻译，第三章至第十一章由李文硕翻译，第十二章至第十四章以及插图说明由杭垚翻译，序言、鸣谢等由王旭翻译，全书由王旭统一校译。

所有人名、地名均依据新华通讯社译名室编：《英语姓名译名手册》（商务印书馆 2007 年版），中国地名委员会编：《美国地名译名手册》（商务印书馆 2000 年版）。文中人名、重要地名和事件名等在第一次出现时附原文，如果同时在注释中出现，则在注释中附原文，以免影响正文表述的连贯性。个别不易理解的术语、地名和人名等加译者注，紧跟正文。注释中的作者、著作或论文题目均附原文，出版社和出版地点直接译为中文。

图书在版编目(CIP)数据

筑梦：美国住房的社会史／(美)赖特著；王旭等译．—北京：商务印书馆，2015

ISBN 978-7-100-10406-7

Ⅰ．①筑… Ⅱ．①赖… ②王… Ⅲ．①住宅区规划—社会史—美国 Ⅳ．①TU984.12-097.12

中国版本图书馆 CIP 数据核字(2013)第278098号

筑梦

——美国住房的社会史

〔美〕格温德琳·赖特 著

王旭 等译

商 务 印 书 馆 出 版

(北京王府井大街36号 邮政编码 100710)

商 务 印 书 馆 发 行

北 京 冠 中 印 刷 厂 印 刷

ISBN 978-7-100-10406-7

2015年5月第1版 开本 787×960 1/16

2015年5月北京第1次印刷 印张 23½

定价：55.00元

检